NEW WCDP
新文京開發出版股份有限公司
新世紀・新視野・新文京－精選教科書・考試用書・專業參考書

New Wun Ching Developmental Publishing Co., Ltd.

New Age · New Choice · The Best Selected Educational Publications — NEW WCDP

溝通色彩學

— 四季基因色彩系統診斷 —

Communication Color Concept

—— Cstyle Image System ——

詹惠晶 博士／編著

從日本到臺灣，放眼世界

這本書的發想，是在1989年7月4日恩師吳德純老師的推薦下，考取一份在臺灣扶輪社申請，取得美國的國際扶輪社大使獎學金，申請到每年全世界只有15個名額、為期21個月的日本親善大使。日本留學八年中，我駐足過東京、神戶、九州三個大都會，除了學校所學的專業知識外，常經由扶輪社社員們人際互動，體驗到從一般日本人到百貨公司的銷售員、政商名人，都能將色彩形象知識運用於日常生活中。

本書有關色彩基本知識是自己的興趣，也是在留學生活體驗中的生活重心之一。先由宮崎道子老師啟蒙，在老師身上看到美是有知識體系也是有價值的。宮崎道子老師詳細分析日本各大流派的現況，更支持我努力從九州單飛到東京拜師學藝，取得ALWAYS IN STYLE學派的色彩形象顧問師執照，從對色彩的一知半解到專業訓練和實戰演練，再收集專家書籍知識及平時所見所聞的資料整理彙集而成，其精神在於廣泛的推廣生活美學。

期望從美學新知出發，對愛美的您提供實用生活的知識與參考資料。希望讀者透過本書，進一步理解實用色彩調和配色、整體色彩形象造型法則，進而使臺灣的人、事、物與生活環境融合，並加深藝術的視野。用美學概念尋找已失去的古早自然原貌之思古幽情，來發掘它的美麗、出眾的身影，讓子孫留下對臺灣島的自然恬靜之美，讓土地活力的個性留下珍貴記憶。

誘人的彩色世界

當你打開窗簾讓晨光照射進來時，頓時房間色彩光鮮。你會發現無論床頭的照明或看一半的書，都充滿了許多色彩。平常太多顏色環繞我們身邊，或許沒去費心思，常隨心所欲選擇顏色。若是我們能巧妙運用顏色，不僅你自己的生活，連你本身也會有所改變。如果你穿著橘或黃色服飾，會令你看起來有精神，塗上鮮紅指甲則令你看起來自然華麗。不僅在服飾、室內設計、烹調或禮物上，運用的色彩都能微妙的反應我們的心思。所以應該好好的活用色彩帶給我們的力量。

無論是綠意盎然的窗景，或是蔚藍無際的藍天，還是被夕陽染成橘色的地平線，都呈現大自然原始的色彩。相同的我們也有自己的色彩，藍天能襯托純白的雲朵，我們也希望能生活在自己本身的顏色，使自己與環境看起來更美。美麗的衣服若與自己的基因色不調和的話，會讓人有突兀之感，同樣一件衣服，看別人穿著很美，卻不見得適合自己。首先需要找出自己的基因色彩，因為了解自己的基因色，才能展現屬於自己個性美的色彩，在彩色世界中成為最耀眼的自己。

輕鬆學習，成為美的創造者

在生活美學中，溝通色彩學的基本實用理論架構源自於色彩理論的基礎，而身處在新經濟時代的我們，理應擁有更多生活化的現代色彩應用。但是，目前坊間有關色彩知識的介紹，多數是專家人士所用的專業書籍，好像跟你我的日常生活沒有什麼關係。

在本書第一章中先以日本色彩檢定考3級的基本色彩知識為主體，每一個概念以圖詳解說明後，再附簡單的Q&A習題，可供反覆練習。希望能用最少的文字、最多的圖樣，以及有組織、有系統地說明溝通色彩學的精神，使對溝通色彩學沒概念的人，也能由此書的帶領而能略懂一二，理解顏色的本質。

本次改版新增「色彩心理學」的顏色治療建議、「展現魅力的色彩寶典」四季色相環說明與「探索妳的流行風格」的飾品穿戴計算法，並更新「男士流行風格自我診斷」及「衣櫃管理服裝搭配」的案例說明等等。

期盼讀者將色彩活用於日常生活中的食、衣、住、行，成為主宰環境美感的執行者，成為創造生活美學的同好者，提升為生活藝術家。

色彩是溝通的重要元素
用對顏色，人際關係會更好！

從美國甘迺迪總統競選獲勝談起 ...

21世紀E時代裡，臺灣有一種哲學卻無人大力推廣，那就是「生活美學」。所謂「生活美學」，即是將美的知識形於外在，再由外到內的知識系統作整理，也就是說將色彩基本知識融入日常生活中，如在飲食、衣著、居住方面。例如您可曾想過您喜歡的衣服顏色，和您適合的顏色不一定是相符的呢？買房子裝潢時，室內設計師所推薦的設計概念，其基本原則為何您知道嗎？

有關溝通色彩學運用於日常生活中的知識架構發展，其沿革起於1959年尼克森及甘迺迪競選美國總統時，甘迺迪總統勝選後，告訴記者他的致勝之道之一為政治形象，是經由個人色彩形象顧問師所塑造成的。髮型為小平頭、白襯衫、紅領帶，代表意義為年輕有活力的美國。相較之下，他的對手尼克森的形象未經專家之手，只能用老態橫生、無法突破現狀來形容。甘迺迪勝選後，色彩形象顧問師的職業(Image Color Coordinator 、 Image Color Specialist 、 Image Color Consultant)廣泛被接受。

1970年代溝通色彩學傳入日本至今40多年，又經日本將美國的專業知識修正並加入新元素，成為更適合東方人特徵的理論與教材。過去，臺灣歷經高度經濟成長高峰期後，創造了「臺灣經濟奇蹟」，今天我們循著奇蹟的軌道，希望找到下一個高峰。什麼是臺灣經濟發展的未來？它將何去何從呢？進入「美學經濟」的知識產業將會是一個新興行業或是創造下一個經濟奇蹟的種子。「美感」(Sense of Beauty)是臺灣教育制度應積極投入的元素，也是「美學經濟」的根本。

首先細說上述所說的色彩形象顧問師是什麼？

生活美學的極致，隨時隨處展現風格

色彩形象顧問師的職業在近年來成為一種整合消費者購買行為的新興行業。此行業是將色彩作為與人溝通(Communication Color)的介面，從中建立人脈網絡(Networking)、促進交易達成(Trade Matching)、增加表達力(Expression)、加深信賴感(Reliability)、留下深刻印象(Impression)。

色彩形象顧問師的服務範圍以色彩理論為中心，諮詢個人的基因特徵。如眼睛、髮色、膚色及其與生俱來的氣質等要素，經由科學的方法分類，進而開發出教導消費者如何選擇用色的知識體系；首先，以個人基因色彩(Best Color)的要點為基礎，進而以個人的人格特質、職業、喜好為造型(Style)要件，最後應用至時尚流行(Fashion)的創意。簡言之，色彩形象顧問師透過下列所述的三個方向，客觀地為每一個人建立專屬的色彩形象（Personal Image 即 PI）。

（1）基因色彩(Best Color)

一般人在添衣置裝的購買行為中，都會因為一時衝動而買了一堆當時最喜歡的顏色或款式，經過一段時間後，發現它們並不是最適合自己。因此，色彩形象顧問師首先要為每一個人找出基因色彩，關於其判斷方法是以120種顏色布樣，一一在消費者的身上比對，按照個人的基因特徵，如髮色、眼珠、皮膚等的顏色找出最適合他的Best Color。

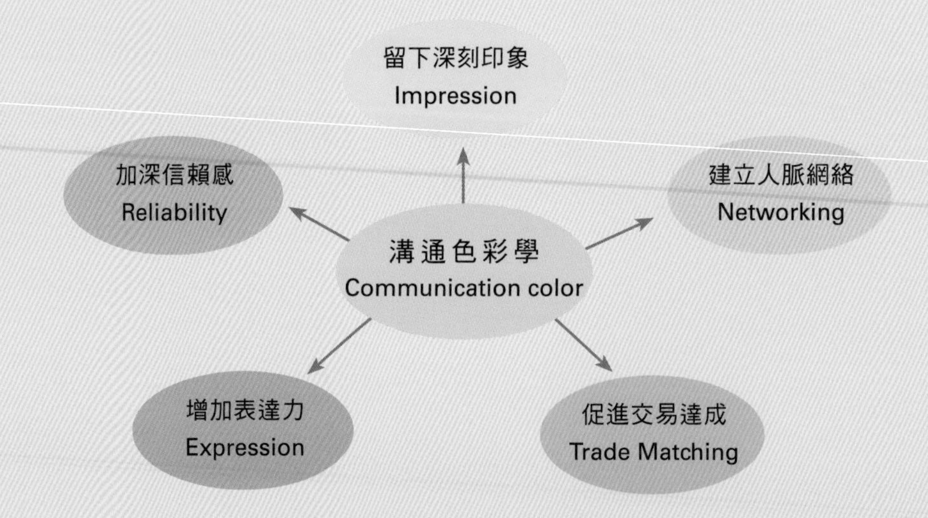

（2）造型(Styling)

風格的塑造不能忽略身材比例與線條，因此，你不能不知道自己的體型。色彩形象顧問師需要能夠分析個人體型、臉型，找出服裝與線條的平衡感與協調感，以提供最適合的服飾建議。

（3）流行風格 (Fashion)

女士流行風格可從個人的形象搭配服飾款式、布料材質與花樣、飾品、化妝技巧來掌握，而男士流行風格則可從色彩、款式、材質三大要素來說明。

女士的流行風格分為六種正式場合和三種非正式場合共九種類型；男士則有五種正式場合與兩種非正式場合的流行風格，如以下表列。

女士流行風格

一、正式場合

1. 高貴優雅型 Elegant Type
2. 俐落大方型 Sharp Type
3. 羅曼蒂克型 Romantic Type
4. 自然主義型 Natural Type
5. 前衛戲劇型 Dramatic Type
6. 傳統典雅型 Traditional Type

二、非正式場合

1. 楚楚可人型 Cute Type
2. 瀟灑自在型 Casual Type
3. 性感尤物型 Sexy Type

男士流行風格

一、正式場合

1. 前衛戲劇型 Dramatic Type
2. 自然主義型 Natural Type
3. 傳統典雅型 Classic Type
4. 現代時尚型 High Fashion Type
5. 羅曼蒂克型 Romantic Type

二、非正式場合

1. 運動活力型 Sport Type
2. 藝術家型 Artist Type

本書以正式場合的流行風格為主，引導讀者找到自己的流行風格，再參照六個TPO (Time、Place、Occasion)準則來做出合宜的服飾裝扮。六個TPO準則分別為：(1)配合對方的見面的事件、(2)場合、(3)時間、(4)季節、(5)目的、(6)自己的立場情境。

依以上流行感分類，配合體型與服裝線條平衡感的原則，讓消費者知道有關髮型、飾品及塑造個人整體的流行感祕訣。因此，色彩形象顧問師的工作內容是以教導消費者（他或她）整體美的知識體系為使命。

簡易運用，創造深刻印象

色彩在我們的食、衣、住、行當中影響甚大，雖然你我都不是專家，更不是室內設計師、服裝設計師、整體造型師等專業人士，但可經由色彩搭配，以最少的金錢、最短的時間，找出最適合自己及生活環境的基因色，來創造經濟又實惠的生活智慧與效益，進而培養整體美學。

生活美學所涉及範圍極廣，本書Part1和Part2先以溝通色彩學的美學基礎為主要部分，再從認識美學中學習實用的基本色彩知識。Part3以服裝色彩說明如何創造個人魅力的色彩搭配，其中也包括基因色彩的決定、色彩調和的原則。Part4是塑造完美體型的教戰法則，說明創造最佳專業形象祕訣是以體型修飾為主。Part5介紹塑造風格之整體造型要素，也就是創造專業溝通形象應以流行款式與整體搭配調和的要素，加上最佳化妝技巧，以整體造型平衡感為創造法則。Part6則以最精簡的方式，介紹男士的基因色系、商務和休閒場合的穿著建議，以及男士的各種流行風格。Part7則是以圖解說明居家色彩與室內設計類型的配色運用。

詹惠晶

現職

臺灣宮崎道子色彩形象行銷顧問公司執行長

中華人文花道發展協會理事

中華民國形象婦女菁英聯盟理監事

國際花友會中華民國分會理事

國際扶輪3481區令和社創社會員

財團法人聖玄教育基金會董事

學歷

日本久留米大學經營哲學博士(PHD)

東京國際基督教大學(ICU)語學部研究生

神戶大學經營學部研究生

經歷

大華科技大學通識教育中心助理教授
中華民國職業訓練研究發展中心顧問
中華民國形象研究發展協會理事
九州福岡縣久留米大學比較文化研究所專攻組織診斷與領導統御
（財）日本集團力學研究所研究員
東京Impression公司Always In Style(AIS)學派色彩形象顧問師
九州Bellea宮崎道子色彩形象顧問公司臺灣執行長

專長

PM領導統御研究及組織健康診斷與開發、顧客色彩形象診斷及教育訓練講師、企業文化講座、商業禮儀訓練、色彩與生活美學之生活藝術家專題演講、企業與個人色彩形象諮詢診斷

實績

服飾業	奇威股份有限公司（200家連鎖店）店長訓練、百萬名店店長養成訓練
	哈其股份有限公司店長訓練、品牌店長訓練、ef-de系列銷售心理學
家具業	日月光家具股份有限公司店長訓練、色彩學與擺設
化妝品業	誼麗股份有限公司彩妝師訓練、銷售訓練課程
廣告業	東方廣告股份有限公司專題演講、色彩與生活美學新知
百貨業	中興百貨公司樓層主管銷售訓練課程
美髮業	名留美髮美容連鎖企業店長訓練
	喜徠化妝品股份有限公司店長訓練
	哥德式化妝品股份有限公司店長訓練
保險業	國泰人壽銷售訓練、保險營業處訓練
大陸企業	北京好運來色彩形象顧問公司總顧問
	上海日播服飾有限公司加盟商訓練、百萬名店銷售訓練

PM領導統御研究及組織健康診斷與開發

特力股份有限公司、國通汽車股份有限公司廣告業、統一超商、英業達企業（馬）、王佳膠帶、良機實業、泰山集團、東元電機、中華民國形象研究發展協中華民國婦女菁英聯盟演講、學校講座（輔仁大學職涯工作坊訪、開南大學職場禮儀、康寧大學行銷形象致富學、臺北海洋學院面試專業形象塑造、師範大學社團形象塑造）、個人色彩形象諮詢

著作

溝通色彩學，新文京開發出版股份有限公司

日本語1，新文京開發出版股份有限公司

PM-MST人性化管理領導：溝通技巧學，新文京開發出版股份有限公司

與宮崎道子合作專文：個人成功穿著術、色彩造型、魅力出擊，能力雜誌

Facebook專頁

1. 溝通色彩學 www.facebook.com/CstyleColor
2. 詹惠晶 www.facebook.com/詹惠晶

1. 

2. 

PART 1

實用色彩學基本知識

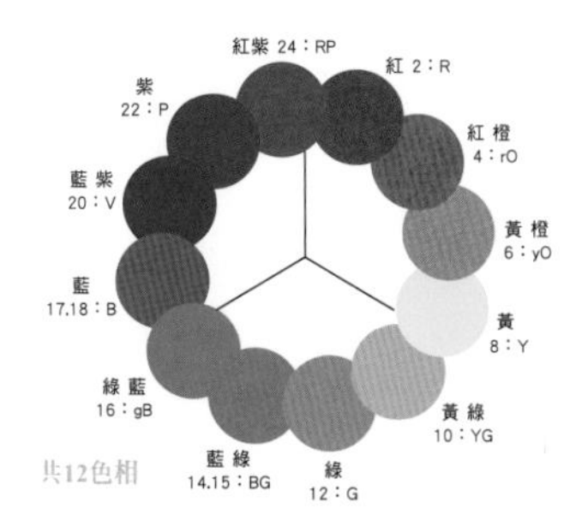

PART 2

展現魅力的色彩寶典

創造個性的配色法則

修飾體型的完美搭配

探索妳的流行風格

男士色彩與流行風格

居家色彩

APPENDIX 1

流行實驗室

四季色卡

PART 1

實用色彩學基本知識

認識顏色

1-1　顏色是什麼
1-2　顏色如何被感覺出來
1-3　顏色的分類一有彩色和無彩色
1-4　顏色的三屬性一色相、明度、彩度
1-5　PCCS的色彩體系
1-6　PCCS的色調
1-7　色料和色光的三原色
1-8　補　色
1-9　色的對比效果
1-10 什麼是配色與調和的類型
1-11 配色的技巧

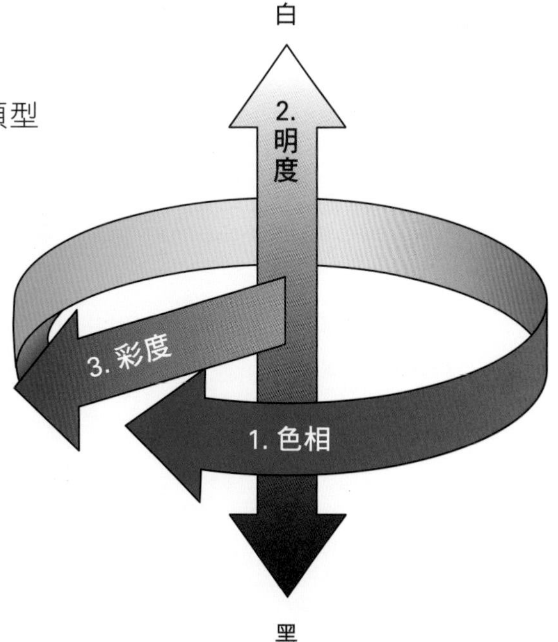

認識顏色

1-1 顏色是什麼

1666年英國物理學家牛頓以太陽光譜(Spectrum)做分光實驗，將太陽光分出紅、橙、黃、綠、藍、靛、紫等彩色。又發現光線可分為肉眼看得見和看不見的，如紫外線和紅外線。所以為什麼會看得見顏色，因為光線。如果陽光不見了，世界將陷入一片黑暗，更正確的來說，乃光線投射在物體表面的反射作用。經由眼睛受光，將訊息傳入腦，腦散發感覺，再到心靈深處，觸動感情；就像水波般藉著波動來傳達光，視波的長短而產生不同的顏色。

就太陽光譜來看波長，最長是紅色波長，最短的是紫色。不過太陽光譜的顏色並不包括所有的顏色在內，通常許許多多波長的差異就是顏色的差別，現在我們所能用到的顏色大概不超過三百種之多，幾乎難以命名。

1-2 顏色如何被感覺出來

蘋果為什麼看起來是紅的？

因為物體的紅色波長反射較多的緣故。

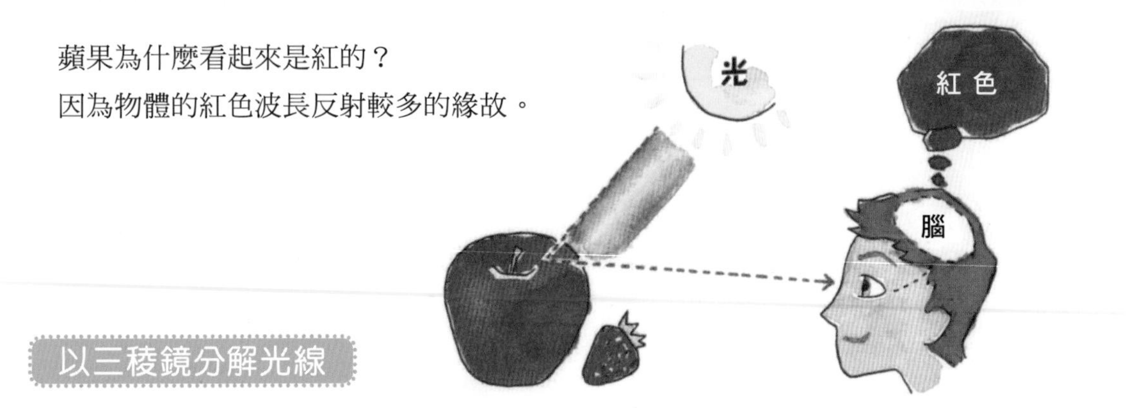

以三稜鏡分解光線

如太陽光線般感覺不出顏色的無色光，稱為白色光。

若太陽光穿透三稜鏡時，可將白色光分解，形成如彩虹的帶狀光，稱為虹。

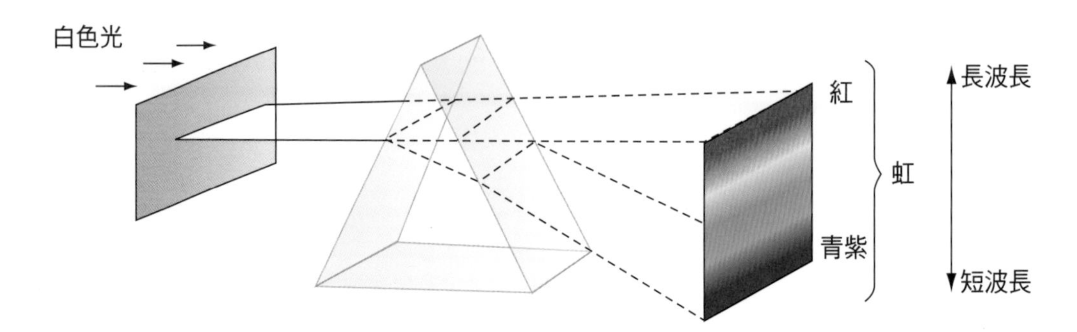

看起來白，是因為光線完全被物體反射的關係。

看起來黑，是因為光線完全被物體吸收的關係。

- 明暗適應

進入電影院時，眼睛需要一陣子才能適應，這稱為暗適應。

看完電影走出外面，感到太陽刺眼，過一陣子又適應了，這稱為明適應。

- **牛 頓**

1666年英國物理學家牛頓，利用三稜鏡分解太陽光。

- **可視光譜**

被分解的太陽光線中，可以用肉眼看到的可視光譜稱為虹。
太陽光除可視光譜外，亦含有肉眼看不到的紅外線和紫外線。

- **電磁波的波長與可視光譜**

可視光譜在電磁波中約400~700nm

可視光譜

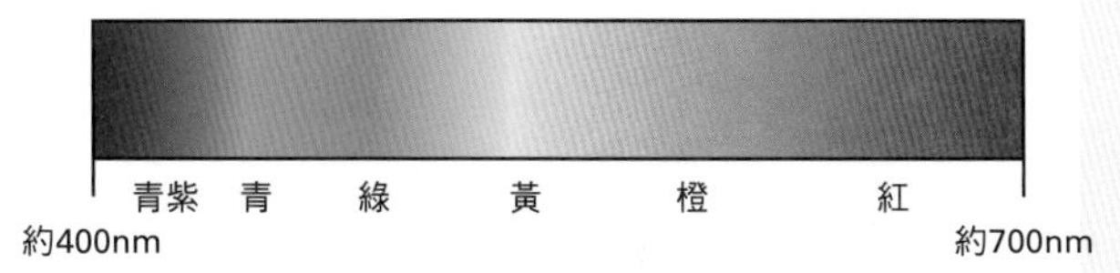

·Color· Q&A

- 蘋果看起來紅，是因為[紅波長]的光反射最多。

- 看起來白，是因為光線完全[反射]的關係。

- 看起來黑，是因為光線完全[吸收]的關係。
- 光線投射物體所看到的顏色，是因為某特定波長的光被強烈反射，而其他的波長被吸收的關係。
- 眼睛適應光亮和黑暗的視覺反應稱之為[明暗適應]。

暗適應

明適應

- 以三稜鏡分解光線

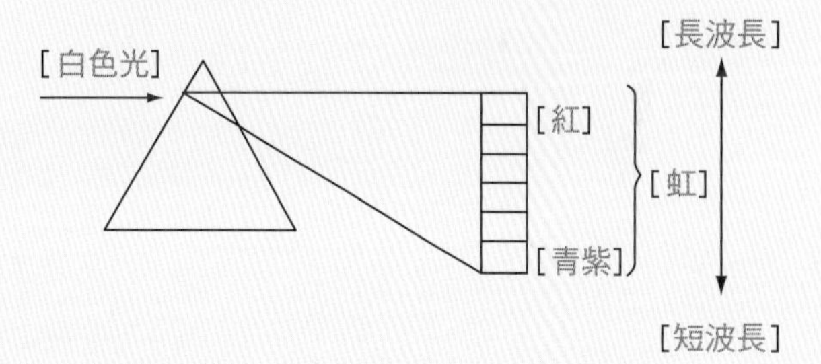

- 太陽光的 [分解光線] 是由牛頓所發展。
- 被分解的太陽光線中，可肉眼看到的彩虹帶稱 [可視光譜]。
- 可視光譜的波長範圍約[400]～[700]nm。
- [紅外線] 的波長比紅色波長更長，感覺溫暖。
[紫外線] 是紫色外側的光，會使皮膚變黑。

1-3 顏色的分類—有彩色和無彩色

顏色分為兩大類：有彩色（以色相來分色）與無彩色（以明度階來分色）。有彩色又分為純色、清色、濁色三種顏色。

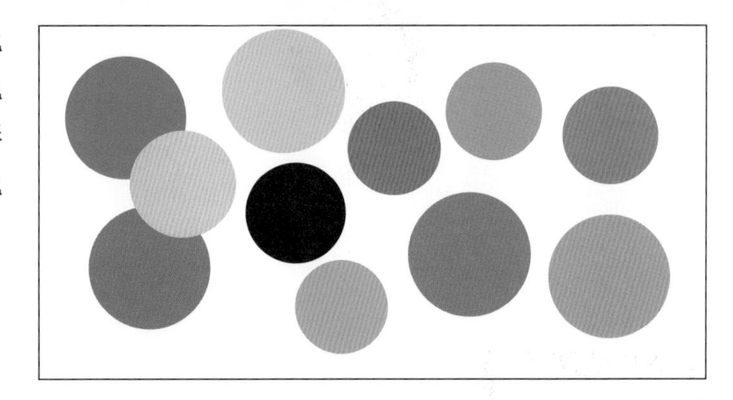

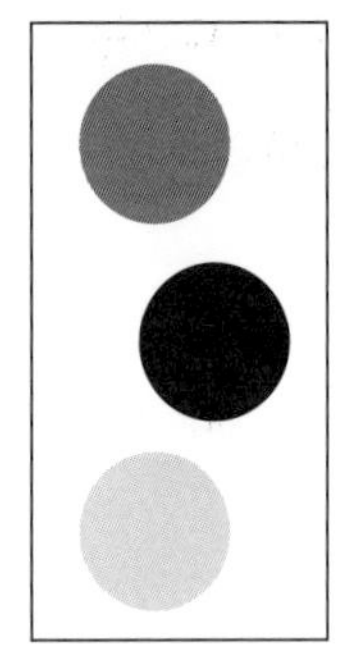

• 無彩色

白、灰、黑乃不含顏色，只含明度的要素。

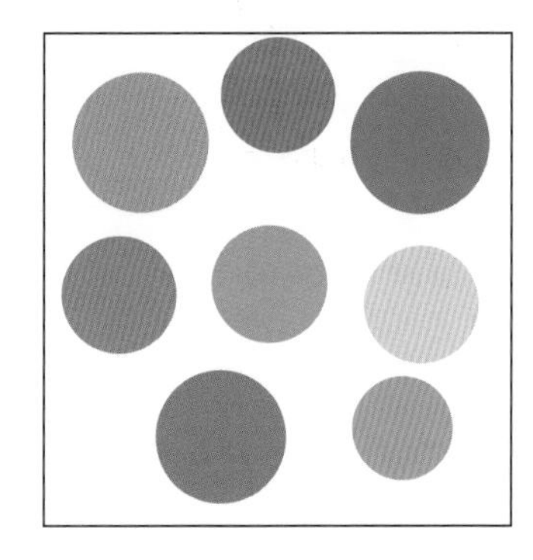

• 有彩色

含顏色的所有色彩，並具有色相、明度、彩度三個屬性。（三屬性的註釋在第6頁 ）

有彩色區分3類：純色、清色、濁色

有彩色
- 純色－各色相中彩度最高（不含白、黑、灰）
- 清色
  - 明清色調（純色加白）
  - 暗清色調（純色加黑）
- 濁色（加灰）

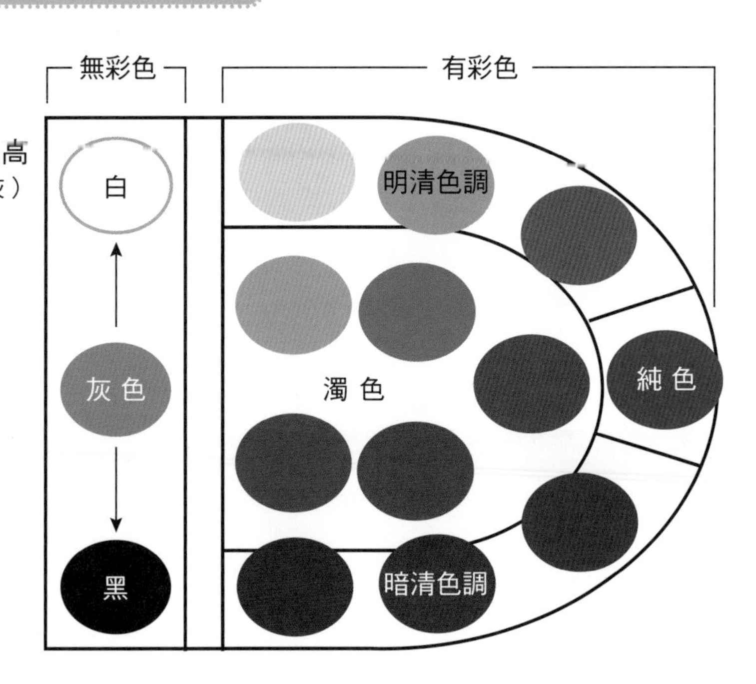

淺色

中淺色

明色

純色

明清色調（純色＋白）

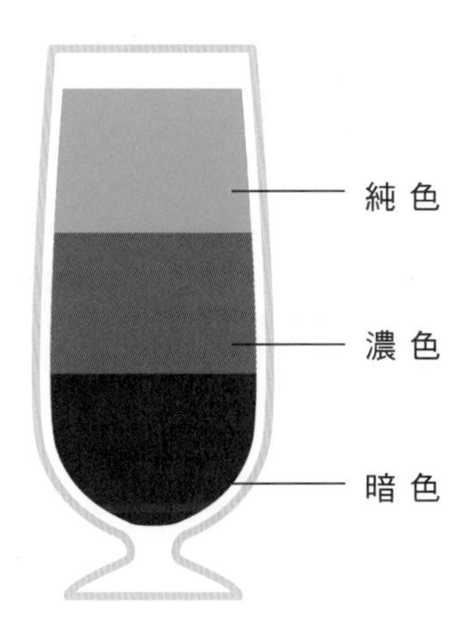

暗清色調（純色＋黑）

·Color· Q&A

□色彩可分［無彩色］和［有彩色］兩大類

● 無彩色

● 有彩色

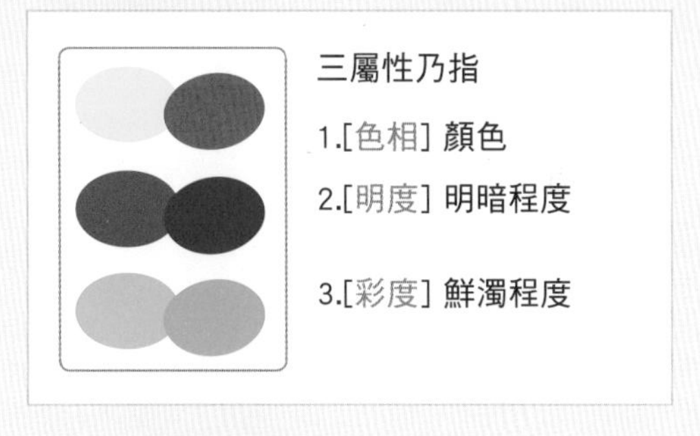

□有彩色的種類區分

分為[清色]和[濁色]兩大類

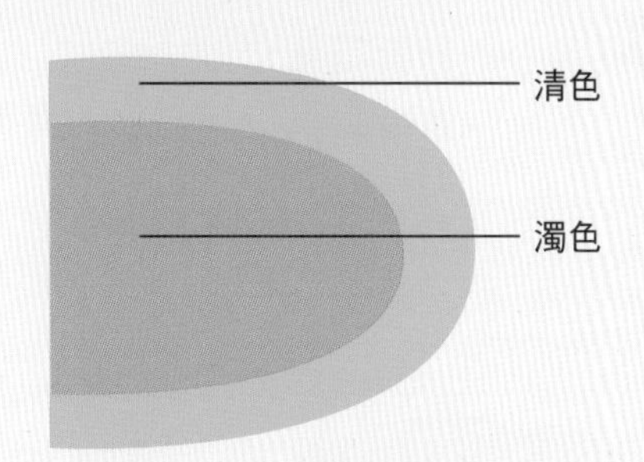

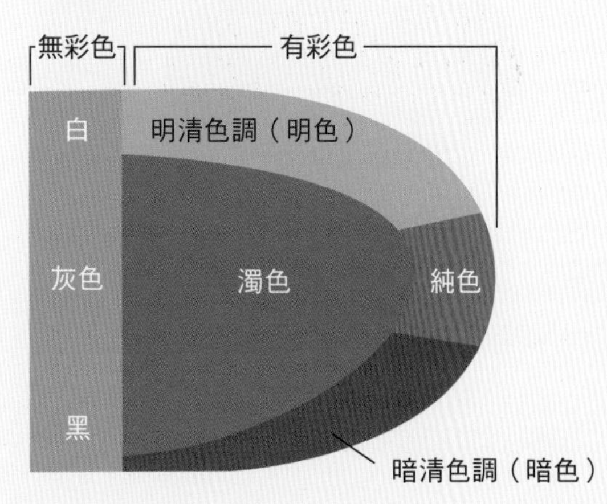

1-4 顏色的三屬性—色相、明度、彩度

顏色的三屬性(Three Attributes of Color)：是指(1)色相、(2)明度、(3)彩度。
最早提出顏色三屬性的是Albert. H. Munsell(1858~1918)，以Hue代表色相、Value表示明度、Chroma代表彩度。直到1964年日本色彩研究所提出Practical Color Coordinate System簡稱PCCS色彩體系（詳細說明於第10頁），進一步修正為以Hue代表色相、Lightness表示明度、Saturation代表彩度，本書循此法則陳述顏色的屬性。

色立體

色彩的三屬性，組合成三次元的色彩立體系統，稱為色立體。
色立體的構造如下：

1.圓周狀有色相（顏色）

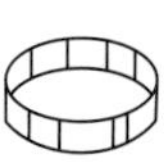

2.中心有無彩色的縱軸
越往上則越明亮
越往下則越暗沉

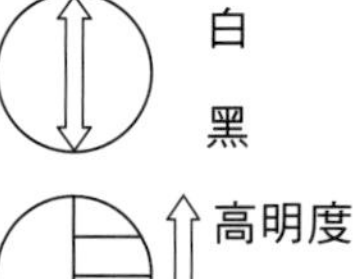

3.越近中心軸彩度越低
越靠外側則彩度越高

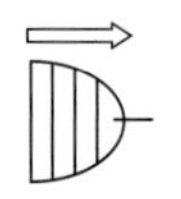

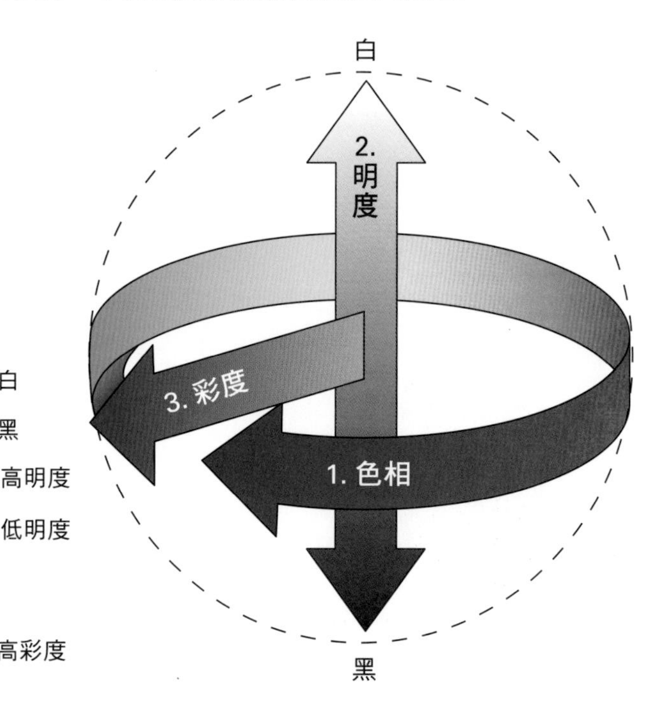

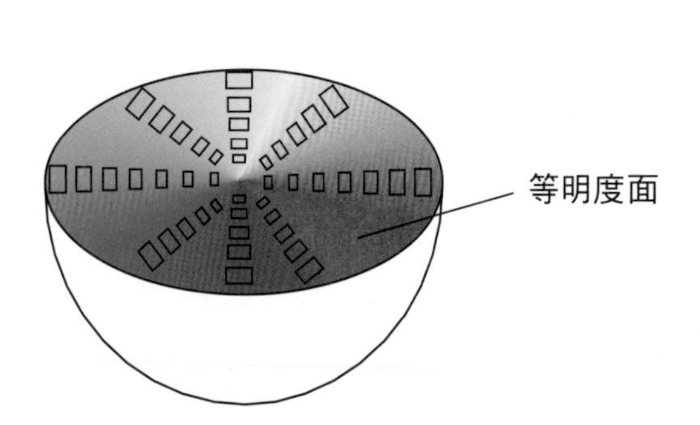

- **等明度面**

水平剖面則可看出各垂直剖色相的等明度面。

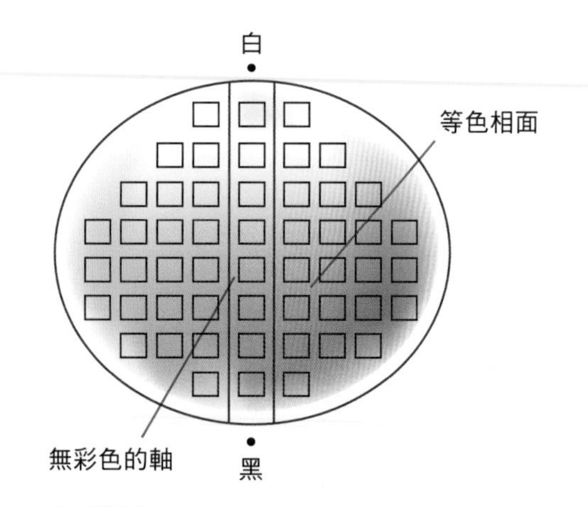

- **無色相面**

色立體是以無彩色為中心軸面，可看出左右兩個等色相面。

A. 色相

色相是指紅、黃、綠、藍、紫等色彩為基礎色相。各色相參閱下列圖示之色立體（圖案所示）的瓣狀部分。

任何人都能夠一眼看出紅和橙、黃和綠、藍和紫的不同，像這種顏色的名稱通常稱為色相。日常生活中顏色的英語Color一字與色彩理論中色相Hue一字意思完全相同，所以色相就是顏色(Color=Hue)。

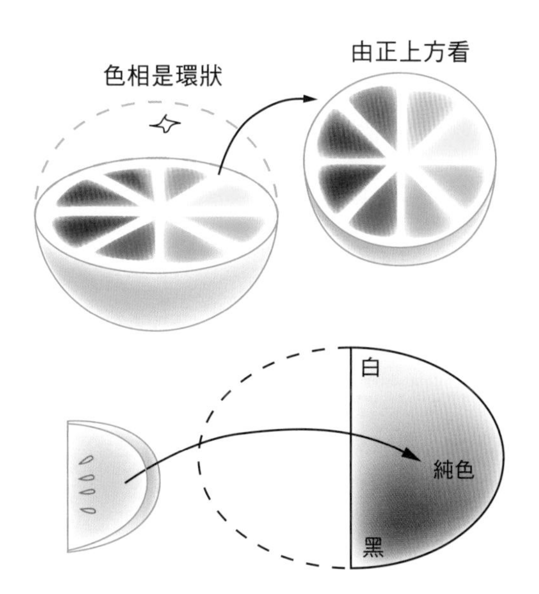

檸檬的垂直剖面中，每瓣均為相同色相

右圖的顏色以色相來區分，可分成兩色系：橙色系、綠色系。

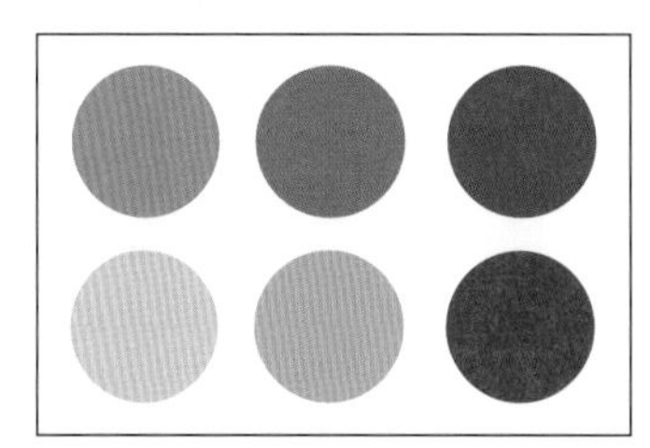

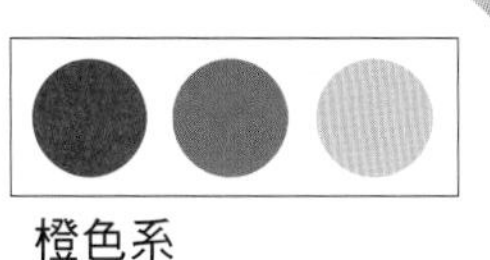

橙色系

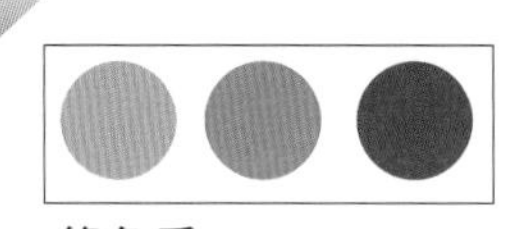

綠色系

·Color· Q&A

- 色彩的三要素是[色相]＝顏色、[明度]＝明暗程度，[彩度]＝鮮濁程度。這三要素稱[色彩的三屬性]。
- 色彩的三屬性組合成三次元的立體狀，稱為[色立體]。色立體的中心軸是[無彩色]、[明度]為縱軸，[彩度]為橫軸，其周邊的環狀帶為[色相]。
- [等色相面]－左右兩個等色相面有[補色]的關係。
- [等明度面]－色立體的橫（水平），可看出等明度的各色相。
- 將下列色票分成三個色相群

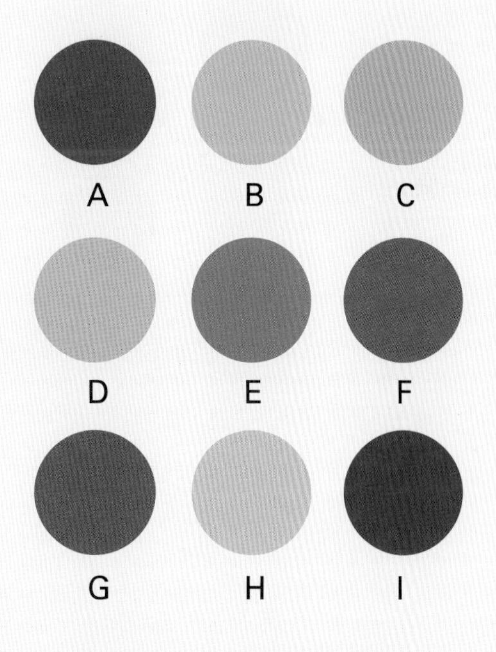

紅紫群	B	E	G
藍群	A	C	I
黃群	D	F	H

B. 明度

色相和彩度雖不同，但在色立體的水平剖面具有相同的明度。

明度是指顏色明亮的程度。明度越高，則越亮越淡；明度越低，則越暗越深。最亮的顏色是白色，最暗者為黑色，均為無彩色。有彩色的明度，越接近白色者越高，越接近黑色者越低。不混黑白色者稱純色，具有顏色本身的明度。依明度高低順序排列各色相，則為黃、綠、紅、藍、紫。

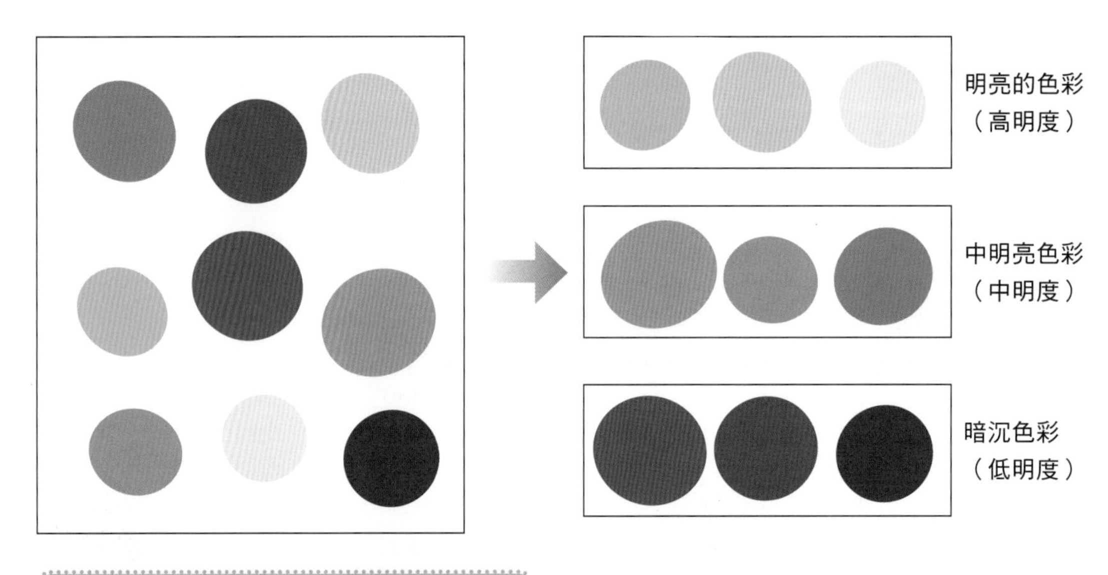

C. 彩度

彩度是指色彩的強弱，鮮濁程度。色立體（柑橘）的越外側彩度越高，越近中心軸彩度越低。

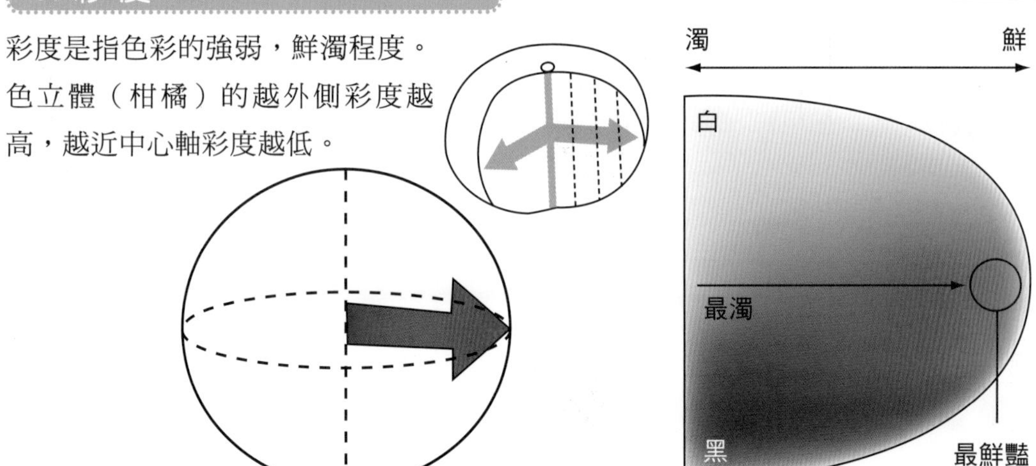

彩度越高則越鮮豔，越低則呈沉穩暗濁的顏色，彩度最高者為純色。混入無彩色則會使彩度降低：混入白色，明度越高，彩度越低；混入黑色，則明度、彩度均降低。可依彩度和明度的組合，產生各種色調(Tone)。

將彩度分成兩部分

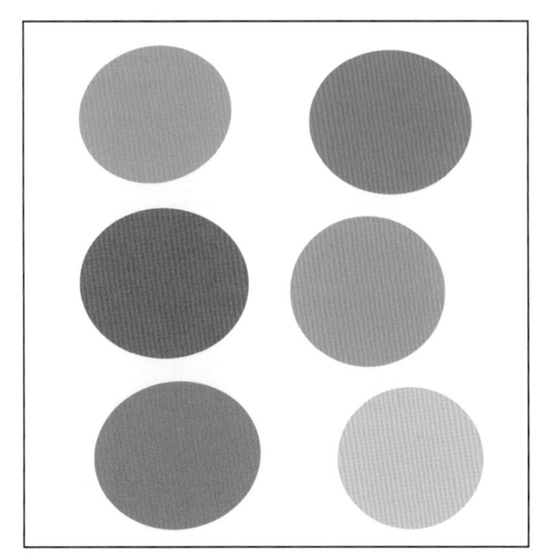

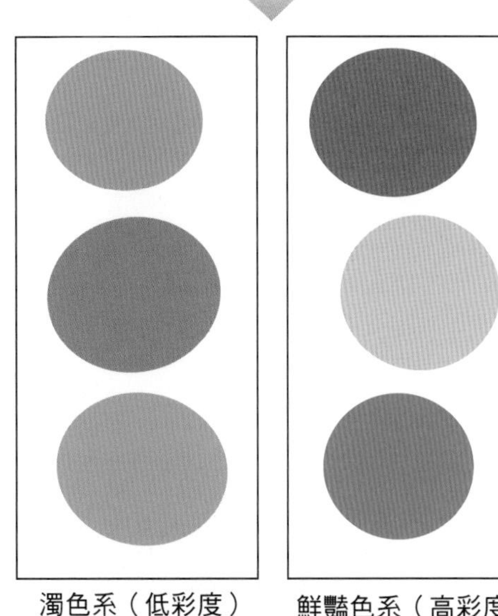

濁色系（低彩度）　鮮豔色系（高彩度）

・Color・Q&A

□請排出以下色票的明亮程度

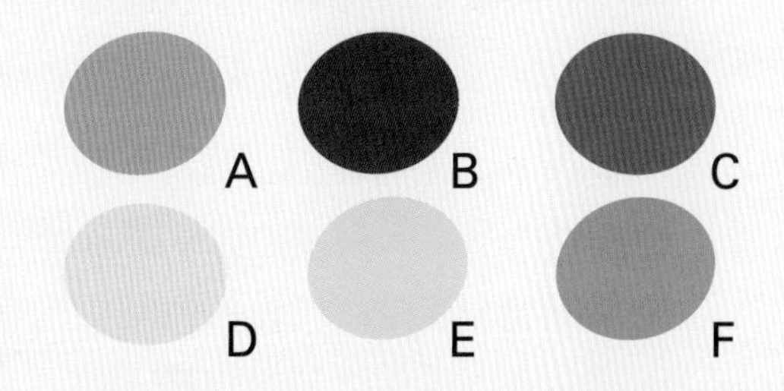

明亮	普通	暗沉
D E	A F	B C

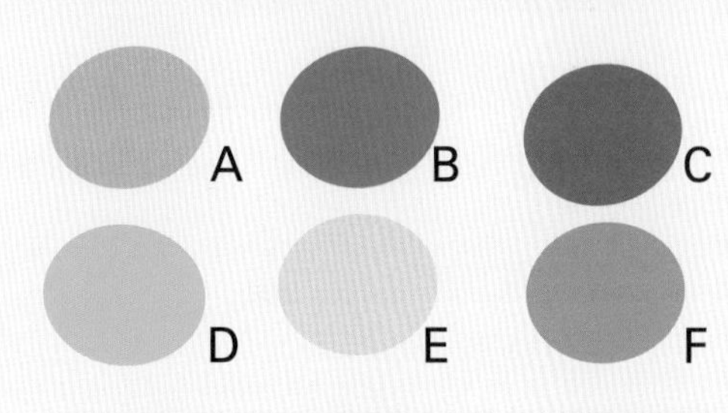

明亮	普通	暗沉
A E	D F	B C

□將彩色分成三階段

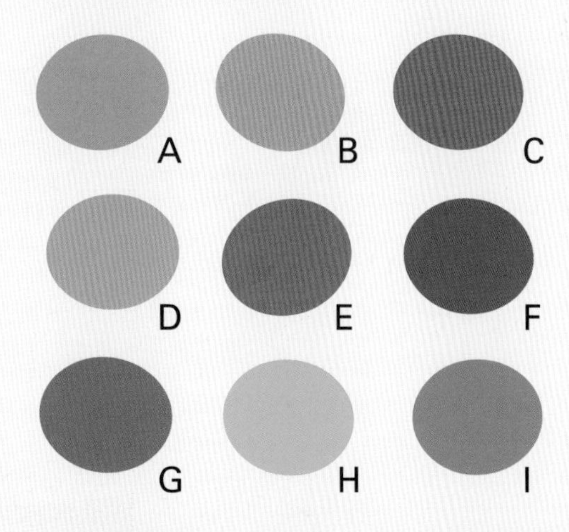

鮮豔	普通	混濁
A C H	B D E	F G I

1-5 PCCS的色彩體系

日本色彩研究所於1964年發表該色彩體系，它將曼塞爾色彩體系（Albert H. Munsell, 1858~1918，美國籍美術教師）和奧斯華德色彩體系（Wilhelm Ostwald, 1853~1932，德國籍化學家，致力於色彩體系標準化）優點組合而成的。

A. 色調tone的符號和色相號碼組合成簡單的表示方法。

B. 將色相、明度、彩度採數字組合之方法呈現。

PCCS 色彩體系	A	TONE記號－色相號	v 2 色調記號 色相號	鮮 紅
	B	色相（號碼：記號）－明度－彩度	2：R - 4.5 - 9s 色相號 色相記號 明度 彩度	純 紅
曼塞爾 色彩體系	C	色相－明度－彩度	4R 4/ 14 色相 明度 彩度	純 紅

1.簡單的表示方法－色調記號和色彩號的表示方法

色調有12種，色相有24階段

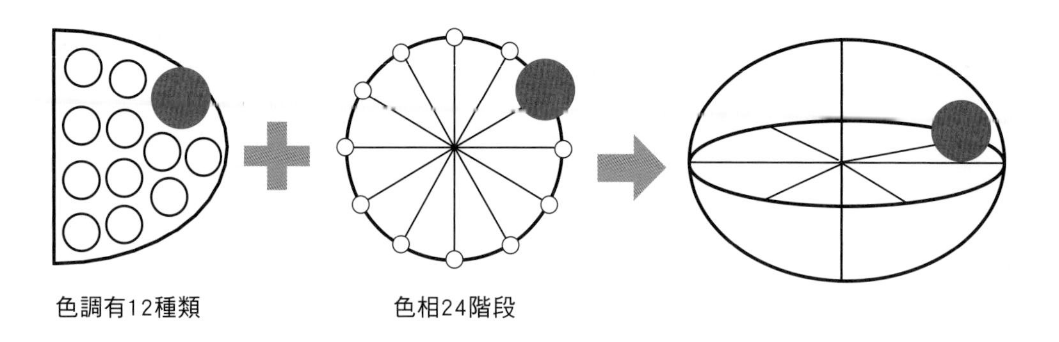

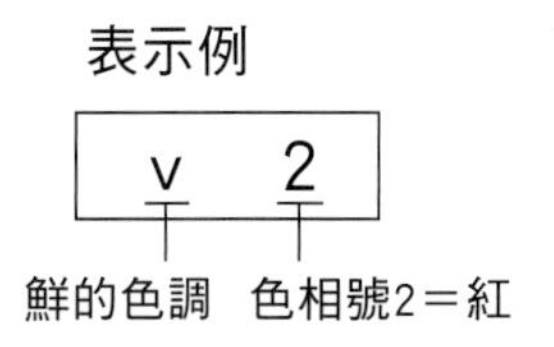

2.其他各種色彩體系參考一覽表

體系名稱	代表人物	出版	貢獻
伊登表色系 簡稱JIS	約翰斯伊登(Johannes Itten, 1888~1967)，瑞士人	1961年發表「色彩的藝術」	讓初學者了解12色相環構成的基礎
奧斯華德表色系 簡稱Ostwald	奧斯華德(Wilhelm Ostwald, 1853~1932)，德國化學家，1909年獲諾貝爾化學獎	1916年發表「色彩表色系的基本概念」 1932年發行色票	致力於色彩標準化的研究
曼塞爾表色系 簡稱Munsell	曼塞爾(Albert H. Munsell, 1858~1918)，美國美術教師	1915年確立色立體 1940年出版Munsell Book of Color	1943年修正為國際通用的色彩體系
日本色彩研究所表色系 簡稱PCCS	日本色彩研究所配色體系Practical Color Coordinate System（1951～至今）	1951年制定色彩的標準與色票 1964年發表Basic Color System	PCCS體系的色相以光譜為基礎，以紅黃綠藍紫五色為主，且考慮等色差做出12色調，再細分成24色相

A. PCCS的色相

色相名和色相號的關係

PCCS色彩體系中，色相有24階段。必須牢記其中主要12個色相名，12個色相名又可分下列三種類。

1.基本色相。

2.基本色相2色的等量組合。

3.強弱的組合。

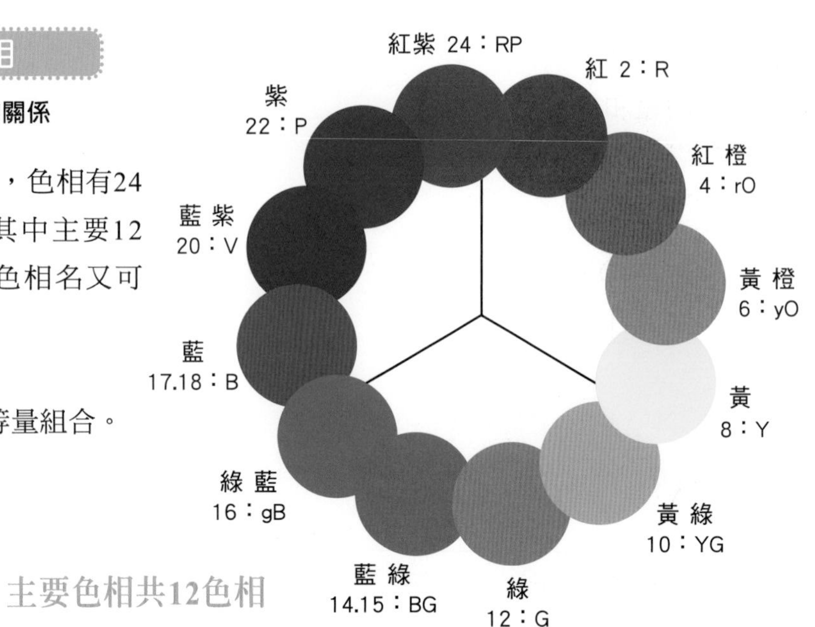

主要色相共12色相

(1) 基本5色相

紅(R)、黃(Y)、綠(G)、藍(B)、紫(P)的5色。

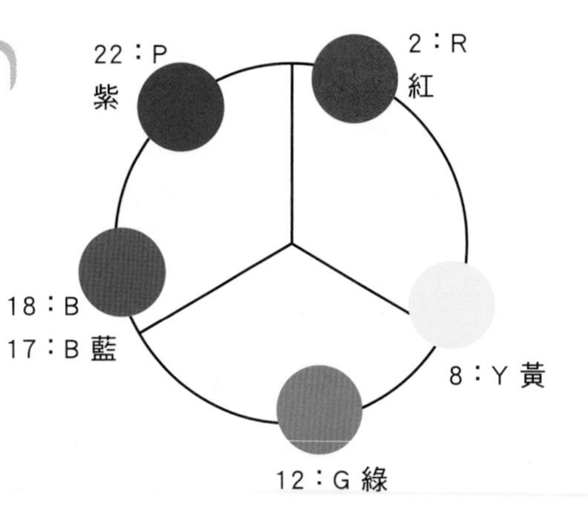

(2) 中間色的4色相

基本5色等量組合後的4色為黃綠(YG)、藍綠(BG)、藍紫(V)、紅紫(RP)。

- **色名的表示方法**

以2個英文字母的大寫來表示。

但藍紫則由V表示，不用BP表示。

藍綠(BG)的色相號有14和15。

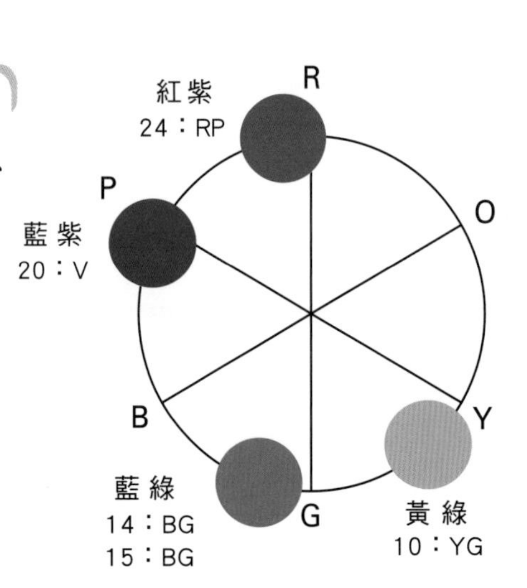

(3) 強弱組合的 3 色相

以稍許紅色的橙和以稍許綠的藍，可以（帶....）稱之。

rO一帶紅的橙
yO一帶黃的橙
gB一帶綠的藍

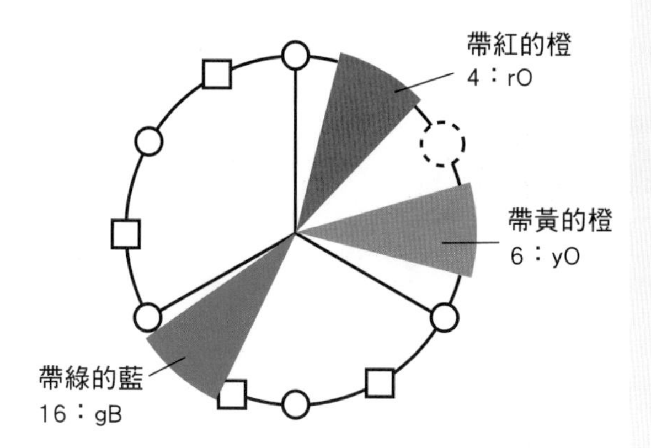

- **主要 12 色相**

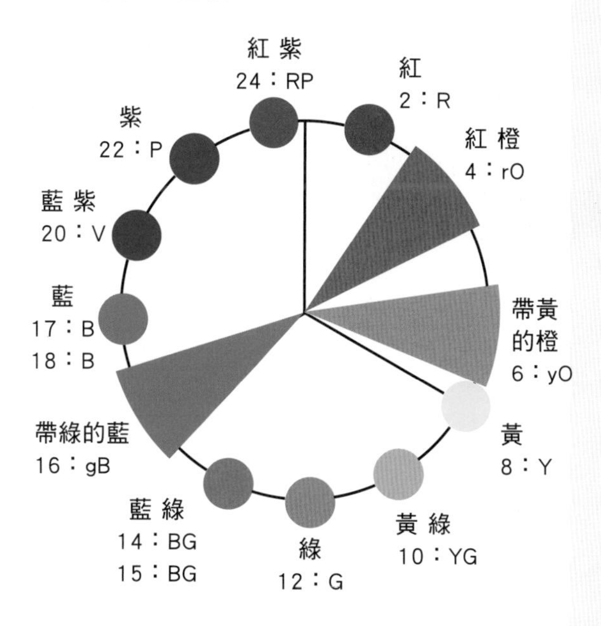

- **色名的表示法**

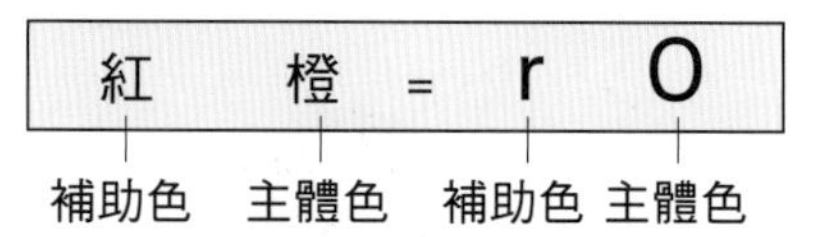

◎註：橙色的色相是5號，不在主要12色中。但是，（紅橙）和（黃橙）則在主要12色之中。

·Color·Q&A

- 含主要的基本色5色相的色相名和記號為[紅(R)]·[黃(Y)]·[綠(G)]·[藍(B)]·[紫(P)]。
- 基本5色相等量組合2色均以[大]寫表示，強弱組合中，色彩較弱的為[小]寫。
- 色相24號的色相名是[帶紅的紫]。
- 基本 5 色相所作出來的中間 4 色相名和記號是 [紅紫 (RP)]·[黃綠 (YG)]·[藍綠 (BG)]·[藍紫 (V)]。
- （帶 ...）橙色帶紅的色相，稱之為 [紅橙 (rO)]。只含少數顏色的 [先] 記，主體色 [後] 記，以英文來表示成為 [rO]。

- **基本5色相**

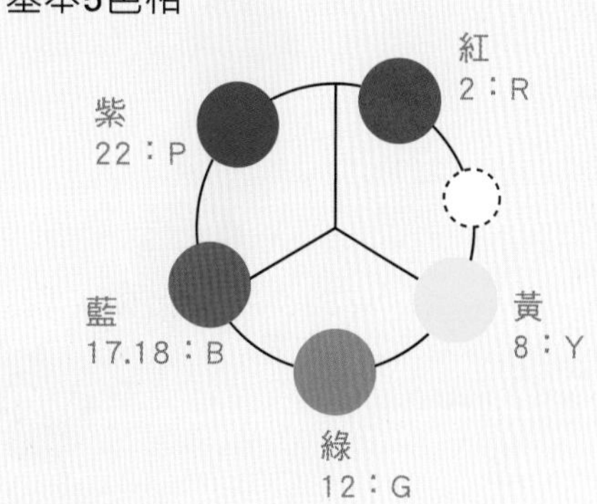

- **中間4色相**

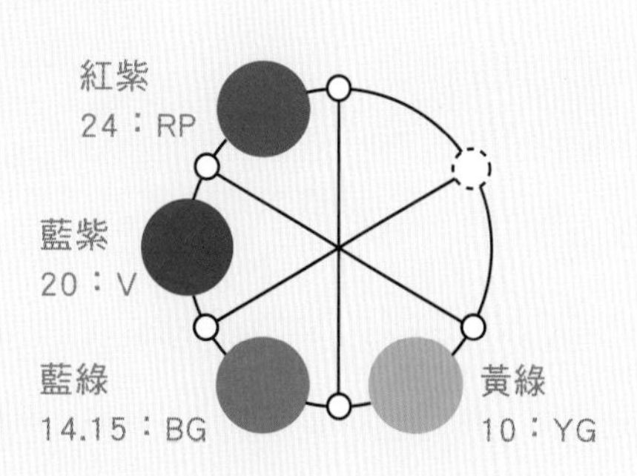

- **強弱關係的3色相**

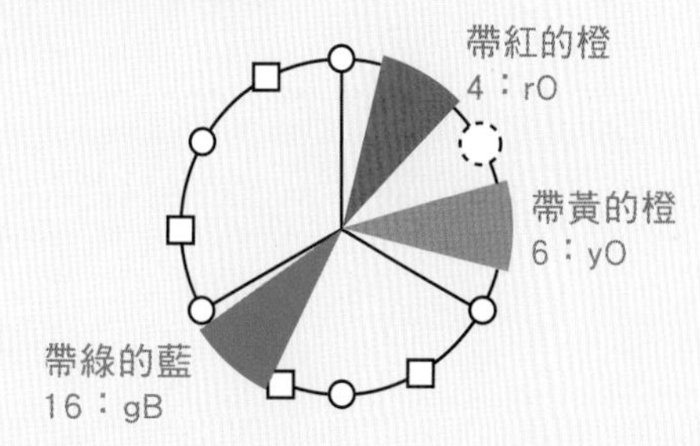

PCCS的色相環（24色相圖）

大自然中的彩虹是最容易說明色環(Color Wheel)。色環劃分為24色相，一個大圓圈挑出12色（色等）。

從帶紫的紅到紅紫共24色相，包含色料3原色和色光3原色、心理4原色，有號碼的色相是主要12色相（各色相間一格）。

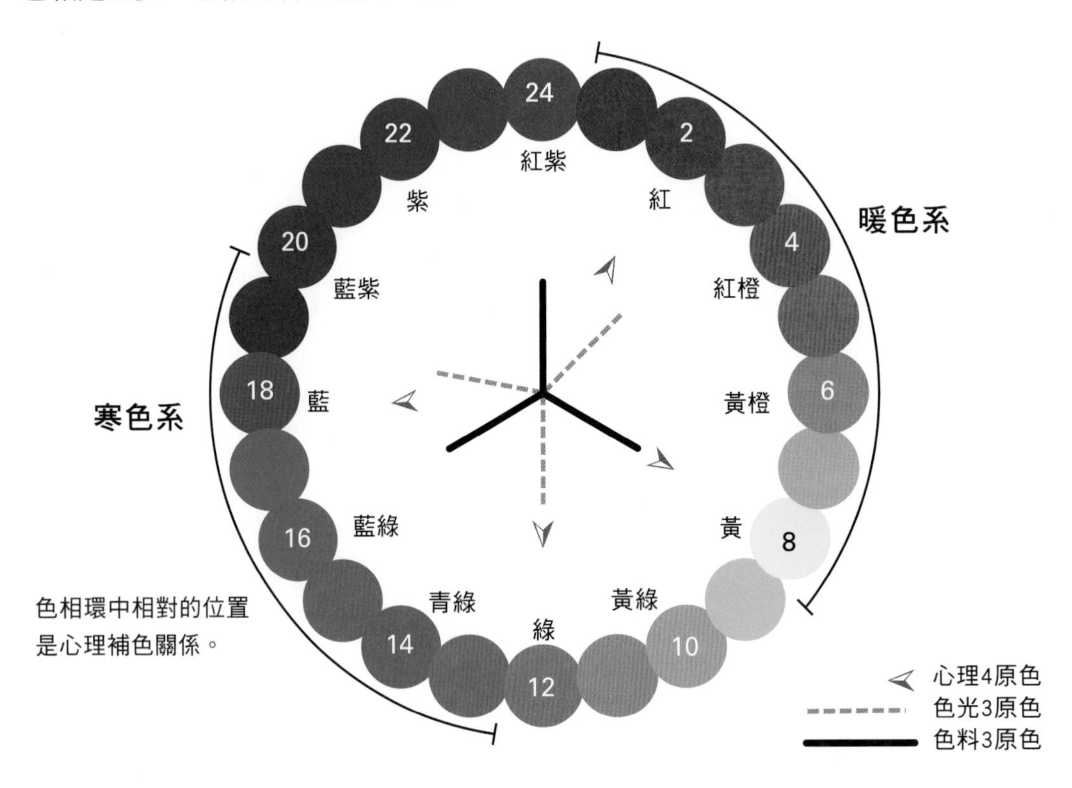

B. PCCS 的明度

在PCCS色彩體系中，明度分成17個色階，從0起算，每0.5一色階，最黑的常見以「1.0」表示，到最明亮的白為「9.5」，共17個色階。純色的紅，其明度在4.5左右，加白色則成為明亮粉紅，明度越高，越接近9.5；相反，加黑色則越暗，明度越低接近1.0。

9 ~ 7	高明度	
6 ~ 4	中明度	
3 ~ 1	低明度	

C. PCCS 的彩度

彩度由9s到1s共9階。最鮮豔的純色為彩度9s，越接近無彩色，彩度越低，最低彩度為1s。

純色加越多白、黑或灰則彩度越低。

S是Saturation（飽和度）的第一個字母，放在數字的右邊。

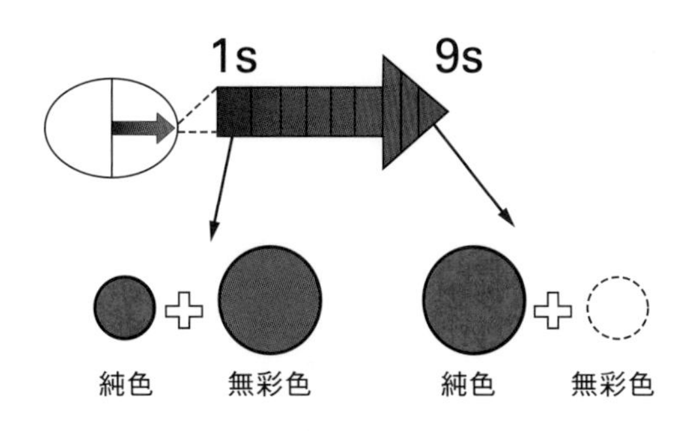

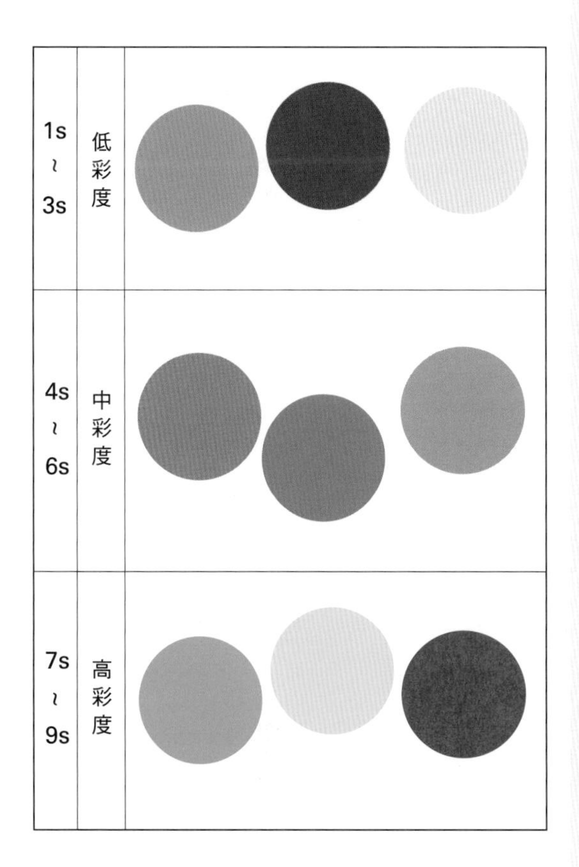

·Color· Q&A

- 表示明度的數字，從最明亮的[9.5]開始到最暗的[1.0]為止，共17個色階。
- 高明度是指[9]~[7]、中明度是指[6]~[4]、低明度是指[3]~[1]。
- PCCS的表示方法，例如－20:V－8.5－1s中，表示明度的部分[8.5]，這個數字即是[高明度]。
- 紫色加白色，明度則高，反之加黑色，明度則[低]。
- 紅色加上白色，明度則升[高]、彩度則降[低]。
- 黃色加無彩色的黑後，明度則降[低]、彩度則降[低]。
- 藍色＋相同明度的灰色，[明度]不變、彩度[降低]。
- 表示彩度的數字，是由最高彩度的[9]，到最低彩度的[1]為止，數字後面加上小寫的英文"s"是[飽和度]之意。
- 高彩度是指[9s]~[7s]、中彩度是指[6s]~[4s]、低彩色是指[3s]~[1s]的範圍。

1-6 PCCS的色調

色調(Tone)是指明度＋彩度的交點。

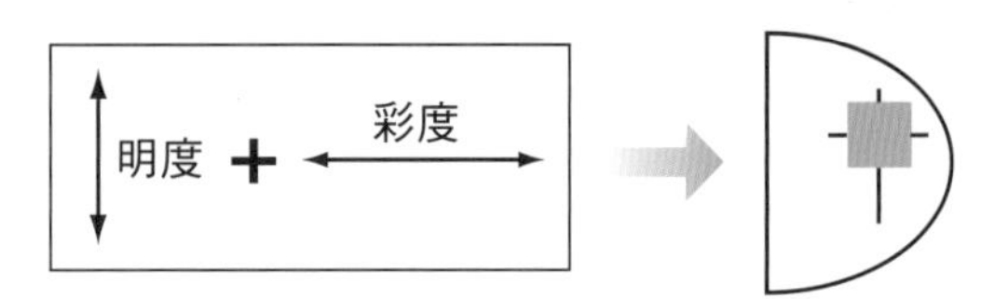

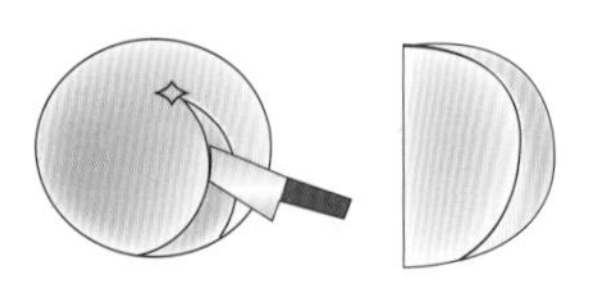

色立體的垂直剖面，像一瓣柑橘一樣，形成半圓形。這一瓣有相同的色相。

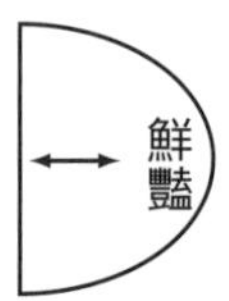

這一瓣越外側越鮮豔，越中心越接近無彩色。上部較明亮，下部較暗沉。

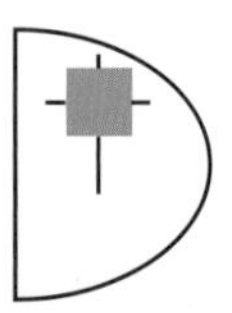

這個彩度和明度的交點稱色調。

A.12種類的色調名 （請牢記下表）

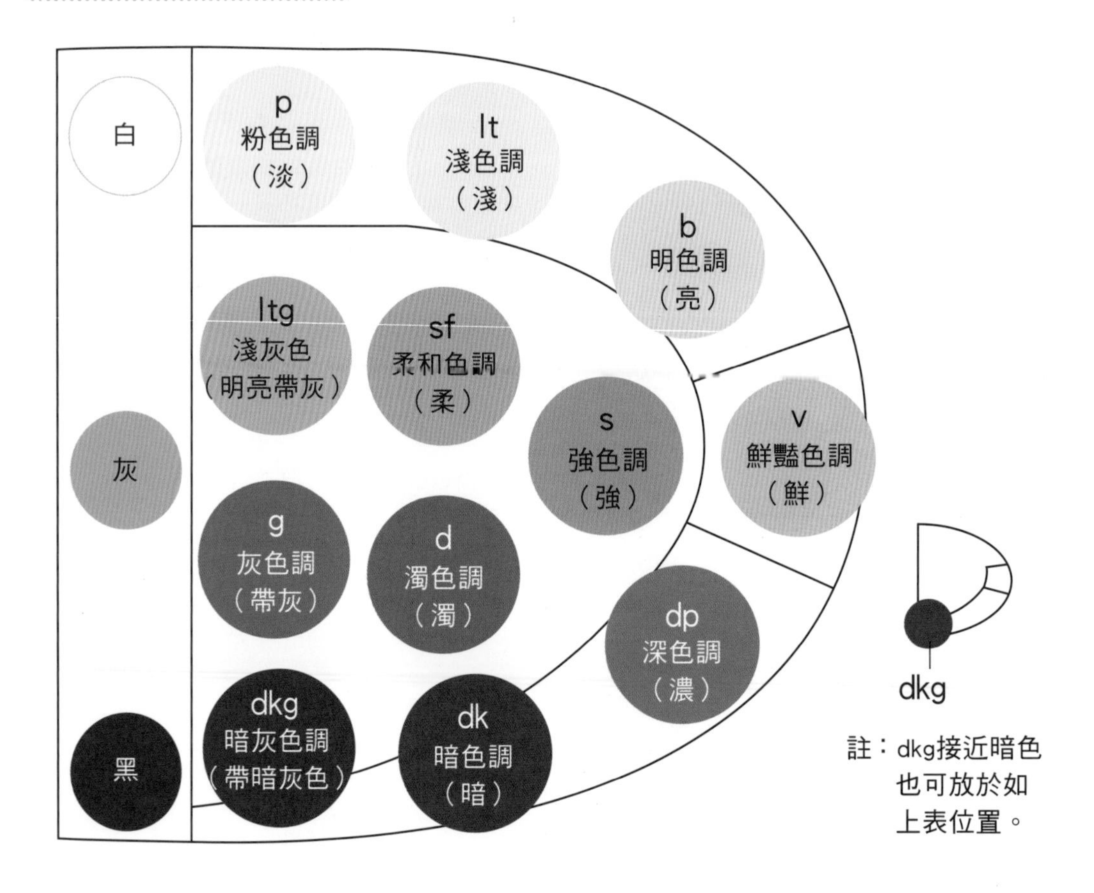

註：dkg接近暗色也可放於如上表位置。

• 4部分

PCCS的色調有12種類，可將它分成4部分較易理解。

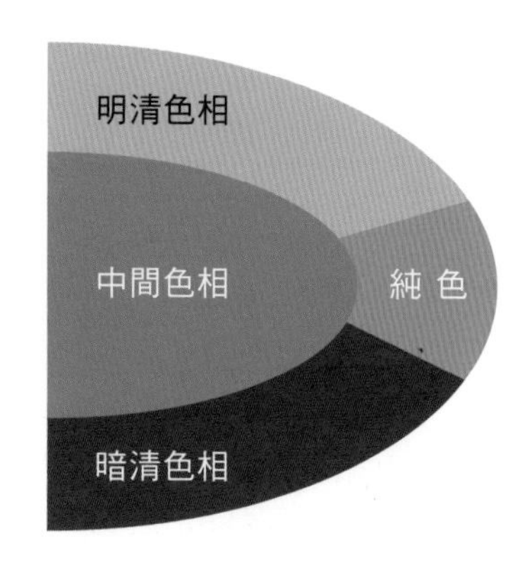

1 純 色 各色相中彩度最高的色彩		 
清 色 純色加上白色或黑色	**2 明清色相（明色）** 只加白色	 
	3 暗清色相（暗色） 只加黑色	 
4 濁 色 加灰色		 

以4部分牢記12色調名

A. 明清色調的3色調和純色的V

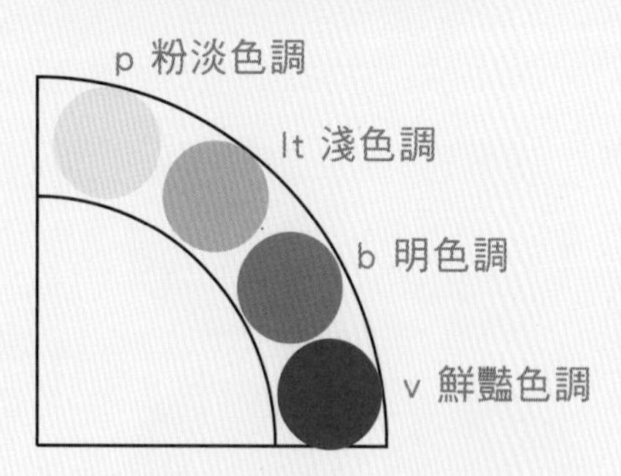

B. 暗清色調的色調

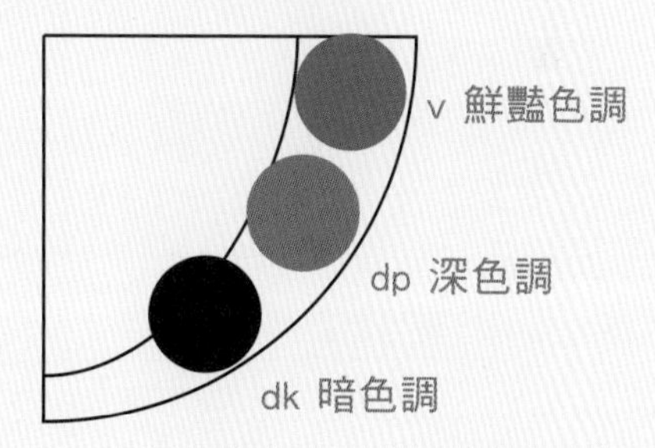

C.連接於無彩色軸的三色調需加g（灰色）

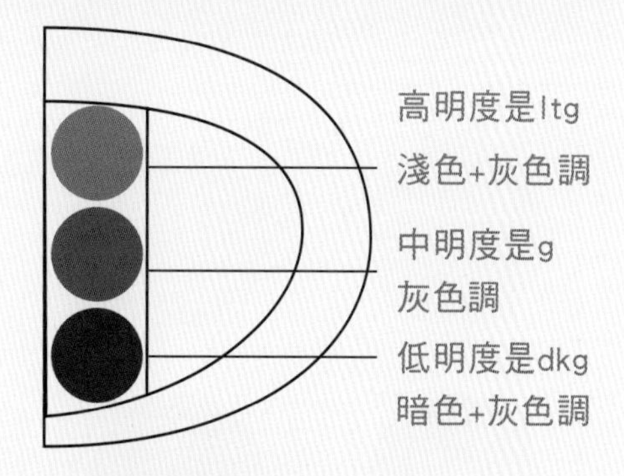

D.牢記有個性的中央三色調

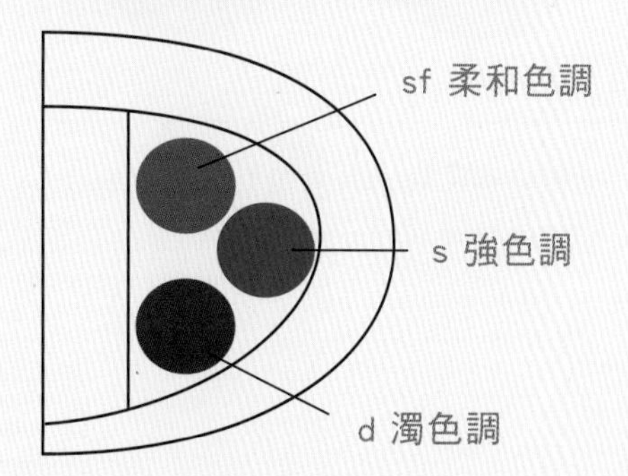

B. 色調區分練習

練習1 辨別彩度的高低

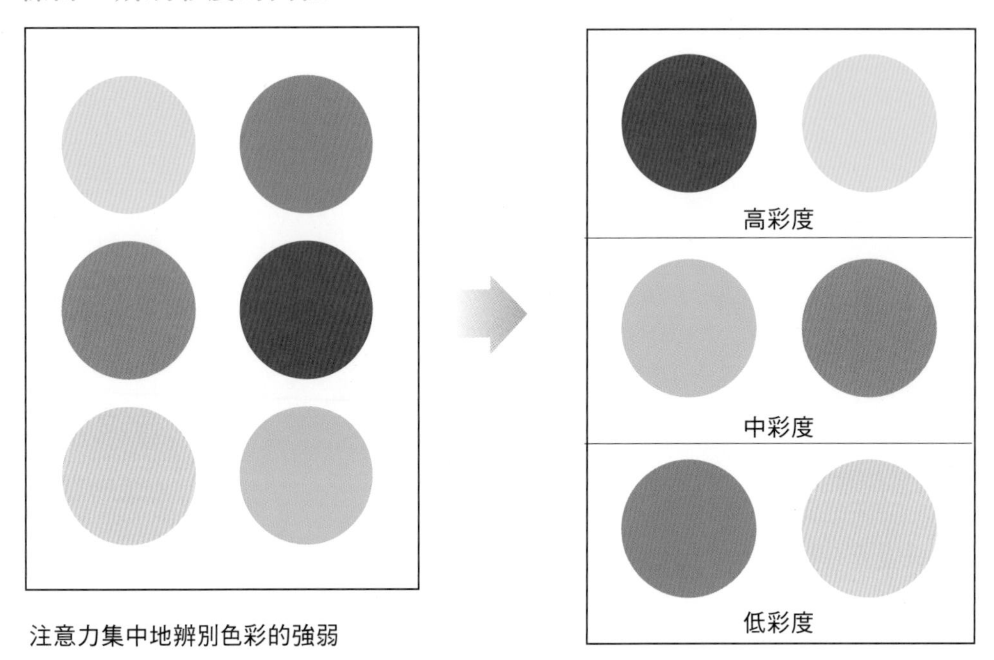

注意力集中地辨別色彩的強弱

練習2 哪一個灰色的含量比較多？

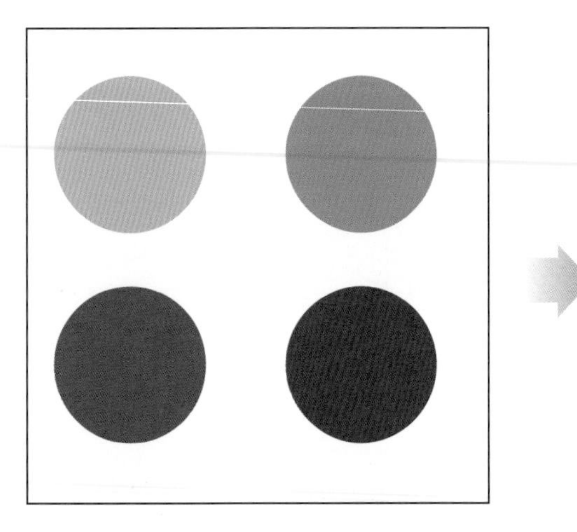

清色加灰色較不容易區別，多看幾次，
較容易分辨。

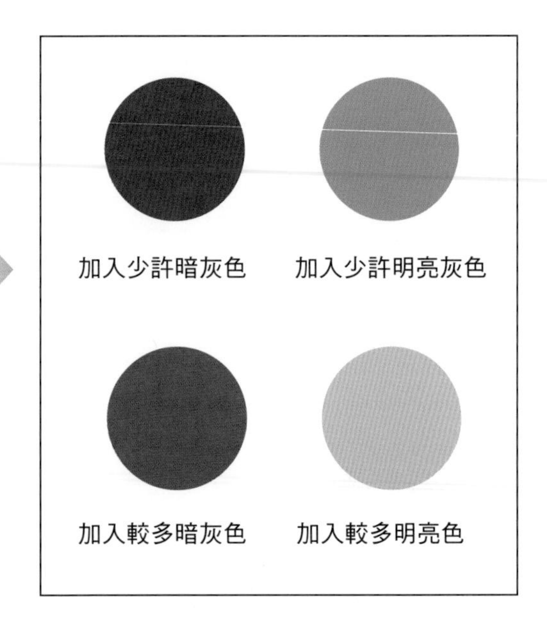

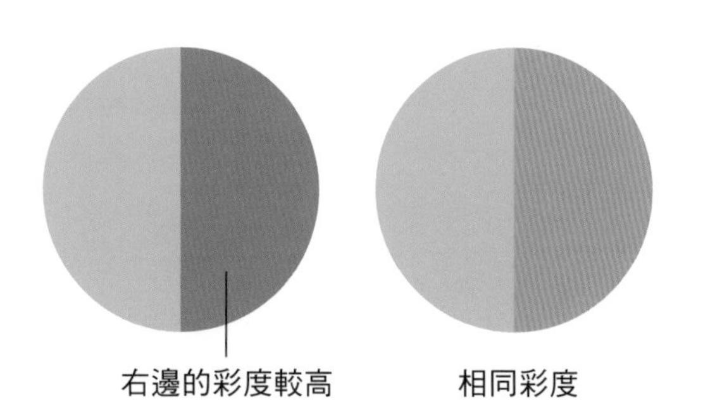

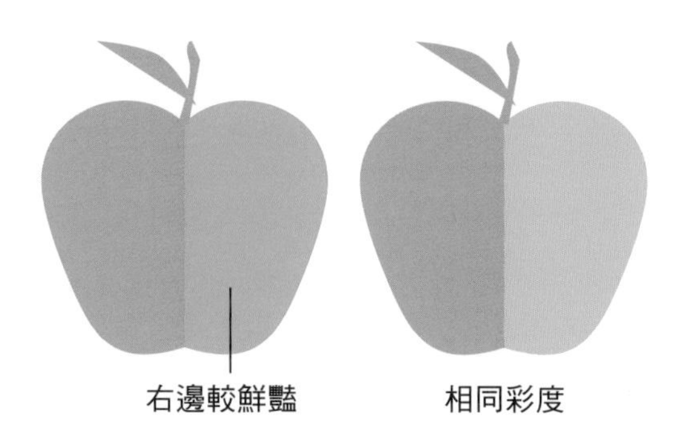

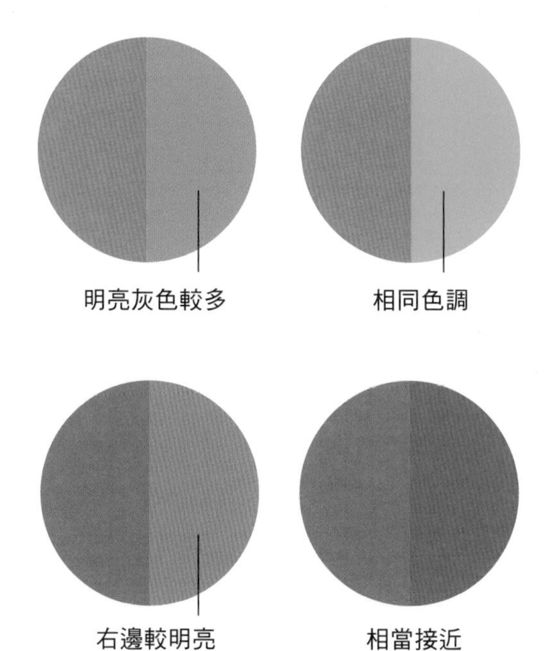

·Color· Q&A

□色調3分法

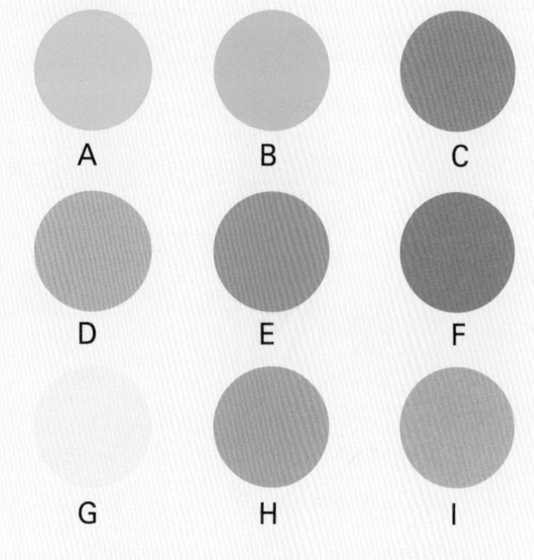

鮮豔	普通	濁
B E F	A C I	D G H

□色調4分法

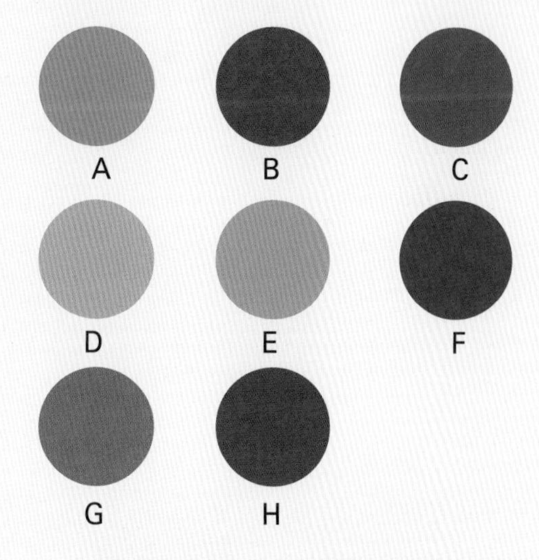

明亮灰色較多	明亮灰色較少
D E	A G

暗灰色較多	暗灰色較少
C H	B F

註：與前項的問題比較難度更高，必須訓練分辨濁色的能力。

C. 色調和印象

相同色調的色彩，即使色相不同感情效果是共通的。

● **鮮豔色調(v)**

亮麗、鮮豔、醒目、耀眼、活潑

● **明色調(b)**

明亮、健康、活潑、華麗

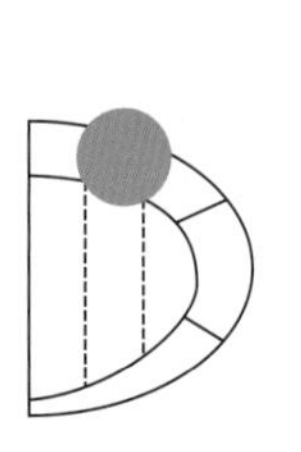

● **淺色調(lt)**

淺色、透明、稚氣、清爽、愉快

● **淺灰色(ltg)**

明亮灰色、穩重、木訥、成熟

● **灰色(g)**

帶灰、濁、樸素

● **暗灰色調(dkg)**

暗灰、陰氣、笨重、強硬、男性化

● **粉色調(p)**

薄輕、淨純、弱、女性化、年輕、溫柔、淡、可愛

● **深色調(dp)**

濃、深、充實、傳統、日本風

● **暗色調(dk)**

暗、成熟、堅固、圓熟

- **柔和色調(sf)**

柔軟、安定、朦朧

- **濁色調(d)**

濁、暗淡、中間色、木訥

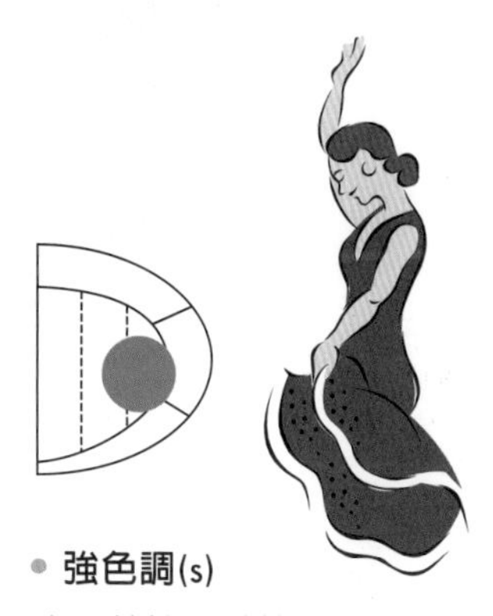

- **強色調(s)**

強、熱情、動態

- **白(w)**

清潔、冷淡、鮮豔

- **灰(Gy)**

流行感、時髦、寂寞

- **黑(BK)**

高級、正式、素雅、時髦

·Color· Q&A

- **請選出各色調的位置和印象(image)**

色調的位置

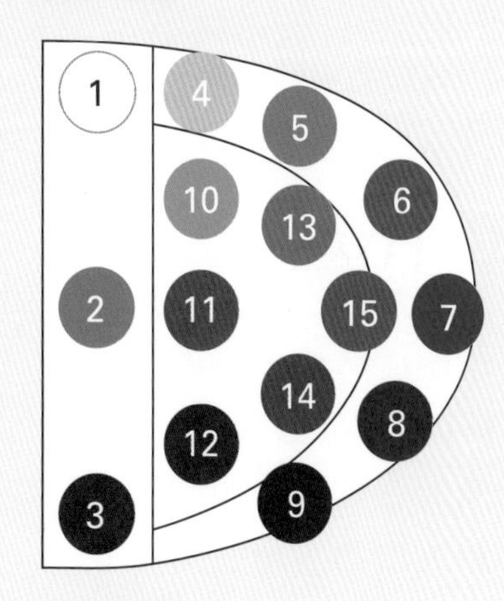

色調的印象

a. 明亮、健康
b. 強烈、熱情
c. 清潔、冷淡
d. 流行感、時髦
e. 濃、深
f. 帶灰、混濁
g. 亮麗、鮮豔
h. 暗灰、陰氣
i. 暗、成熟
j. 鈍感、沉重
k. 柔和、穩重
l. 明亮灰色、沉著
m. 高級、正式
n. 淺、透明
o. 淡、輕

色調名	位置	印象
鮮豔色調	7	g
明色調	6	a
淺色調	5	n
粉色調	4	o
深色調	8	e
暗色調	9	i
淺灰色調	10	l
灰色調	11	f

色調名	位置	印象
暗灰色調	12	h
柔和色調	13	k
強色調	15	b
濁色調	14	j
白色	1	c
灰色	2	d
黑色	3	m

1-7 色料和色光的三原色

彩色印刷都是以紅、藍、黃三原色料分出來的；另外，同時以等量的三原色光，投射在螢幕上，即成為白色光。

減法混色和加法混色

色料三原色，取等量，彼此混合，則明度降低，呈現暗灰色，稱為減法混色；另外，色光數量混合越多，明度則越高，接近白色，稱為加法混色。

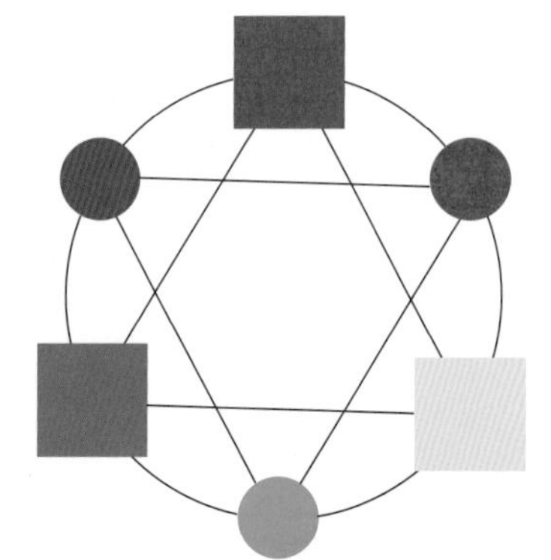

□=色料三原色
○=色光三原色

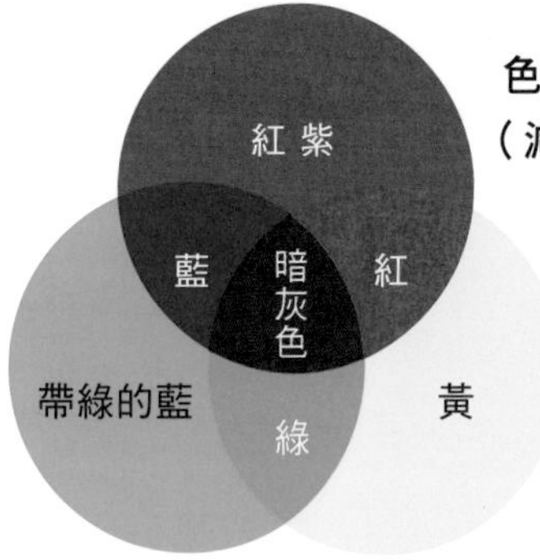

色料三原色
（減法混色）

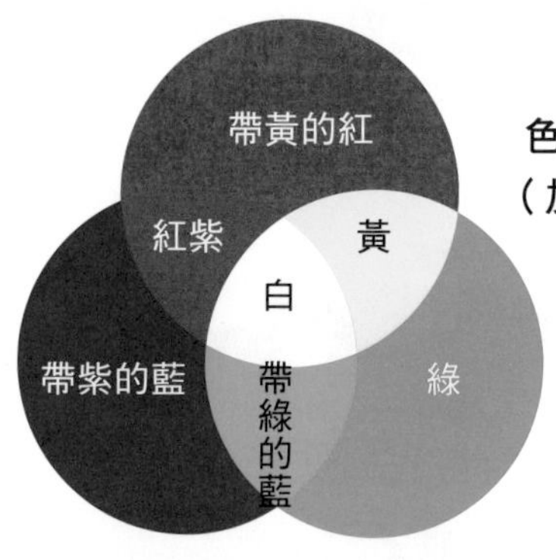

色光三原色
（加法混色）

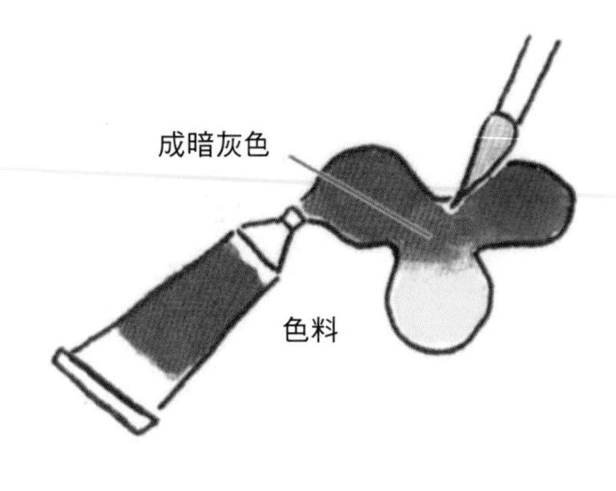

變白

白光

彩色電視

原色和純色的差異

純色因未混入白或黑，所以彩度最鮮豔。所有的顏料的顏色均以三原色為混色基礎。

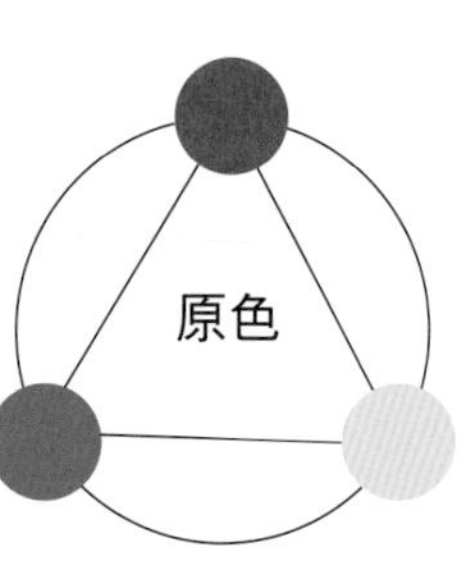

中間混色

將三原色料並置混合或迴轉盤混合，會出現較平均的明亮灰色，恍若色光混合，稱之為中間混色。

印刷品

紡織品

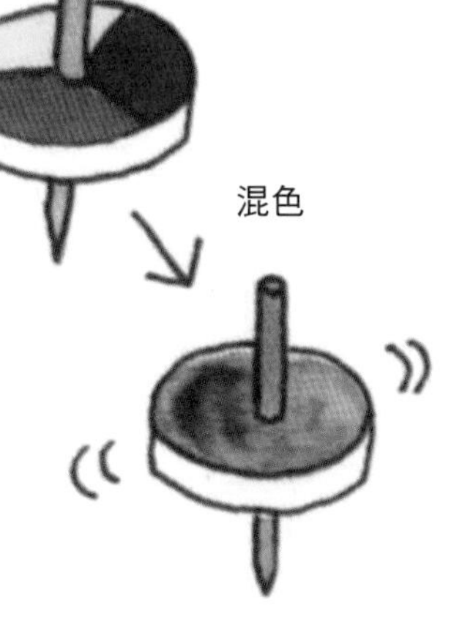

混色

·Color· Q&A

- 請選出三原色的色票和色名

a.紅 b.藍 c.黃 d.帶黃的紅 e.紫 f.綠
g.紅紫 h.帶紫的藍 i.帶綠的藍

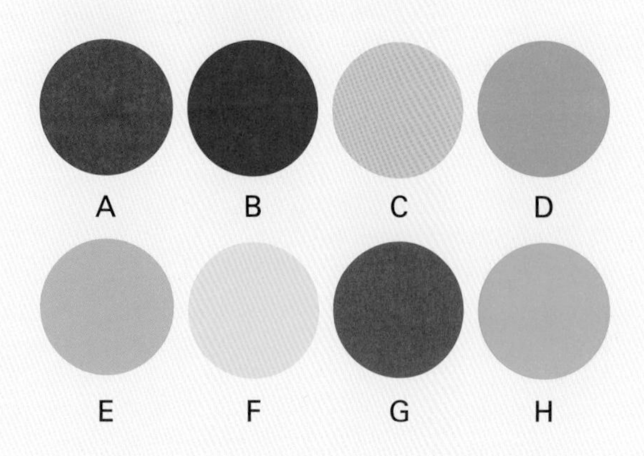

答	色光三原色			色料三原色		
	[加法]混色			[減法]混色		
色票	A	B	D	F	G	H
色名	d	h	f	c	g	i

- 加法混色是混合白光中的色光三原色產生的[帶黃的紅][綠][帶紫的藍]。
- 減法混色是混合[色料]的三原色，所產生的[紅紫][黃][帶綠的藍]混合在一起即成為[暗灰色]。
- [原色]是混合其他顏色也無法做出的色彩。例如：黃色加藍色會變成綠色，綠色是[純色]但不是原色，而任何色加橙色也無法做出黃色，所以黃色是[原色]。
- 中間混色是如同圓形轉盤或紡織品列混合，混合原色會呈現較[平均]的明亮灰色，但不黯淡。

1-8 補　色

任一顏色在色相環的正對面的色相即是它的補色，補色的運用可創造出最刺眼的配色效果。紅與綠經顏料混合的話，會形成灰色的效果，稱物理補色；經視覺殘留後產生對比色稱心理補色。心理四原色是「紅」、「黃」、「綠」、「藍」。

A. 物理補色

兩對比色經混合後成為灰色。

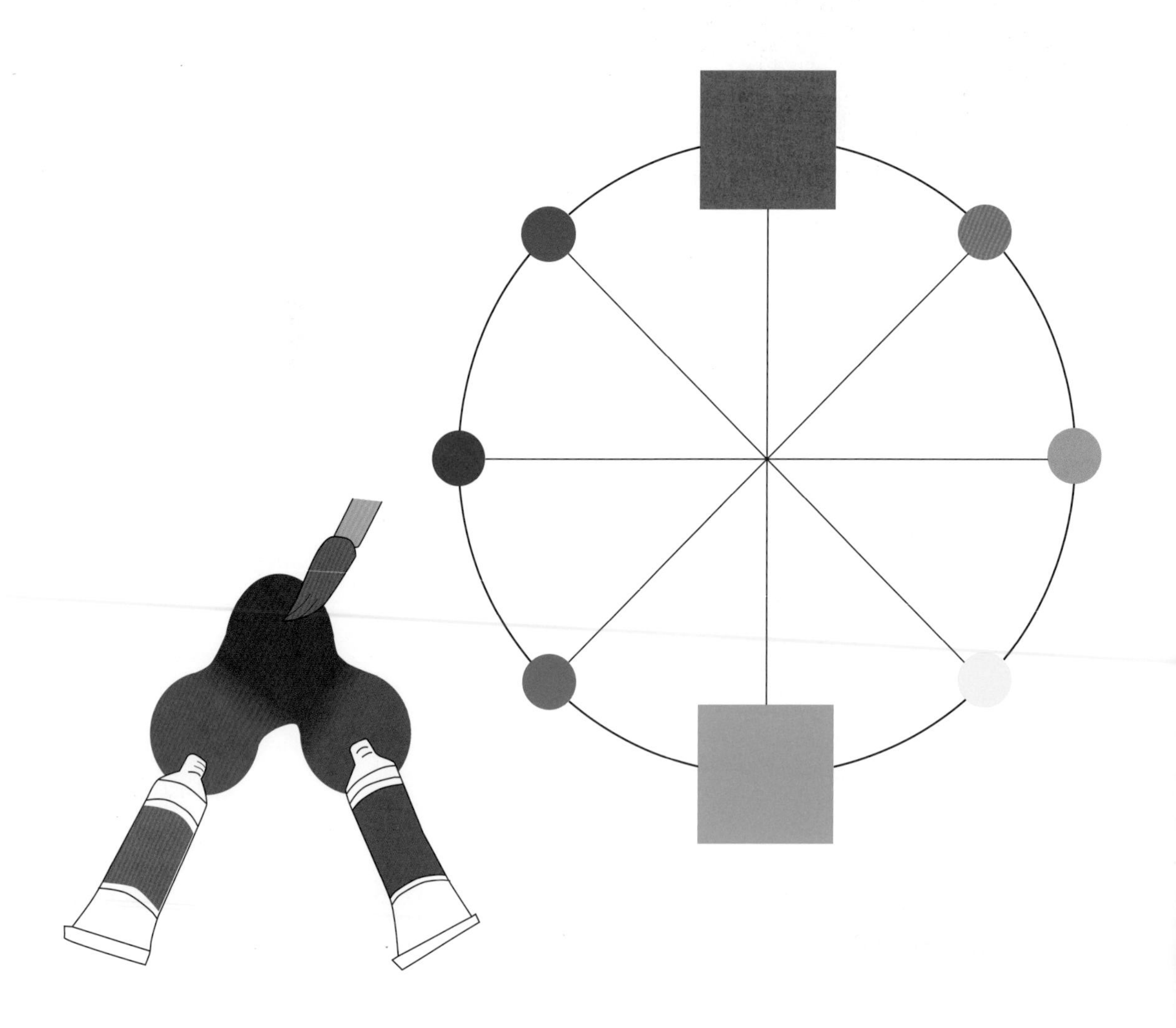

B. 心理補色

凝視下圖40秒後，移動至虛線圈內，會產生綠色的原圖像。

·Color· Q&A

- 請選出ABCD的補色色票

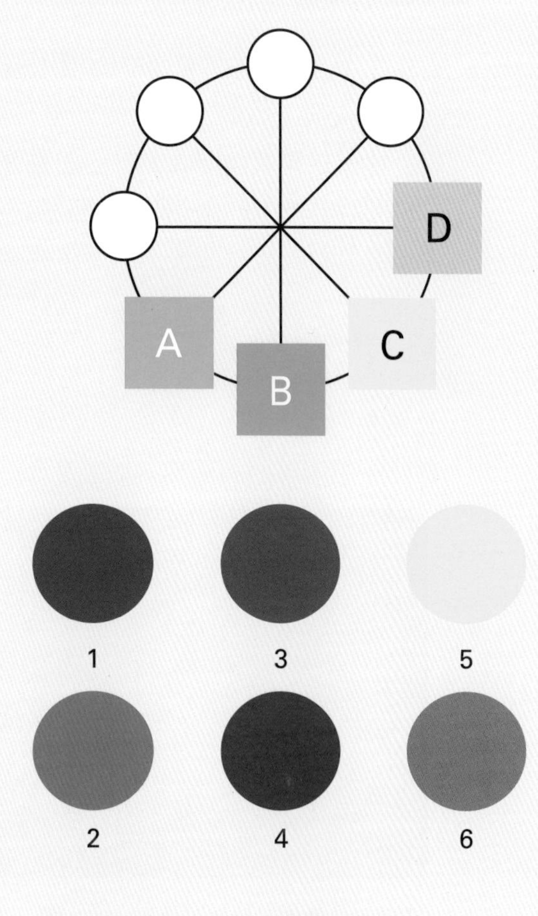

A的補色 6	B的補色 3
C的補色 4	D的補色 2

- 混合二色的色料，會呈現灰色的組合稱為[物理補色]。
- 目光停留再某一色上，一段時間後，再轉移目光時，會產生視線[殘留]，此色彩和殘留色的關係稱為[心理補色]。
- 心理四原色是[紅]·[黃]·[綠]·[藍]。

1-9 色的對比效果

對比(Contrast)是指兩個事物相比較（對照）時，所顯現的差異，也是使視覺產生活躍、刺眼、戲劇性效果的要素，如明／暗、大／小、遠／近、強／弱、美／醜等，性質相異或類似要素較小者都是對比。對比有同時對比和連續對比，同時對比是指同時看圖中的兩色時，因兩色相互影響所產生的對比現象，連續對比為目光集中一個色彩一段時間後，所產生的視覺殘留。

A. 同時對比

1. 色相對比

相同頻色因不同的配色，而產生不同的感覺。

紅色上的橙色，稍微偏黃。

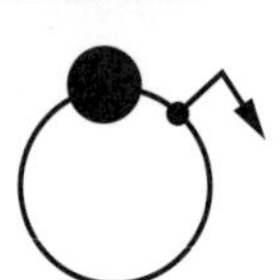

黃色上的橙色，看起來稍微偏紅。

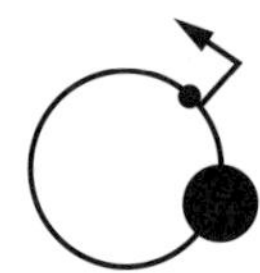

2. 明度對比

底色是低明度時的，綠色就會看起來明亮；反之底色換高明度色彩時，綠色顯得暗濁。

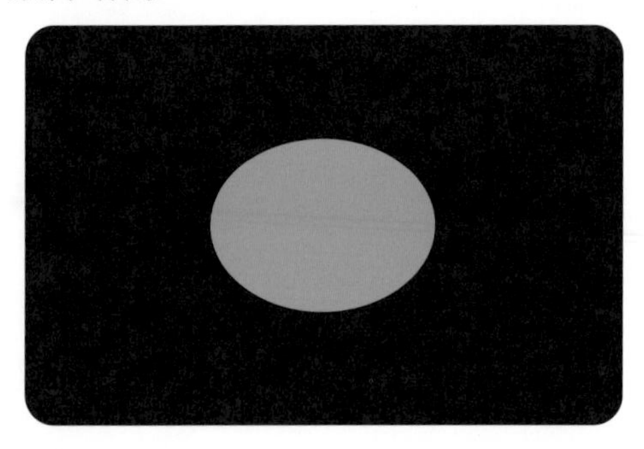

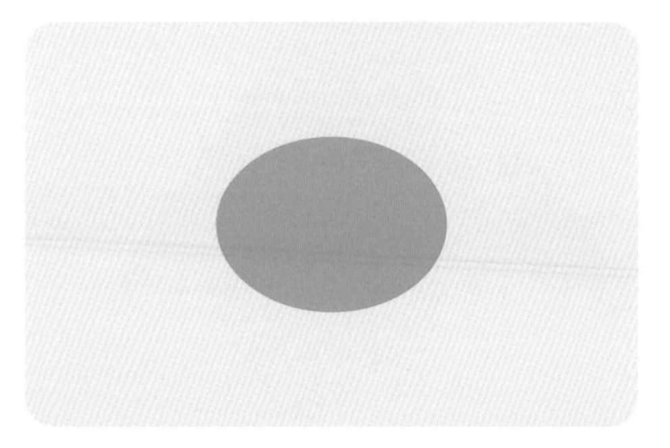

3. 彩度對比

底色是鮮豔的紅時，粉紅色則顯得較濁；反之，底色換成低彩度的灰，則粉紅看起來較鮮豔。

4. 補色對比

如圖所示，透過補色對比組合後，彩度均升高，屬於色相對比中的一種。

無彩色被有彩色圍起來，底色的心理補色會重疊，看起來是相反色相。

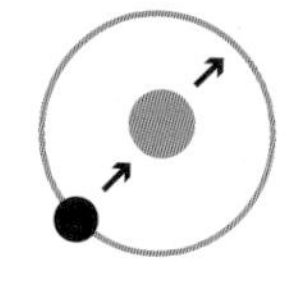
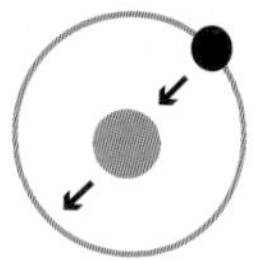

5. 邊緣對比

兩色並列，因旁邊的顏色強弱而影響特定顏色的強弱，如右圖「白與淺灰」並列的灰會較「淺灰與深灰」並列的灰來得「淡」。

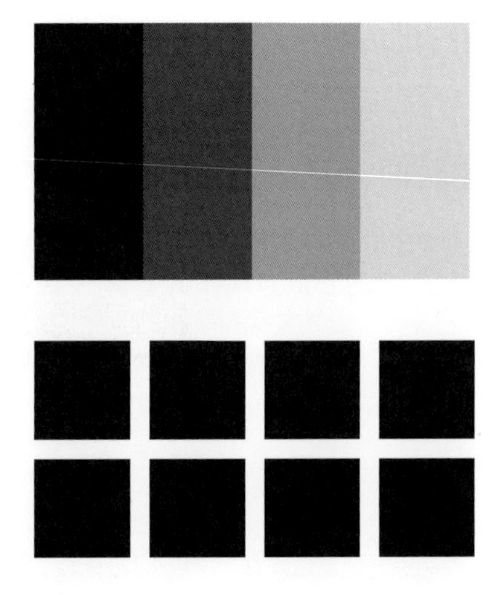

- **和諧現象**

是邊緣對比的一種，白線的白更強，在其相交差點，看起來會黑色的陰影存在。

B. 續時對比

- **補色殘像**

注視某一色面後，將視線移至白底面，則會現出其色彩的心理補色。

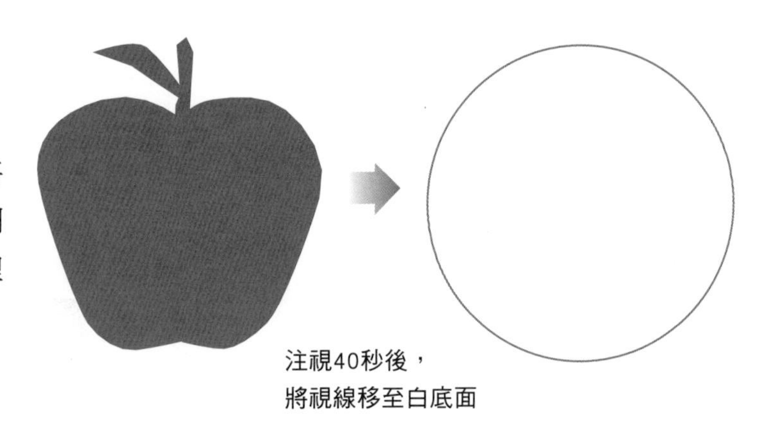

C. 面積對比

是指兩種或兩種以上的色彩並列時，各個顏色所占面積的大小比例的不同，所產生出的對比現象。

面積對比可以使其他對比的效果給予「強化」或「柔化」效果，所以說個人形象溝通時的配色或構圖時，決定色彩面積大小，是吸引注意力的重點之一。

D. 冷暖對比

冷暖對比為人對色彩的心理作用的關係。例如走進紅橙色餐廳感覺溫暖，餐廳室內若設計為藍色，則感覺有寒意。這現象與自然的溫度無關，那是因為藍色會使人感覺血液循環降低，而反之紅橙色使人感覺血液循環升高。

冷暖對比在基因色彩搭配時，必須主從關係分明，才容易建立個性的魅力形象。

·Color· Q&A

- **請選出下圖所表示對比的色票**

1

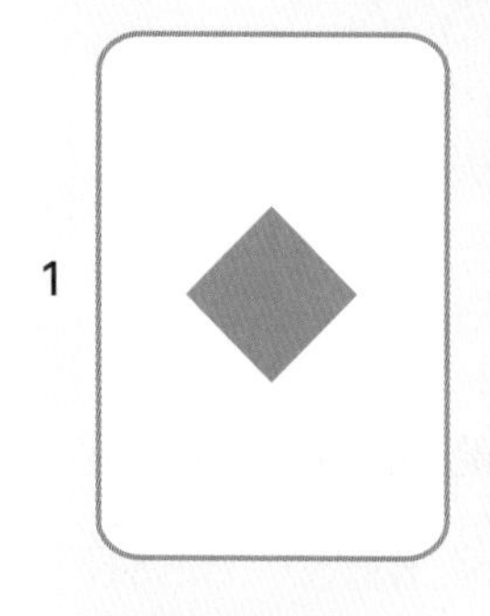

2

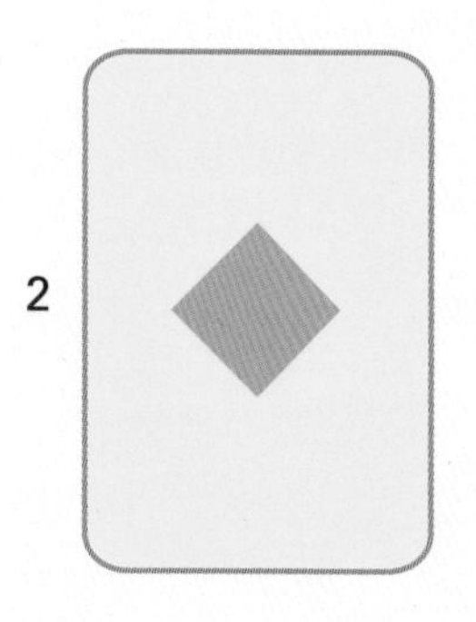

3

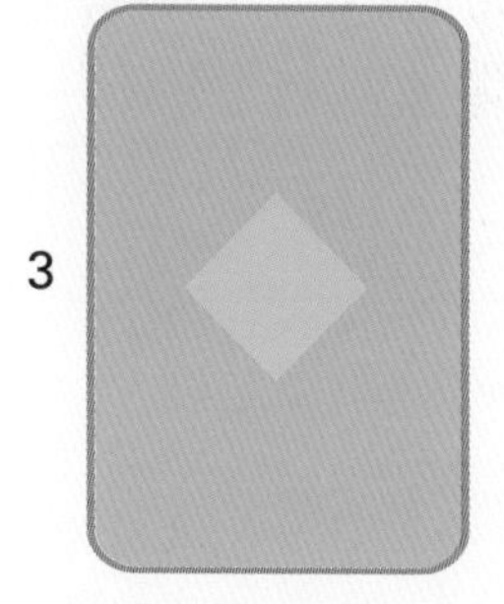

對比	記號	特　徵
色相對比	2	底面[色相]差越多，看起來遠離更多。
明度對比	1	明亮的底面看起來較暗，暗沉的底面看起來更明亮。
彩度對比	3	彩度低的底色面看起來更[高]。

- **請選出下圖所示對比的色票**

1

2

3

對比	記號	特　徵
補色對比	1	補色和補色的對比，兩者的[彩度]均升高。
邊緣對比	2	與暗面接觸的明亮面邊緣會看起來更明亮。
續時對比	3	注視某色彩，再移動視線留下[補色殘影]。原來的顏色和殘像的顏色就是[心理補色]的關係。

1-10 什麼是配色與調和的類型

- **配色**：是將兩種以上的顏色加以配置，使其產生新的視覺效果稱之。
- **調和**：所謂色彩調和，當色彩單獨存在時，並無美醜，只有兩種以上色彩互相比較時，才有美與不美。也就是說，兩種以上顏色並列時彼此產生協調或衝突，使人產生愉快或不愉快的感覺。

日本色研配色體系(PCCS)有下列兩個系列為基本配色調和方法。

a. 色相配色
－色相（色彩）的組合。

b. 色調配色
－色調的組合。

色相配色的種類有三部分和六階段

同一調和	1.同一色相配色
類似調和	2.鄰接色相配色 3.類似色相配色
對照調和	4.彩度適合色相配合 5.對照色相配合 6.補色色相配合

調和關係的三階段

組合的色差，可依接近或對比分為三大部分。

	a 色相差	b 色調差
同一調和	同一色相	同一色調
類似調和	類似色相	類似色調
對照調和	對比色相	遠離色調

色相配合是15度爲一格

色相差以角度來表示，色相為一圓周狀，一圓周為360度，分24色相，一色相差為15度。

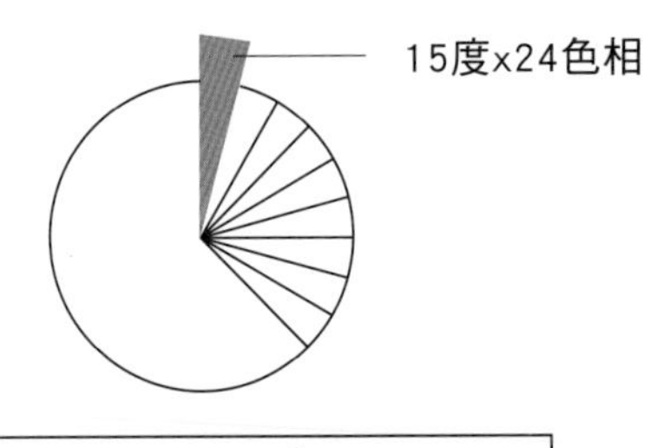

$$1色相差=\frac{360度}{24色相}=15度$$

A. 色相配色　3部分6階段

1 同一色相配色
0色相差0度

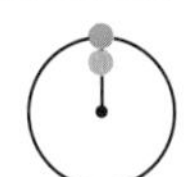
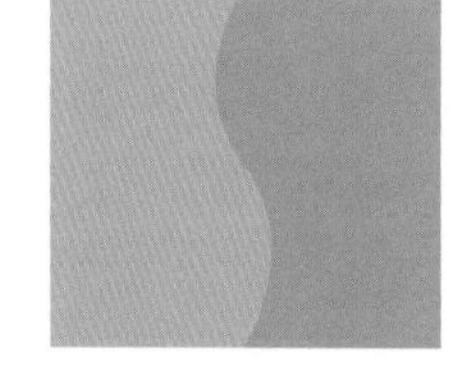

2 鄰接色相配色
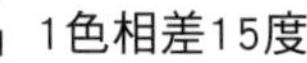
1色相差15度

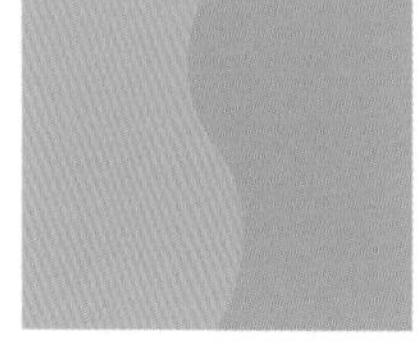

3 類似色相配色
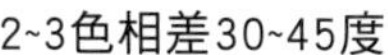
2~3色相差30~45度

4 中差色相配色
4~7色相差60~105度

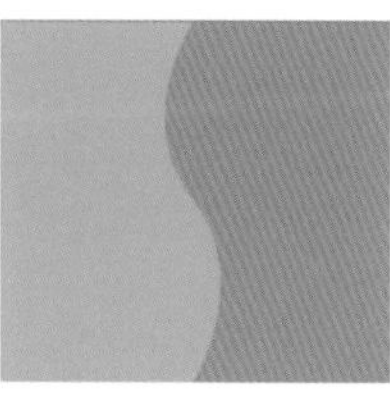

5 對照色相配色
8~10色相差120~150度

6 補色色相配色
11~12色相差165~180度

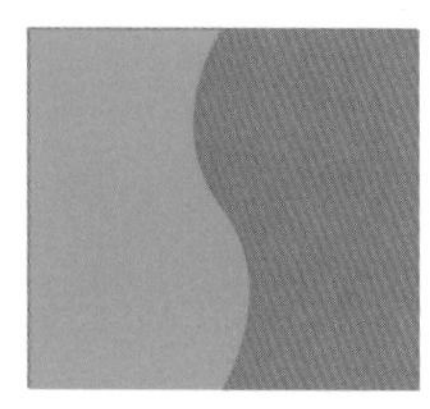

□請牢記色相名和色相號

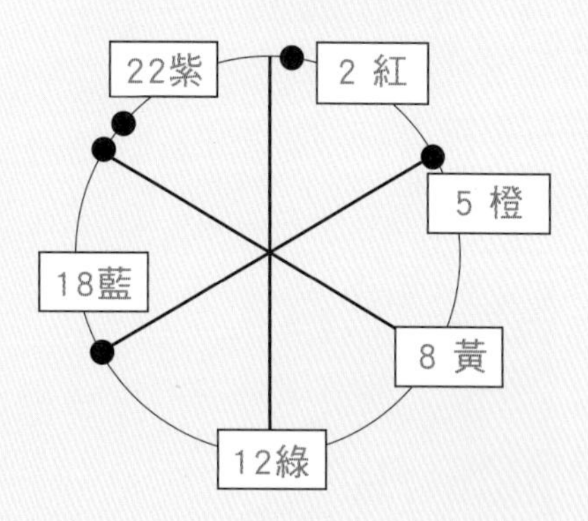

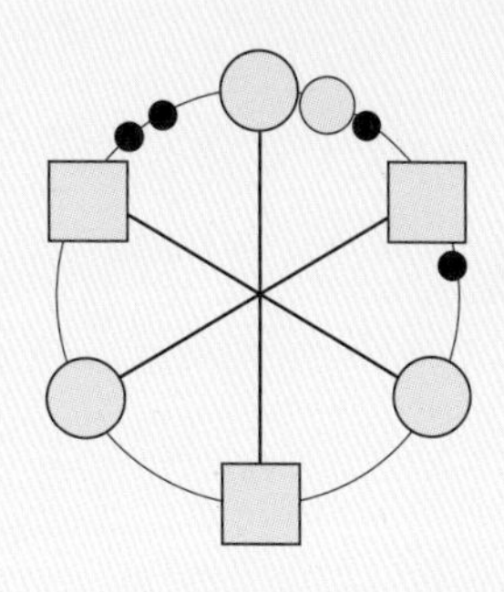

□請回答各色相配色的色相差的角度

- 日本色研配色體系[PCCS]的配色調和方法有以[色相差]來調和，和[色調差]調和配色兩系列。
- 色相環有360度、24色相，1色相的角度是[15度]。

		色相差	角 度
同一	同一色相配合	0	0
類似	鄰接色相配合	1	15
	類似色相配合	2~3	30~45
對照	色相差適中色相配色	4~7	60~105
	對照色相配色	8~10	120~150
補色	補色色相配色	11~12	165~180

1 同一色相配色 0色相差／0度

不含其他色彩，有協調感，也可說較無意外性。

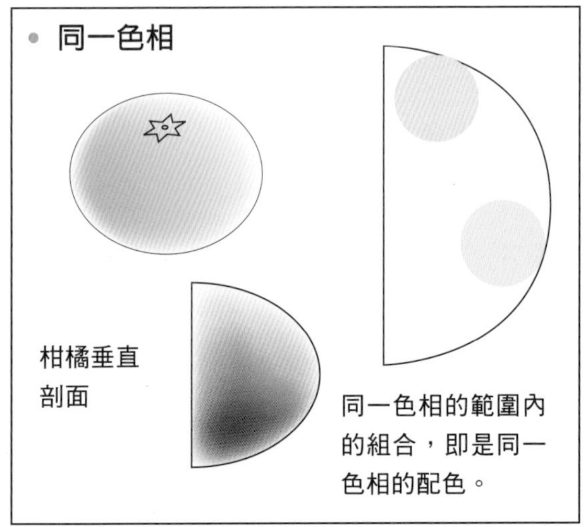

2 鄰接色相配色 1 色相差／15 度

類似色較易調和，給人自然柔和的印象。

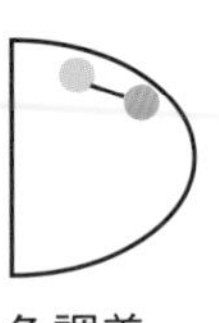

色調差

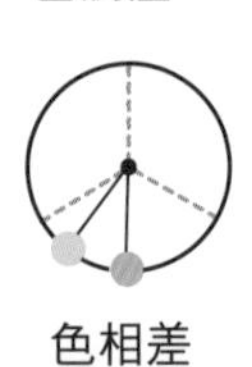

色相差

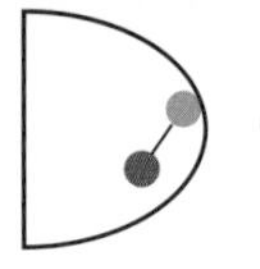

色調差

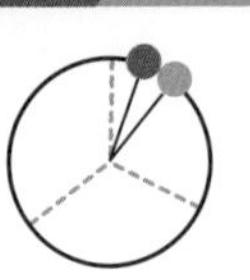

色相差

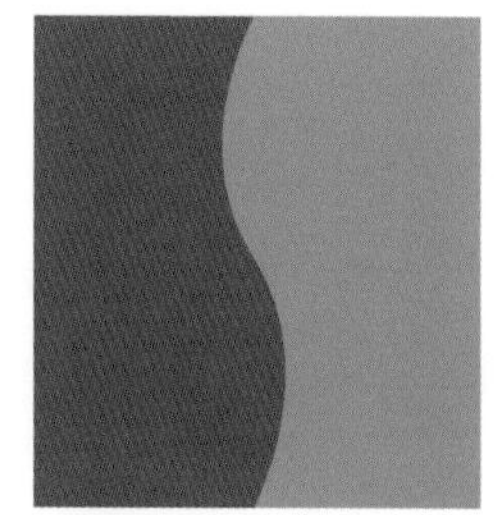

有彩度差之感

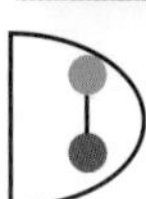

有明度差之感

• TONE ON TONE

同一色相內，有明顯明度與彩度差的配色。

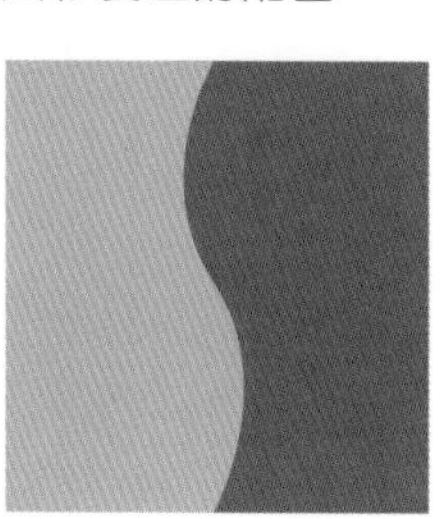

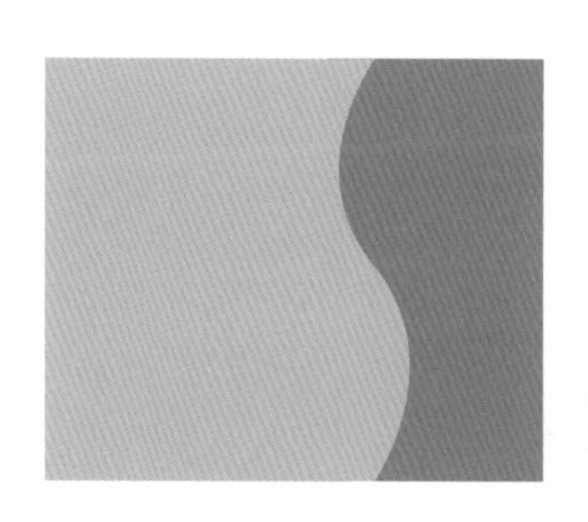

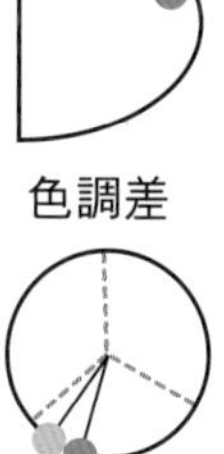

色調差

色相差

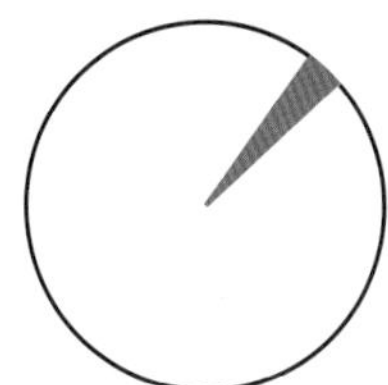

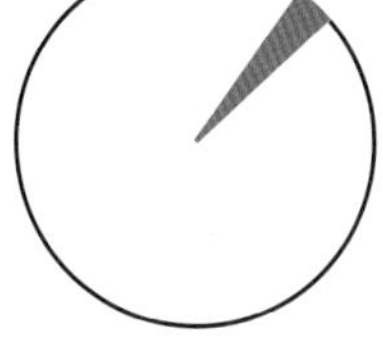

色相差只有1色相少許的差。

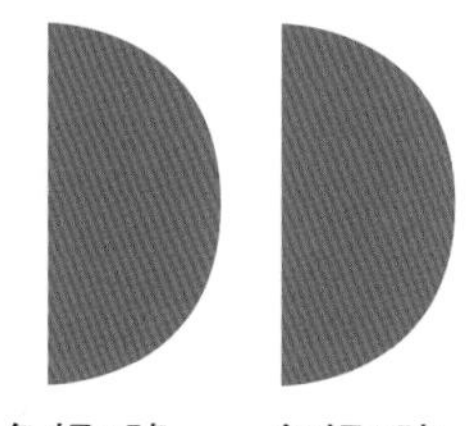

色相1號　色相2號

1色相差

• Color • Q&A

□請選出符合以下所示色相的色票

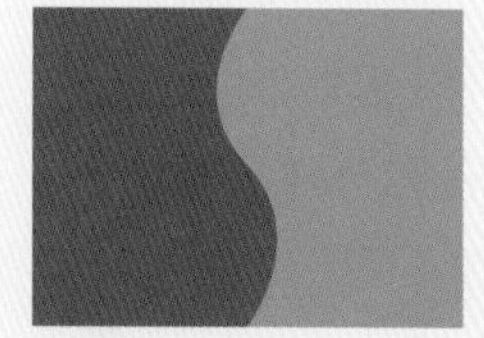

A

B

C

D

E

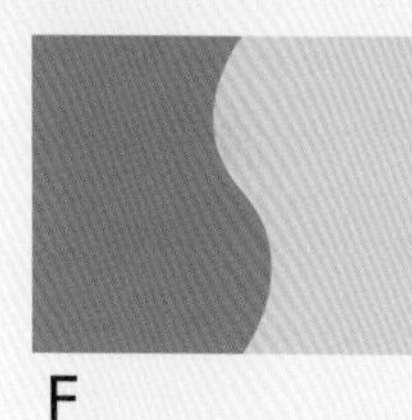

F

G

H

I

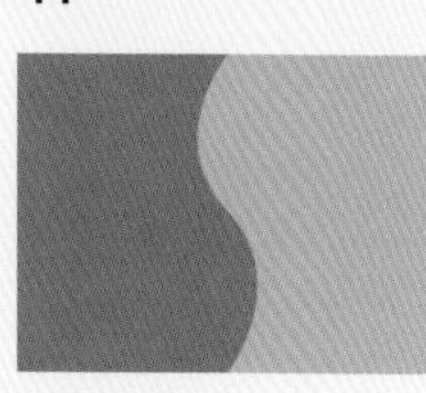

J

K

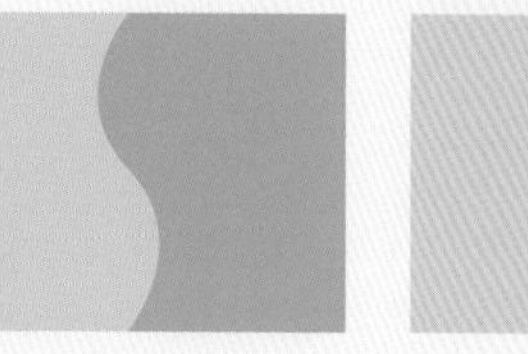

L

同一色相配色	AEFK
鄰接色相配色	BGHJ
類似色相配色	CDIL

3 類似色相配色

2~3 色相差 / 30~45度

安定、自然。

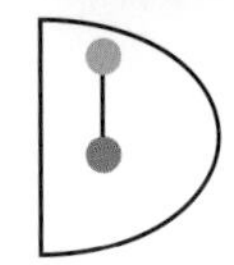

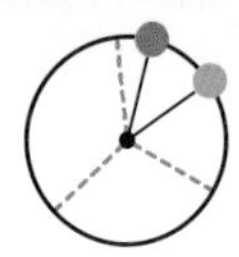

色調差　色相差

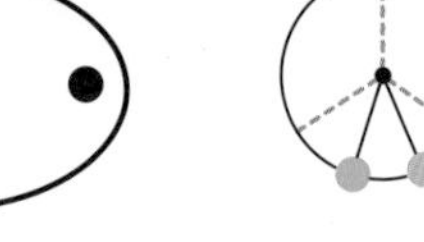

色調差　色相差

4 中差色相配色

4~7色相差 / 60~105度

在中差色的範圍內對比時，色相差較大，較難取得配色的平衡感。

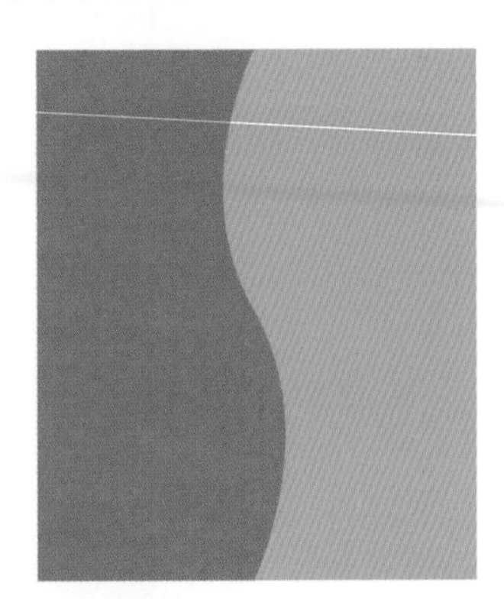

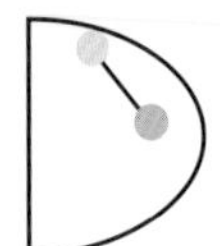

色調差　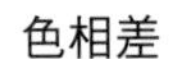色相差

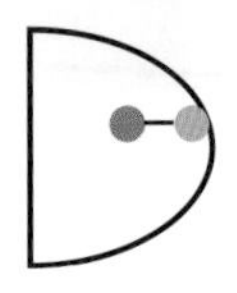

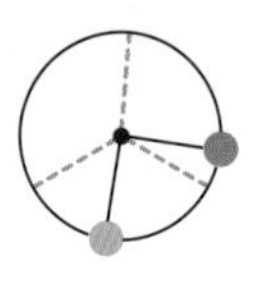

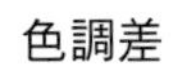色調差　色相差

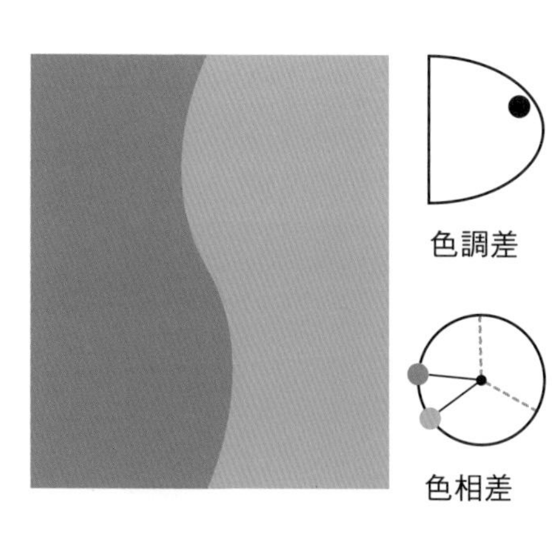

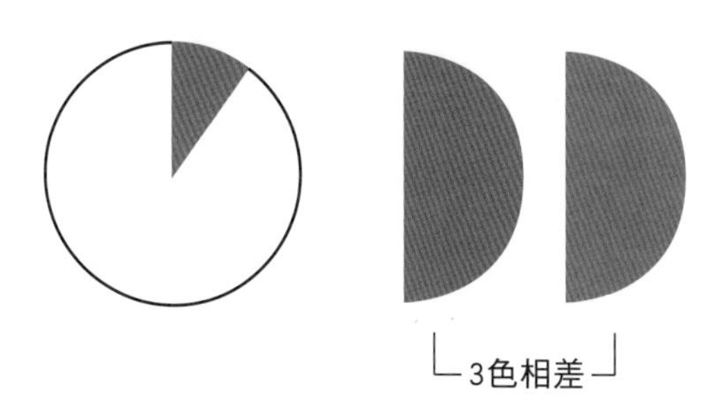

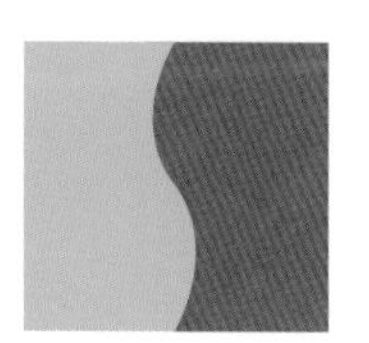

X 不自然

帶黃　帶藍

O 自然

• 自然．和諧

觀察自然界的配色現象，有陽光照射的明亮面含黃色，陰暗面則帶藍；因此帶黃的明亮面與帶藍的陰暗面，就有大自然感覺。

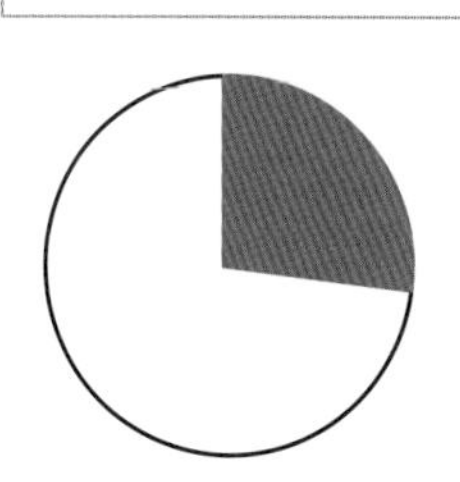

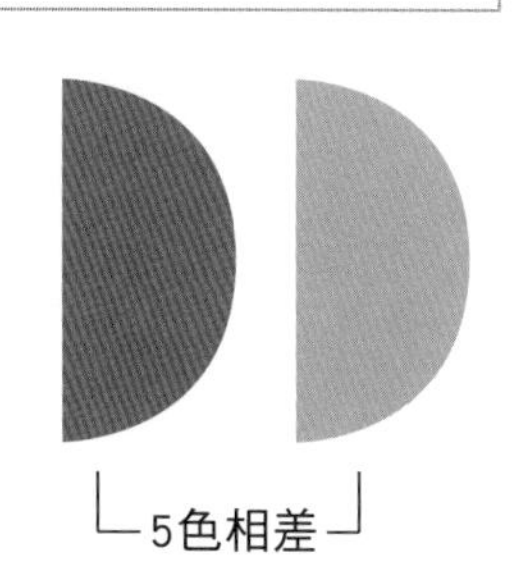

·Color· Q&A

□請選出以下色相配色表的色票

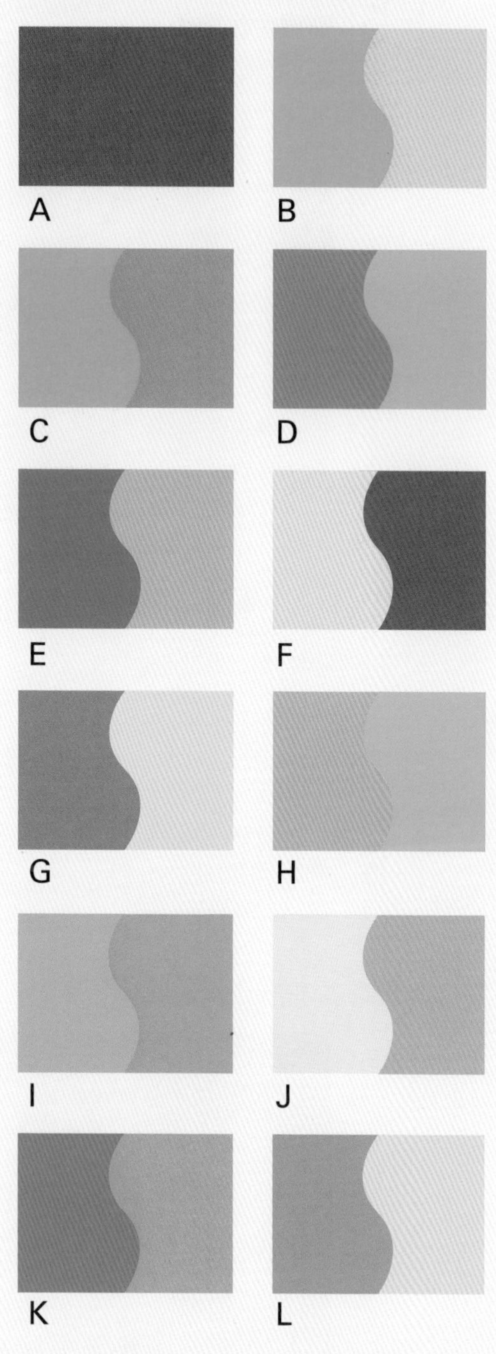

中差色相配色	ADGL
對照色相配色	BEHJ
補色色相配色	CFIK

5 對照色相配色

8~10色相差
120~150度

刺眼、有活力的配色。

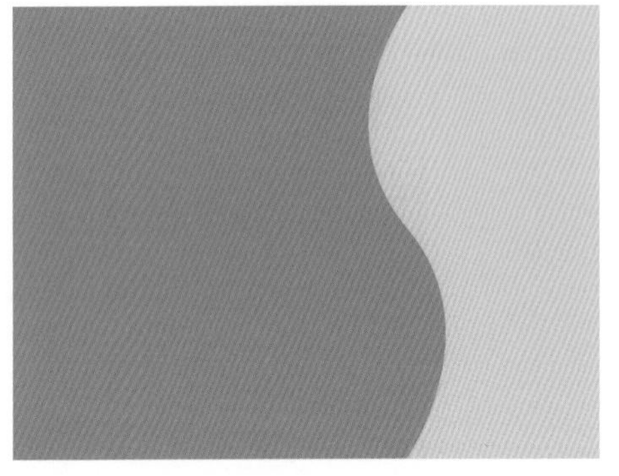

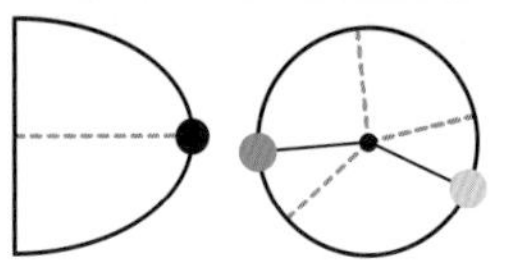

色調差　色相差

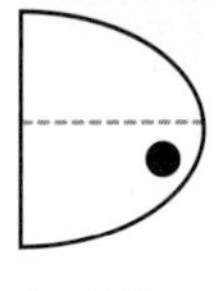

色調差

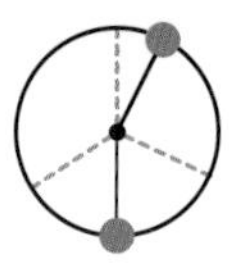

色相差

6 補色色相配色

11~12色相差
165~180度

色相環上對角的色相組合，最刺眼、明亮的配色。

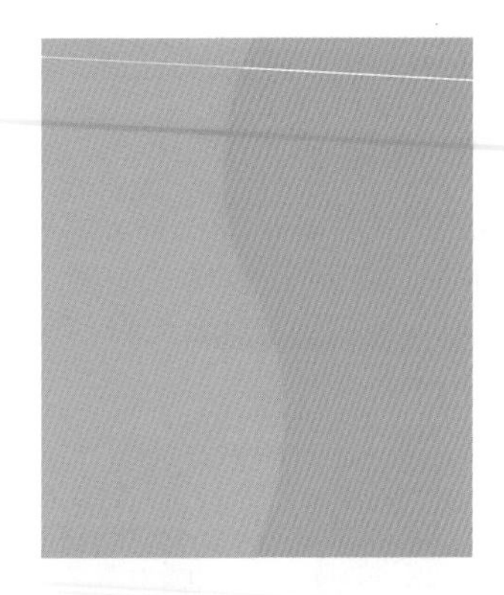

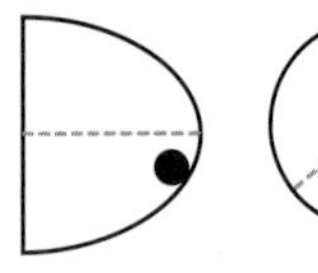

色調差　色相差

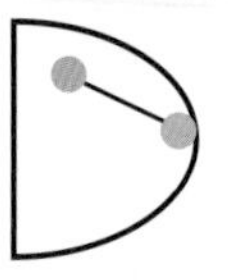

色調差

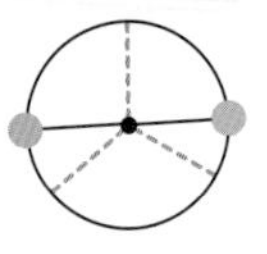

色相差

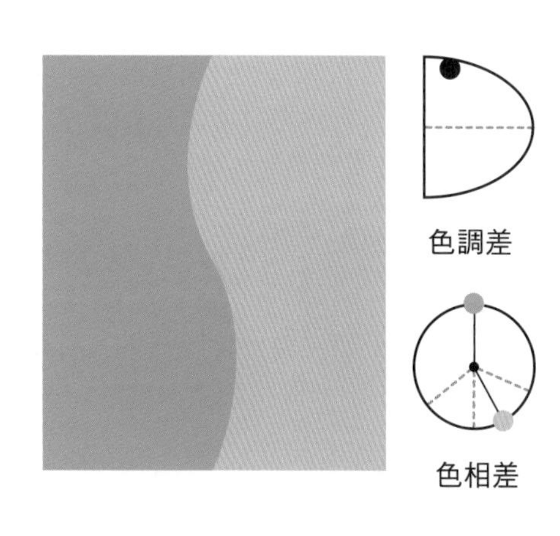

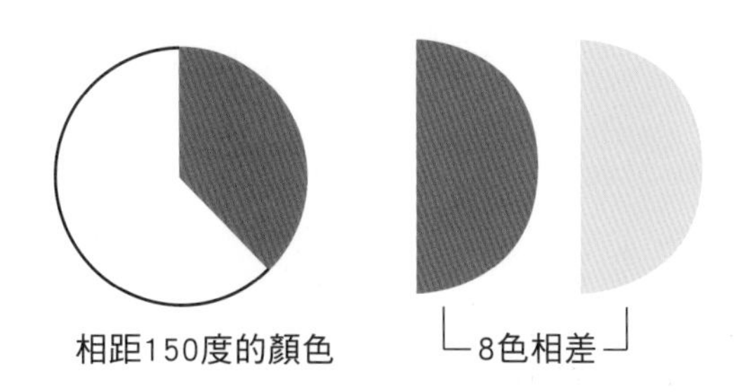

相距150度的顏色

8色相差

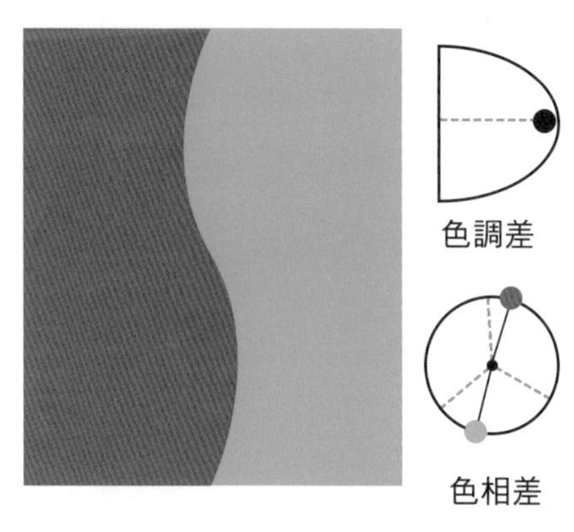

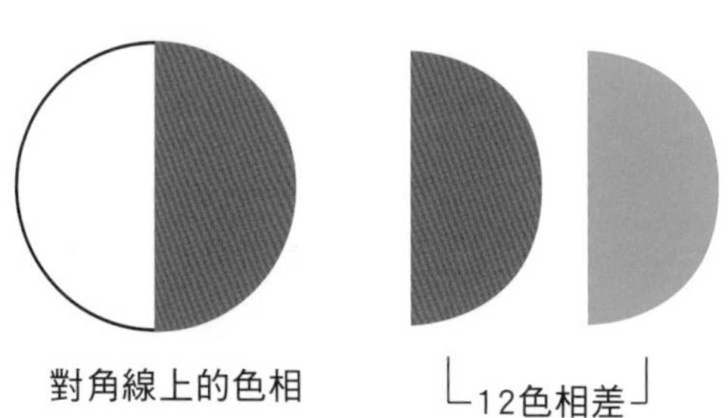

對角線上的色相

12色相差

·Color· Q&A

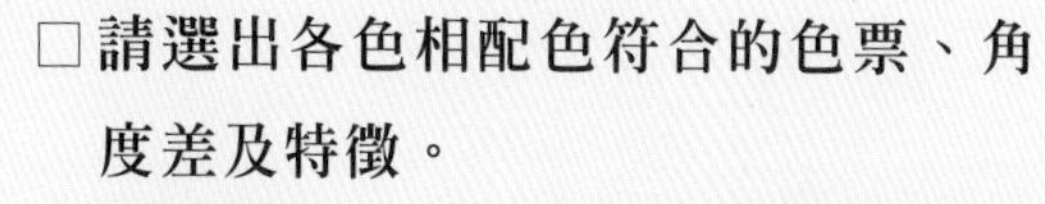

□請選出各色相配色符合的色票、角度差及特徵。

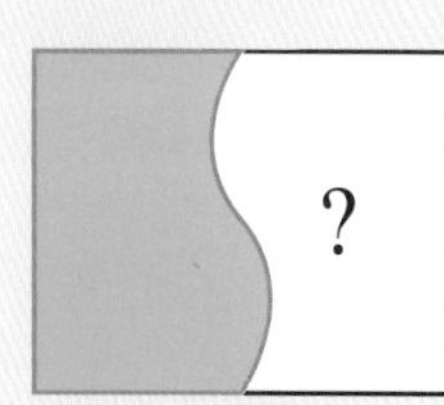

基本色和哪一色組合呢?

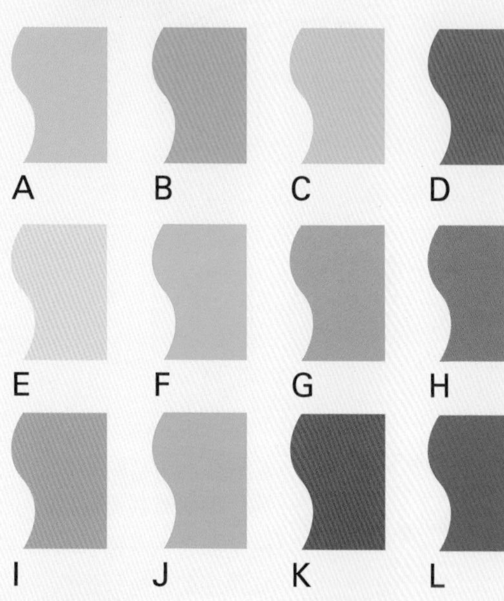

□ 特 徵

a. 有活力的組合
b. 相同色相有協調感
c. 難取得平衡感
d. 最強的對比
e. 安靜、自然
f. 安定

□ 角度差

1. 120~150度差
2. 15度差
3. 60~105度差
4. 0 度差
5. 165~180度差
6. 30~45度差

	色 票	特 徵	角 度
同 一	CE	b	4
鄰 接	BH	e	2
類 似	KL	f	6
中 差	AF	c	3
對 照	DG	a	1
補 色	IJ	d	5

B. 色調配色

色調是色彩給人的感覺，若以色調為配色的基礎，可以輕易表現出自己想要的印象。

明度和彩度是決定色調的要素

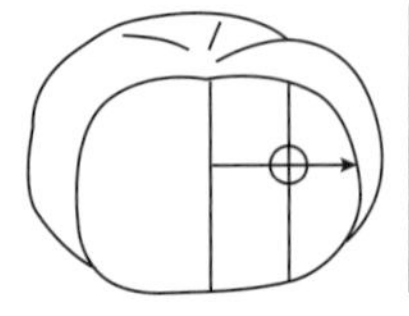
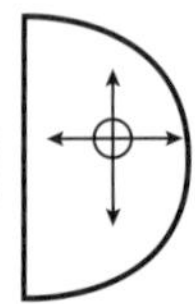

明度
x
彩度

色調是明度和彩度交錯出來的概念

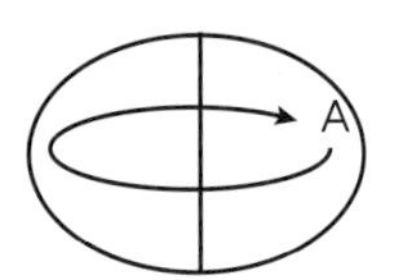

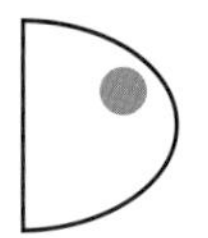
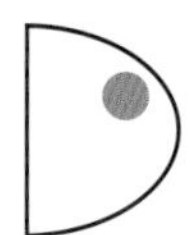

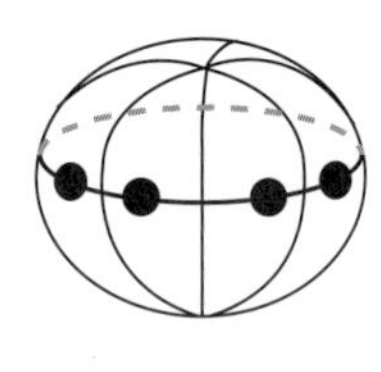

A所顯示的是同一色調，因此有共通性色調。綠色的A色調和紅色中的A色調是相同色調。

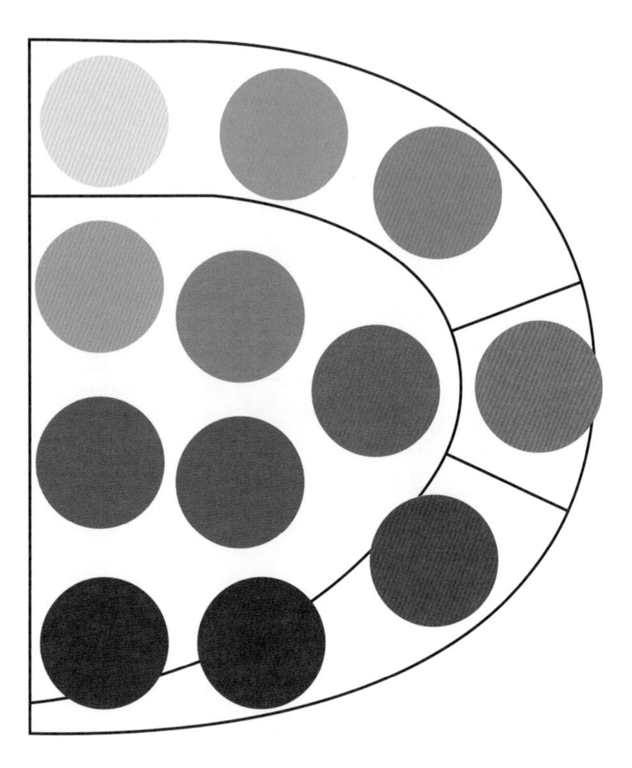

色調配合的三類型

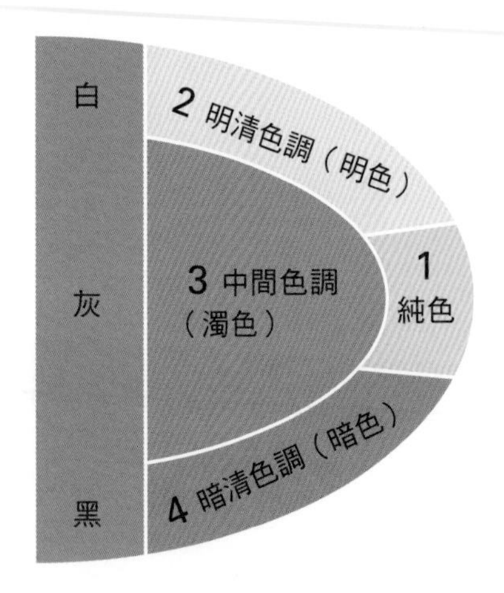

請記住色調名，有彩色的4大分類

1 同一色調配合

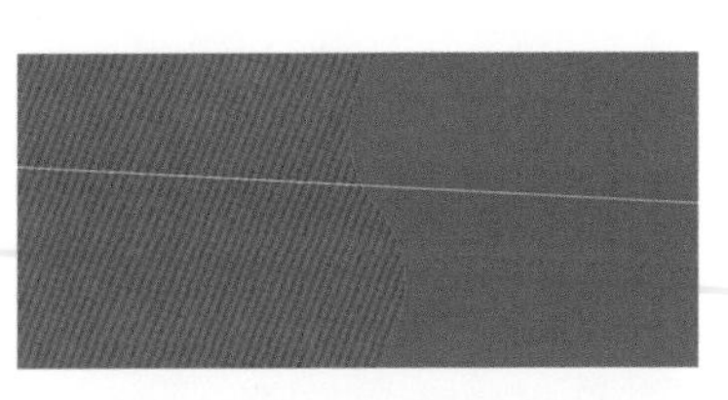

3 對照色調配色

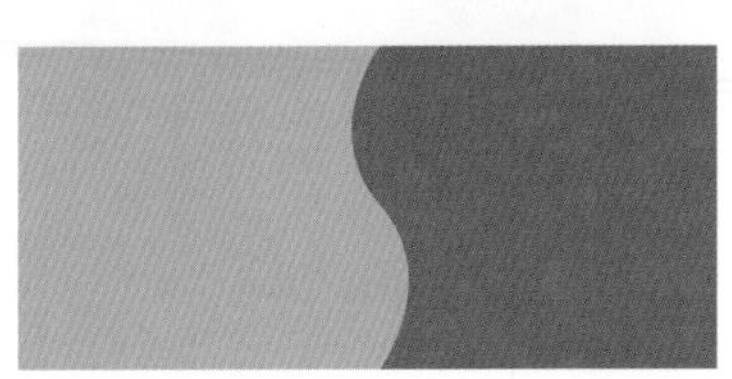

□請選出各色調和特徵

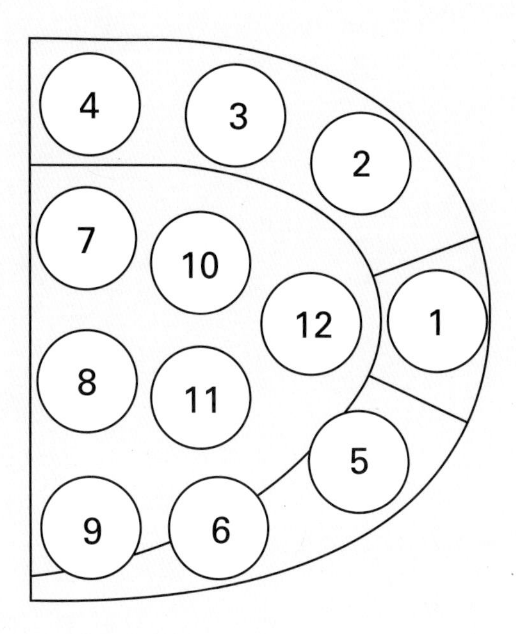

色調名

a. 淡粉色調
b. 鮮豔色調
c. 強色調
d. 暗色調
e. 淺灰色調
f. 深色調
g. 柔和色調
h. 淺色調
i. 濁色調
j. 灰色調
k. 明色調
l. 暗灰色調

色調特徵

A. 明亮帶灰、穩重
B. 淺透明
C. 強烈、熱情
D. 暗灰、陰氣
E. 亮麗、鮮豔
F. 柔和、穩定
G. 深、濃
H. 明亮、健康
I. 帶灰、混濁
J. 薄、輕
K. 鈍、暗沉
L. 暗、成熟

	色調名	特徵
1	b	E
2	k	H
3	h	B
4	a	J
5	f	G
6	d	L
7	e	A
8	j	I
9	l	D
10	g	F
11	i	K
12	c	C

1 同一色調配色

此配色方式非常容易調和，因為相同色調，同一明度和彩度，只要變化色相即可。

同一色調

類似色相較安定

2 類似色調配色

鄰接的色調組合，感情效果較接近，協調佳。

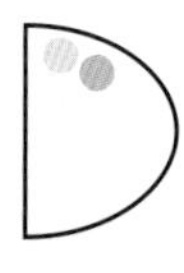

創造明度差

3 對照色調配色

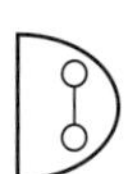

色調差大，2階段以上的配色，可營造出複雜的變化。

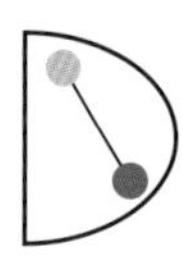

類似色相

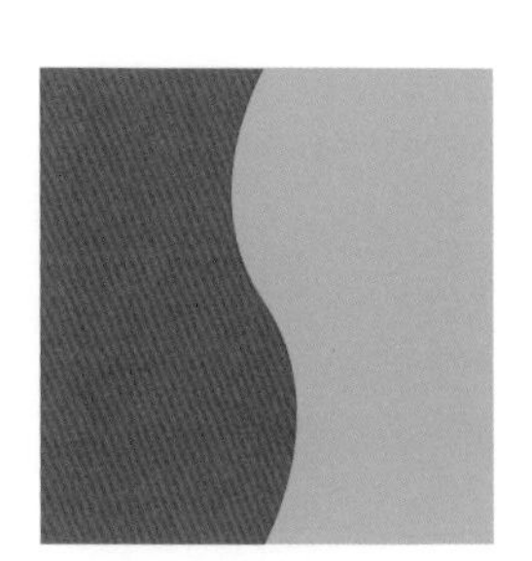

對照色相有強烈印象

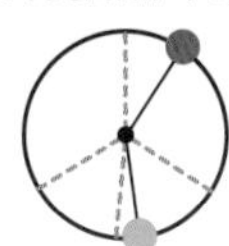

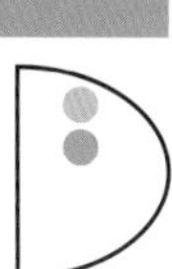

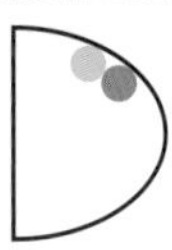

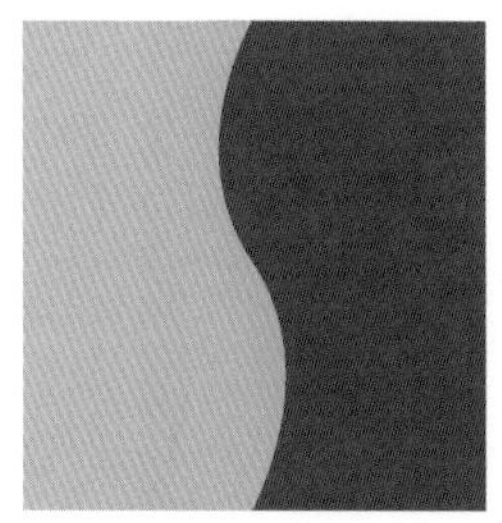

創造彩度差
和明度差

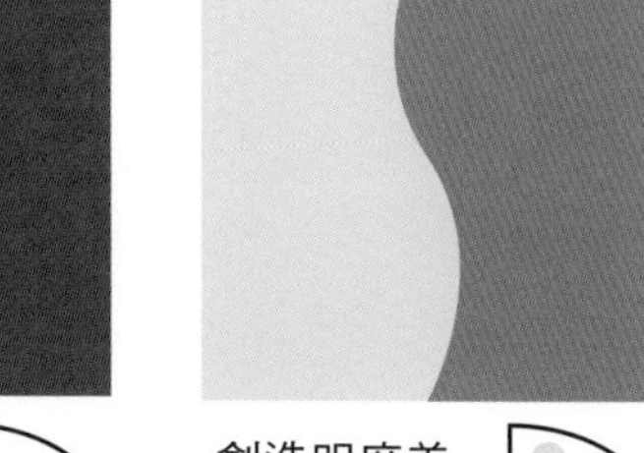

創造明度差

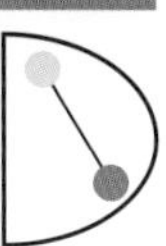

·Color· Q&A

□請選出以下配色名的色票

A

B

C

D

E

F

G

H

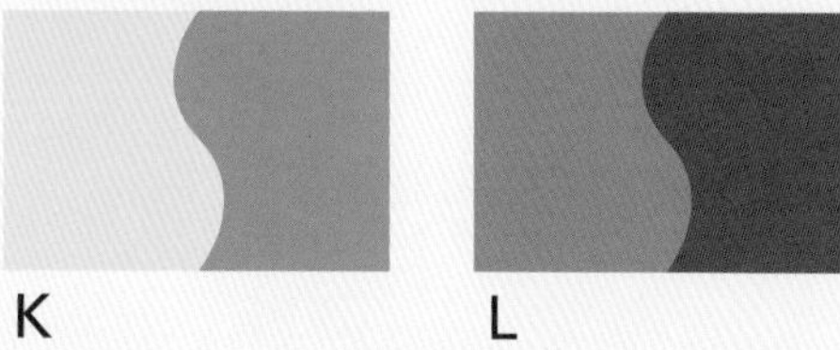

I

J

K

L

配色名	記號
同一色調配色	ADGJ
類似色調配色	BEHK
對照色調配色	CFIL

1-11 配色的技巧

A. 重點配色

- **少量卻可讓整體更有協調感的色彩**

配色較單調時，可營造重點來使視線集中。可依照基本色(Base Color)選出三屬性（色相、明度、彩度）來強調即可。

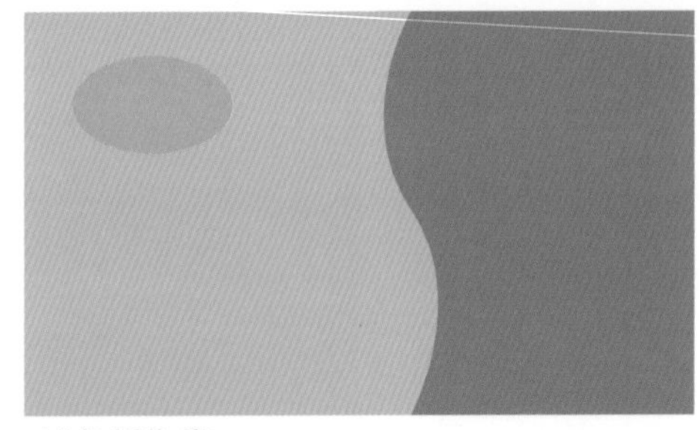

以色相為準

以明度為準

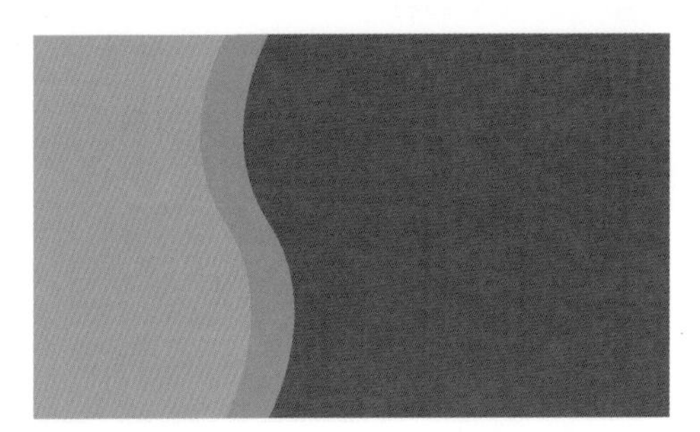

以彩度為準

B. 分離配色(Separation)

當兩色的色相、明度、彩度、面積不協調時，可插入另一色，以縮小其間之差距，例如：黑、白、灰等無彩色，增加協調感。

增加柔和感的分離配色

增加緊密感的分離配色

- **基本色和輔助色**

由面積來分成三個部分

1. 基本色(Base Color)：占大面積，是整體主要印象
2. 輔助色(Assort Color)：中面積，加入後決定形象
3. 重點色（強調色）：小面積，可營造變化和重點

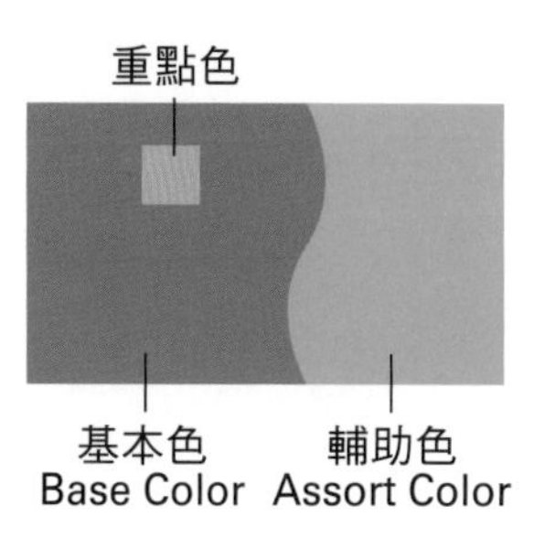

增加柔和感的分離配色

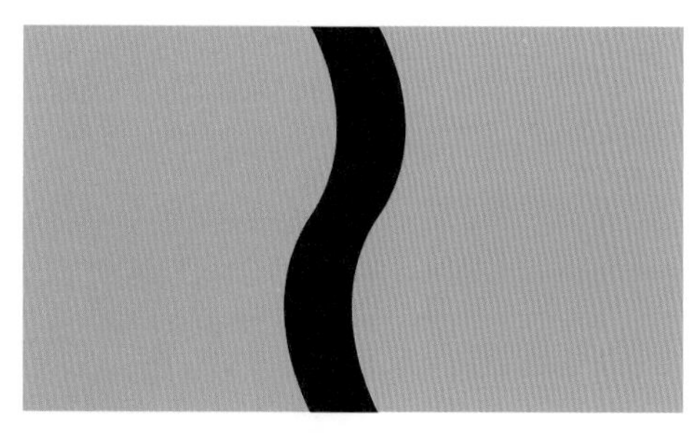

增加緊密感的分離配色

·Color· Q&A

□請選出以下各配色名的色票

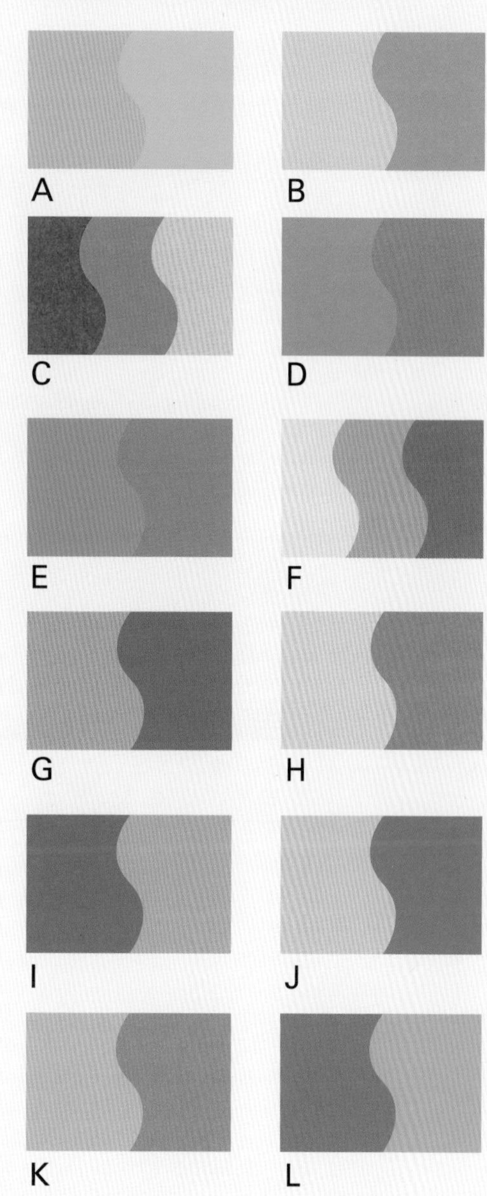

配色名	記號
TONE ON TONE	BHIK
同一色調配色	ADEL
自然、和諧	GJ
漸層（色相）	C
漸層（明度）	F

C. 漸層配色(Gradation)

有規則的色彩層次，漸漸變化，可產生有秩序的律動感。
變化的種類有：1.明度 2.色相 3.彩度 4.複合式（色調）。

無色彩的漸層（明度層次）

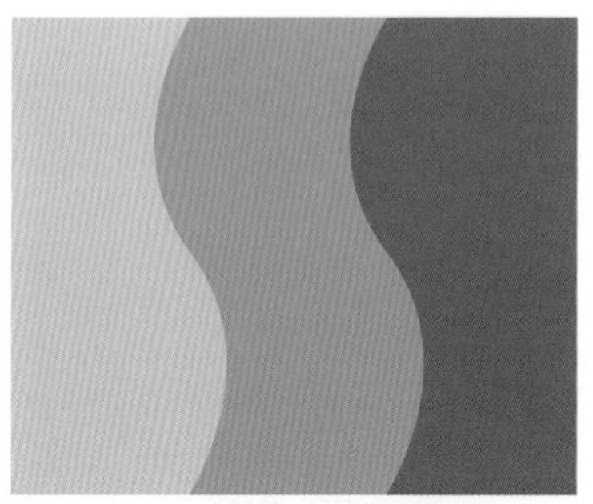
同一色相、明度方向的漸層

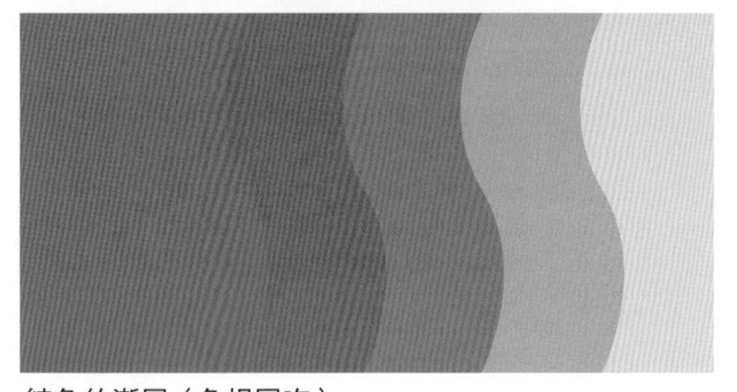
純色的漸層（色相層次）

同一色相、彩度、明度方向的漸層

D. 重複漸層(Repeat Gradation)

反覆相同配色，則會產生律動感，即使配色些許不協調，也會增加調和。

E. 自然調和(Natural Harmony)

自然的光景中，有陽光照射的面帶黃，陰暗處帶藍。配色時明亮面配黃，暗沉面配藍或藍紫，就會有自然的感覺。

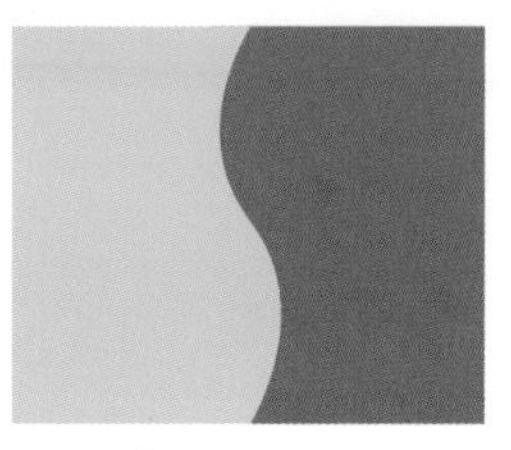
不自然

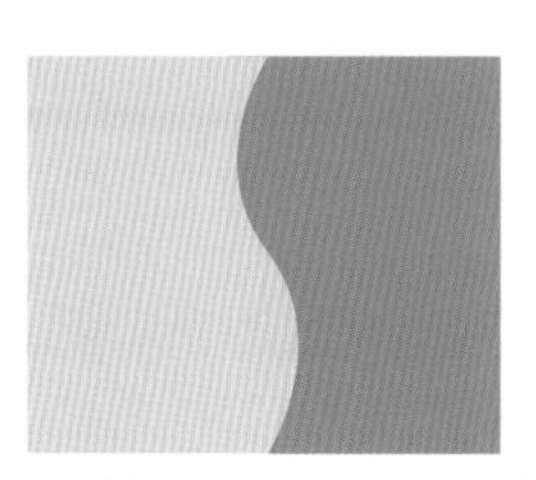
自 然

同一色相、彩度、明度方向的漸層

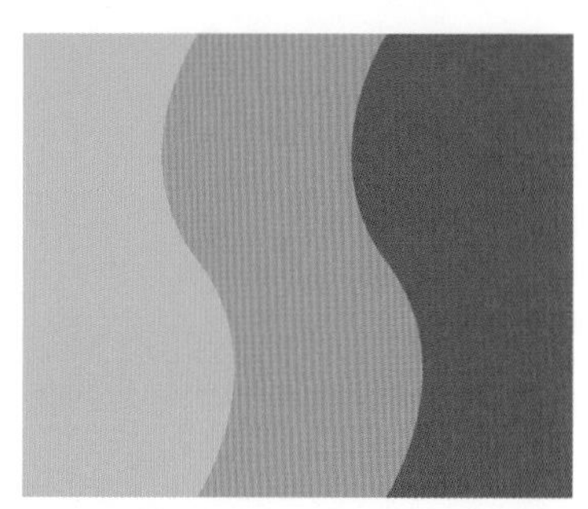

同一色相、彩度、明度方向的漸層

·Color· Q&A

□請選出以下配色方法的色票

A B C D E F G H I J K

主要色 Dominant（色調）	CK
主要色 Dominant（顏色）	GJ
分離 Separation（柔和）	B
分離 Separation（增強）	E
漸層 Gradation（明度）	A
漸層 Gradation（色相）	FH
漸層 Gradation（彩度）	D
重複 Repeat Gradation	I

F. 主要色配色(Dominant)

創造配色整體一致性，當色相和色調相同時，色彩的感覺也趨一致，可創造出整體感的配色效果。

1.主要色色彩（依色相創造主要色配色）

採同一色相，再以明度、彩度作變化，即可營造整體感。

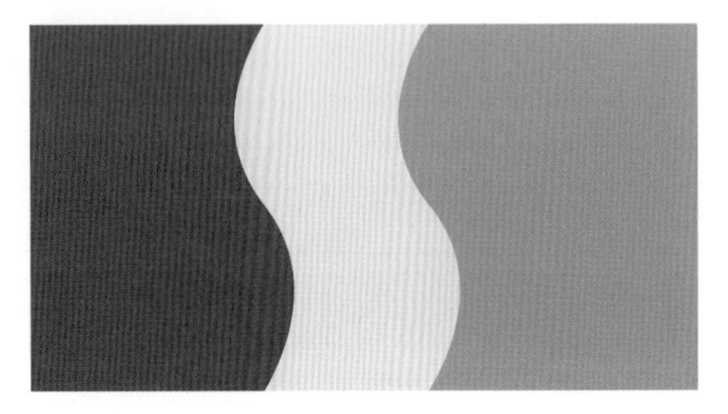
以紫紅為主的色相

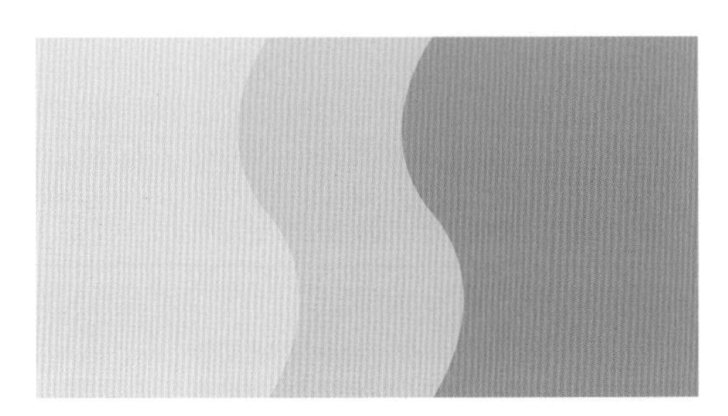
以黃色為主的色相

2.主要色色調（依色調創造主要色配色）

採同一色調，再以色相做變化，即可營造出安定、自然的配色效果。

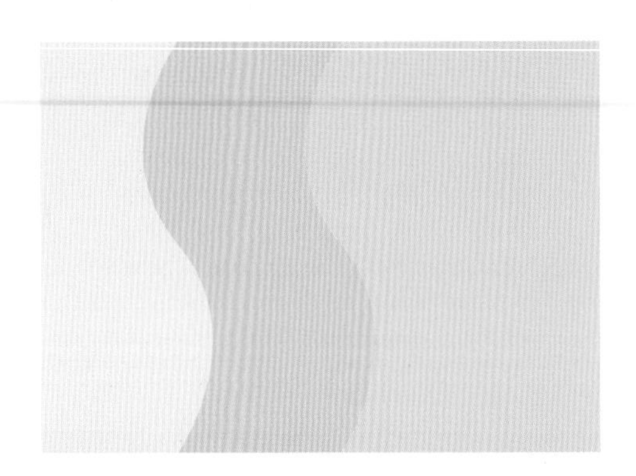
以淡色調為主的配色

以明色調為主的配色

以兩個色相群為組合的配色

組合濃色調和明色調兩色調群的配色

•Color• Q&A

□ 請選出以下配色方法的色票

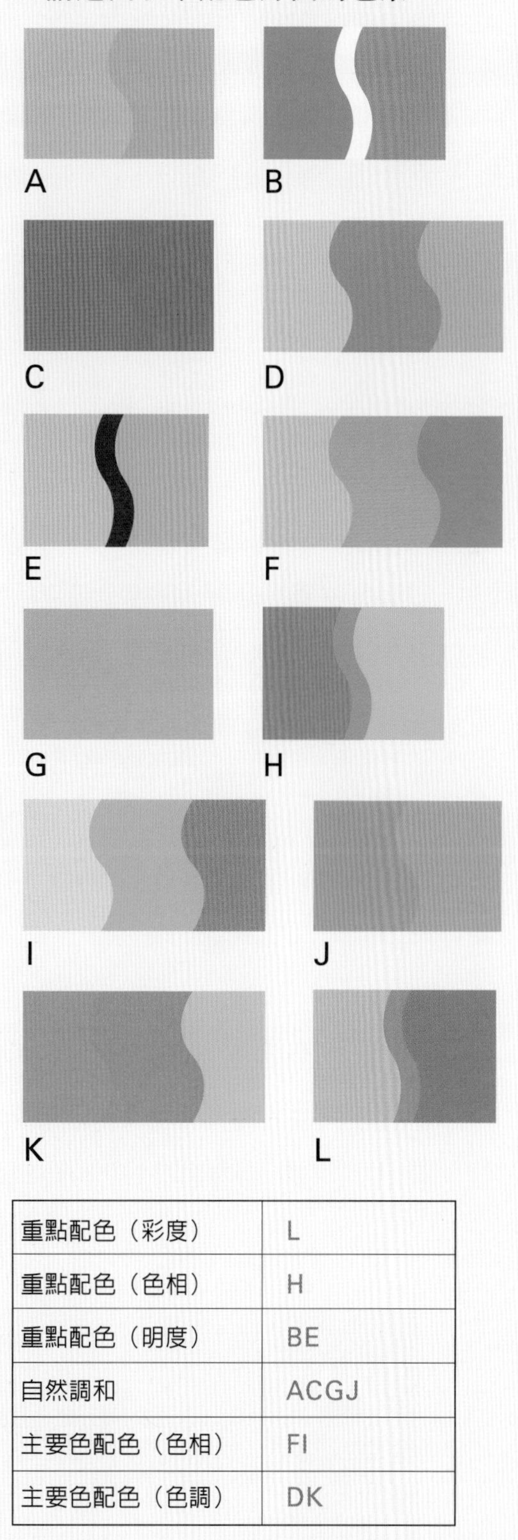

重點配色（彩度）	L
重點配色（色相）	H
重點配色（明度）	BE
自然調和	ACGJ
主要色配色（色相）	FI
主要色配色（色調）	DK

G. Tone on Tone 濃淡

相同色相，以差別較大的彩度與明度來配色。

H. Tone in Tone

以類似色調的組合，採相當接近的明度與彩度差，自由選擇色相差。

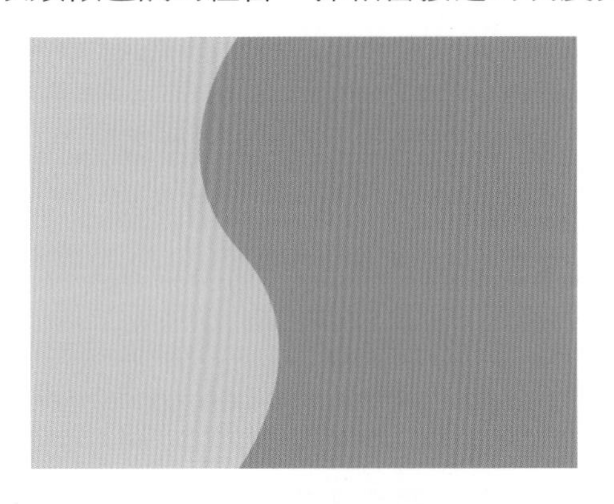

I. 無彩色(Monotone)

狹義上指白、黑、灰無彩色的配色，廣義上指相同色相，採深淺色的配色。

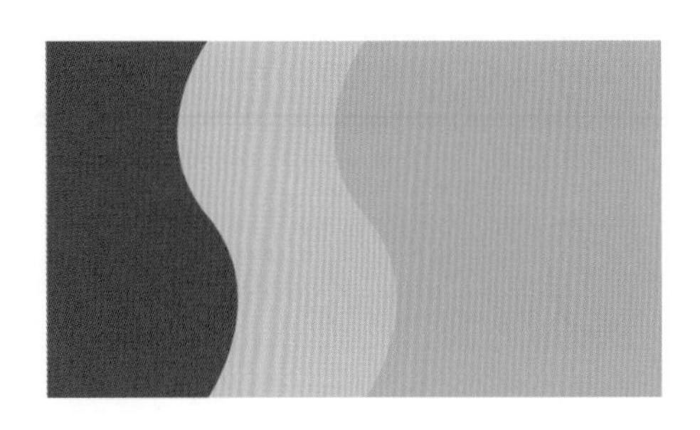

J. Tonal

是TONE IN TONE的一種。以濁色調（中明度、中彩度）為基礎，配上中彩～低彩（柔和色調、淺色調、灰色調）的組合，有樸素的效果。

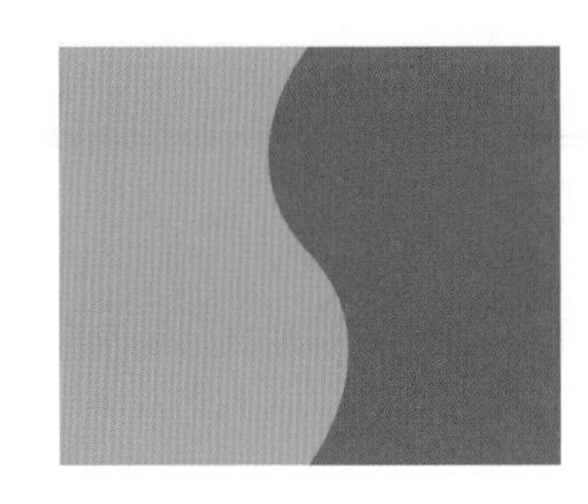

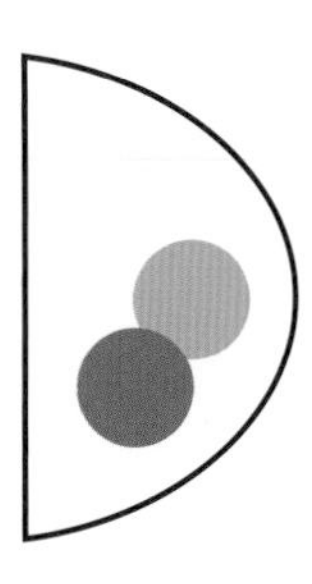

K. 單色配法

朦朧模糊的配色，看起來像一個顏色，較無色相差和色調差，為高貴具安定感的配色。

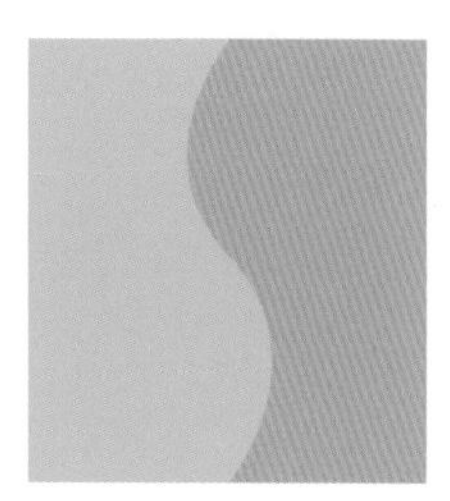

L. Faux Camaïeu

比單色配法稍有變化，其色相差和色調差較大，大約差兩個色相。

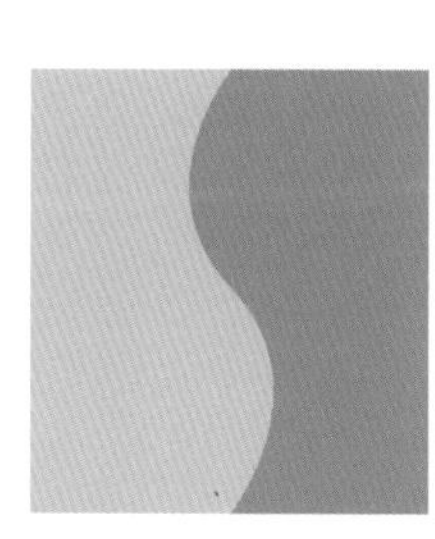

·Color· Q&A

- [重點色]－小面積使用和底色[對照]的顏色，使整體更有一致性的色彩。對照方向有三屬性和色調。
- [基本色]－占較大面積的顏色，而[輔助色]是和基本色組合的顏色。
- [分離配色]－放在太搶眼的配色或模糊配色中間，可營造柔和或增強的效果，常使用[無彩色]。
- [漸層配色]－可創造色彩規則性變化和律動感，變化方向有[明度]、[色相]、[彩度]、[色調]。
- [重複配色]－反覆配色，有些許不調和感也會變成調和。
- [自然調和配色]－明亮面帶黃色，暗沉面配藍或藍紫，會呈現自然的印象。
- [Tone on Tone]－相同色相，取濃淡差較大的配色。
- [Tone in Tone]－接近色調的組合，明度與彩度接近，以[色相]做變化。
- [Tonal]－以濁色調為基礎，有樸素的效果。

展現魅力的色彩寶典

從色彩給人們感覺中得知，即使是同樣的配色，採不同顏色比例，亦會有給人不同感受。同一種色彩由比例少變成比例占較多，或相反的結果，對色相是沒有太大變化，但明度和彩度將會因顏色所占比例大小，會有增強或減弱的效果；這純粹是心理效果，其實跟明度和彩度無關。

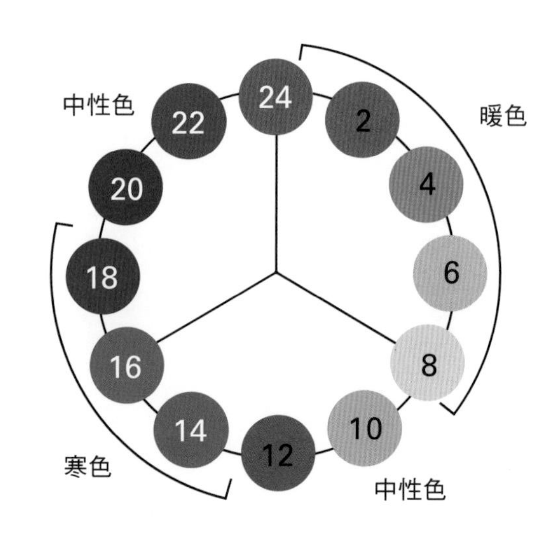

1. 溫度的魔法

象徵太陽及火焰的紅、橘、黃有溫暖的感覺，稱為暖色系；相反的，令人聯想海或水的藍色系，給人有寒冷的感覺，稱之為寒色系。室內布置暖色系和寒色系，在心理上的溫度，據說大約相差3度左右。

2. 重量的魔法

寒色系或明度較低的顏色，比暖色系或明度高的顏色看起來較沉重，相同重量的黑色會比白色看起來重兩倍。聽說有一個工廠，將工作箱沉重的顏色換成清淡的顏色，使工人的效率增加許多。另外，沉重的顏色放在下方，清淡的顏色配在上方，會有安定感。

舉例來說，你一向只穿著黑色衣服，若換成一件淡粉色上衣外出時，反而被人問：你是否發福了？這是因為顏色可使人改變對你的觀感。上述的例子得知顏色具有神祕力量！

3. 距離的魔法

膨脹色看起來較大、較近，收縮色看起來較小、較遠。看起來近的稱之為進出色，看起來遠的，稱為後退色，後退色的車看起來較小、不突出，據說發生事故的機率較高。

4. 大小的魔法

暖色系或明亮鮮豔的顏色看起來較大，亦稱膨脹色。相反的，寒色系或暗濁的顏色，看起來小，稱之為收縮色。其中黑色看起來最小，白色看起來最大，想要下半身看起來瘦小就用收縮色，希望胸部看起來豐滿可利用膨脹色，會使你成為曲線玲瓏的美女。

5. 興奮與沉靜的魔法

當我們看到鮮豔色或紅色時，不單是鬥牛場上的牛兒，連人類也會感到興奮。如各大內衣褲品牌最近流行紅色，不論男女買紅色，藉以增加生活情趣。

6. 柔和與堅硬的魔法

高彩度的色彩讓人感到華麗，低彩度給人樸實的感覺。所以明亮色讓人感覺較柔和，而較強的暗沉對比配色則令人感覺較硬。

7. 安靜與活動的魔法

以明度高低的組合，和彩度高低的色彩組合比較下，前者讓人感到安靜，後者感到活躍。

8. 清晰與模糊的魔法

高彩度的色彩讓人感到印象深刻，如交通號誌的紅、綠、黃燈，若把這些彩度高的顏色穿在上半身時，容易讓對方注意力不能長時間集中，所以業務員或進行談判時，不宜穿著高彩度的服飾，會給人不安的感覺。

2-1 顏色組合的種類

具整體性且穩重的組合

- **同色系的搭配**

  如利用藍、水藍、深藍等相同色相的顏色，以明度和彩度去做變化，較不容易失敗。帶給人一種樸素、穩重的印象。

- **類似色的搭配**

  乃色相環中相鄰接的顏色相互搭配，屬於較文雅的配色法，但要注意，避免太過單調。

對比強烈，大膽的組合

- **補色的搭配**

  使用色相環中相對的補色，可強調彼此的顏色，給人深刻印象。但是，顏色份量若相同，則容易流於俗氣，需給予些許變化。

- **有彩色和無彩色的搭配**

  無彩色可強調有彩色的顏色，變成較有活力、有變化，屬於耀眼的配色。若太搶眼，反而給人幼稚的印象。

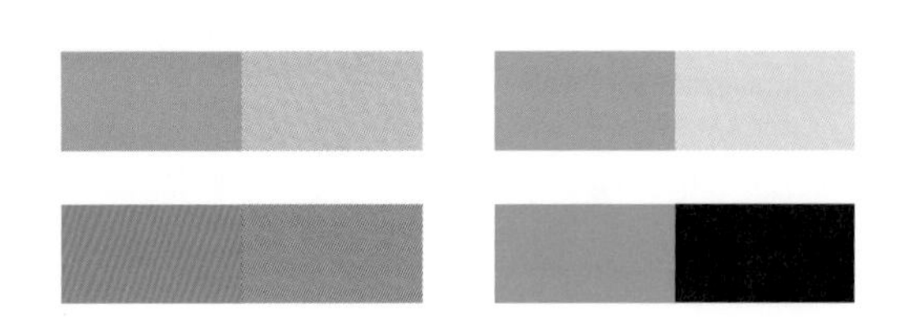

2-2 色調與形象塑造

色調(Tone)一語常被引用，比如寒冷色調、柔和色調、愉快色調、勻稱色調等共12種色調。色調就是顏色的外觀，顏色淺明的是色調較高，顏色深暗的是低色調。某顏色可藉著配色而襯托得更出色，或者是提高純度則色調提高；相反地，就表示色調降低。

各種色相中，若明度、彩度相同，可產生相同色調。在服裝搭配或室內裝飾，想要某種感覺時，可利用色調來配色。在服飾也好，室內設計也好，依配色可改變給人的印象。例如：今天決定穿深藍外套，襯衫要搭配水藍或黃色系，給他人的印象則完全不一樣。如果你想按照自己的想法去呈現自己的形象，請先記住以下基本配色技巧。

2-3 色調的配色技巧

- **統一色調**

紅、綠完全相反性格的顏色，也可統一其色調，創造整體性的感覺。

- **色調的組合**

淺色系的色調和深色系的色調組合，則形成生動的配色。

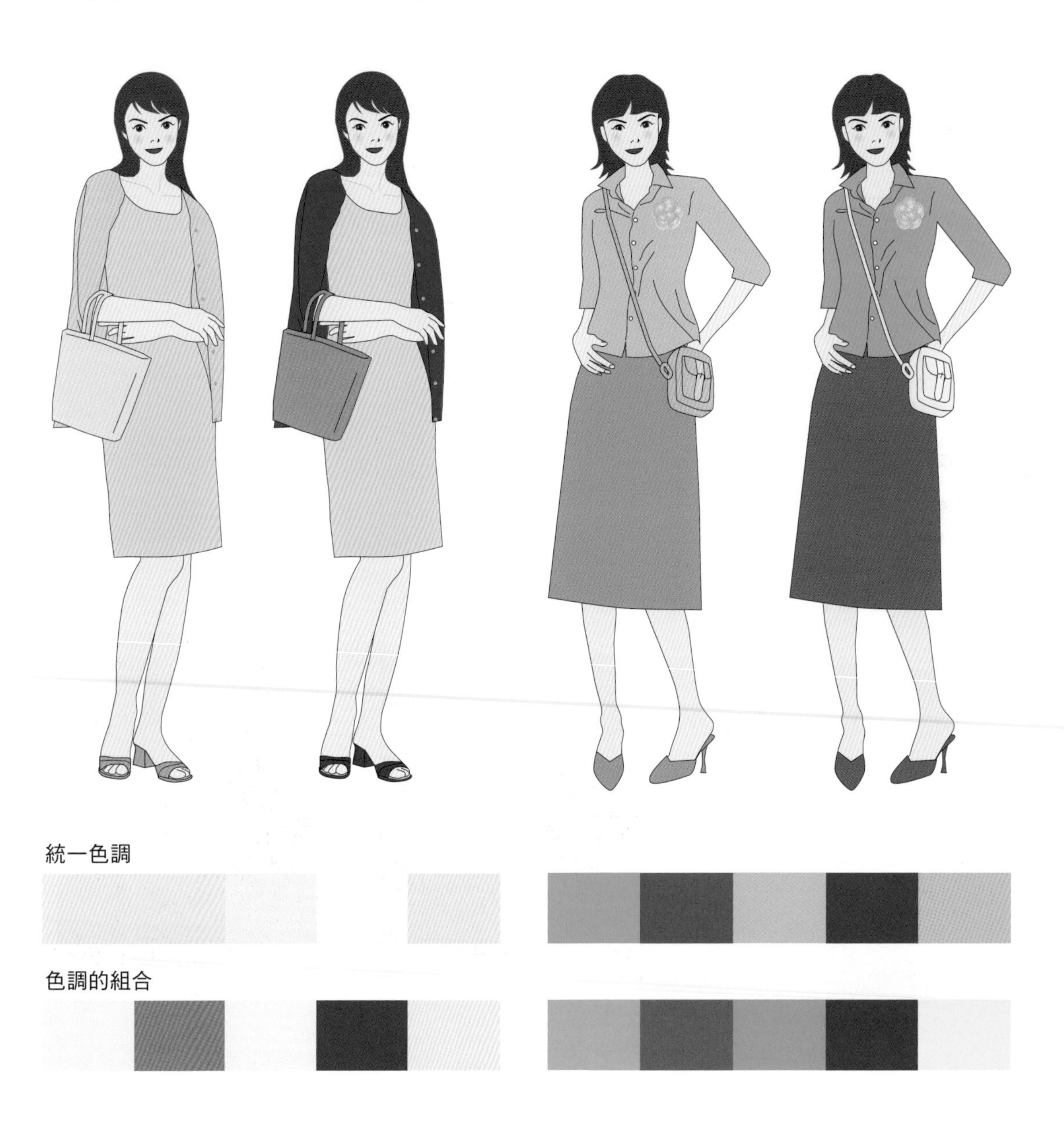

2-4 選擇搭配的色彩與服飾材質的關係

服飾的材質為影響整體搭配的要素之一，如下表可知，每一個人都可依她（他）的特質選擇質料；如，體型太圓的人，適用具有收縮效果的顏色，但服飾的材質若用太輕，會顯得身體曲線更圓，在整體平衡感上有減分效果。

A. 布料重量感	1.輕－小花樣	2.標準	3.重－大花樣
B. 質料的織紋	1.幾乎無	2.無	
C. 印花	1.變形蟲 4.圓點 7.條紋 10.水彩畫般的圖案	2.漩渦 5.花樣花紋 8.俐落的格子	3.幾何圖形 6.抽象圖案 9.千鳥格子

2-5 整體平衡感之穿著配色技巧

色調對比強烈的穿法

a¹. 對比強烈的搭配，因白裙是窄裙，形成頭重腳輕的不安定感，故白裙需用較挺的材質即可。

a². 是a¹的變化，整體的黑白色的百分比增加，雖黑色上衣沉重的印象帶來不安感，但是白裙的線條加寬，使整體具有平衡感。

a³. 為自然的配色順序，雖與a¹相同比率，但順序相反，即可營造休閒氣息。

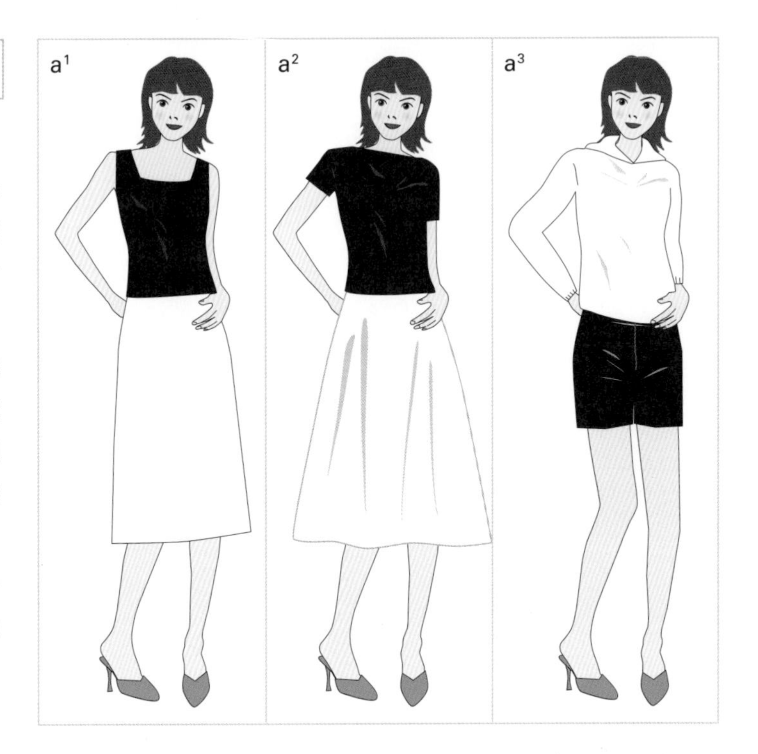

色調適中的穿法

b¹. 有穩重感，材質最好選擇素面或有設計感，更或者可選有個性化重點色彩的布料。

b². 同a²，只是加上裙擺的暗灰線條，就能獲得平衡感。

b³. 上衣採明亮灰色系，如怕太沉穩，可配上窄裙，表現俐落感。

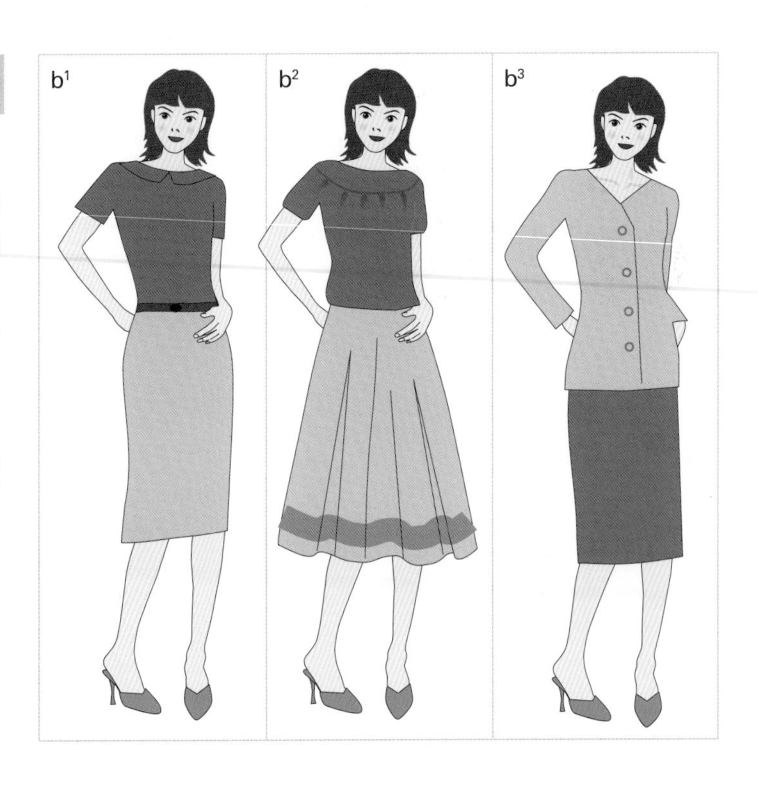

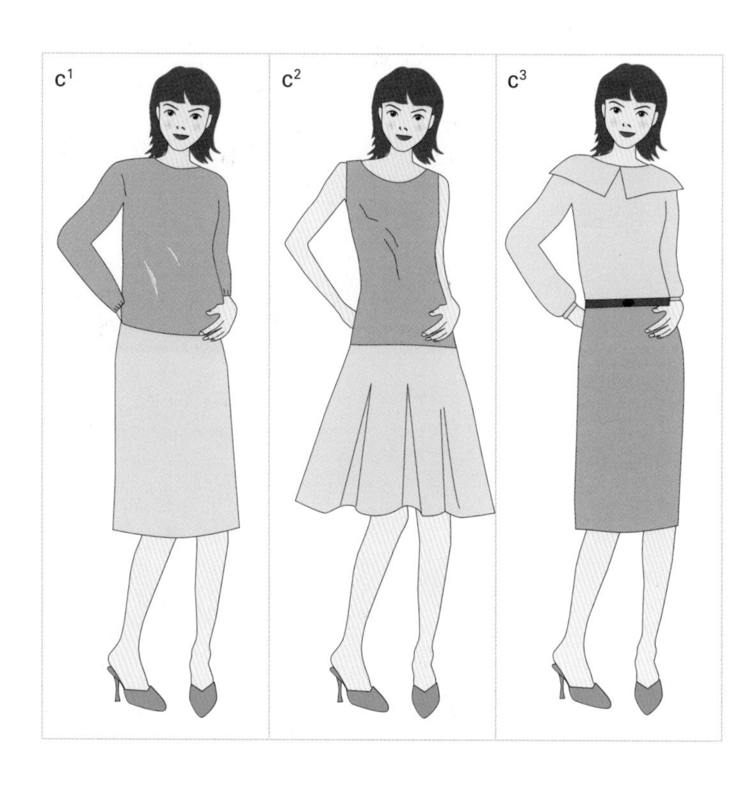

色差少的穿法

c1. 整體為柔和色調，原本較深沉的灰色調份量增加，可避免模糊或太柔弱的感覺。

c2. 為了強調色調本身的輕盈感，以直線型上衣，配上動感的圓裙。布料可選綢布等材質，即可呈現此種感覺。

c3. 上下配色不醒目時可用重點色於皮帶上，使用同色系的色差搭配，即會有穩重的感覺。

色調接近的穿法

d1. 暗色調或不太能引人注目的配色，可採暗色系的份量增加，來強調個性，利用俐落的造型呈現。

d2. 如素面的長袖衫配上粗紋的裙子，不同材質可展現搭配的變化。

d3. 利用圍巾創造重點，皮帶使用同色的暗色調，則有整體感。若用胸針，可選讓衣服的顏色更突出的胸針，或大型飾品增強重點。

2-6 顏色的感覺與代表之形象

看到藍空和綠樹可使心情愉快，看到如豔陽般火紅令人心情高昂，顏色帶給我們各種心情變化，若能巧妙運用，掌握自己的心情，就能輕易表達自己希望展現出來的形象。

紅—強調自我

熱情、充滿活力的紅色，會刺激人類的大腦，令人興奮，當想要表達自己的意志時，非常有效。但是又因為紅色的好惡度極端，有對立和憤怒的象徵，在與人初次見面時最好避免運用。喜歡紅色的人，較具行動力及判斷力。

黃—輕鬆愉快

令人聯想到檸檬或向日葵，有明朗、活力的形象。又因為非常顯眼，引人注目，故常被利用於交通信號或標誌上。黃色本身給人清秀、溫順的印象，暗黃色則較有成熟感。喜歡黃色的人，較天真無邪。

橘—飲食男女

是熱情的紅色和活力的黃色混合而成，引人注目、親切又活潑，也可增加食慾。只是因為太過於親密感，較難表現高級感，且印象太強烈，有時給人慌亂的感覺。穿橘色服飾時，有喋喋不休的感覺。

綠—渾然天成

和諧、和平、安全、協調的綠色有平穩安定的印象，可抒解疲勞，使身心輕鬆，平息急躁和精神緊張，給予人平和之感。所以，當您想要與人進行和平的對談時，可在房間中布置綠色植物。喜好綠色的人，屬溫和、不愛變化的和平主義者。

藍－憂鬱心情

清潔、涼爽、寂靜、誠實、知性等印象，處於疲勞、無法入眠時，可發揮催眠的效果。藍色可令人冷靜，是上班族最青睞的顏色，也是降低食慾的顏色，常被利用在減肥過程中。不輕易流露感情、認真誠實的人都選用藍色。

紫色－如夢似幻

紫色是行動派的紅色和靜寂的藍色兩個極端個性的顏色混合而成，具有不安、忌妒、憂鬱等不安定的形象。自古在中國或日本被視為高貴色，象徵優雅、高貴、華麗，有個性又神祕的顏色，使用錯誤的話，會淪於低俗感。喜好紫色的人，較為多愁善感的自戀者。

黑－莊嚴肅穆

具威嚴、強力、都會的黑色，只單獨使用會讓人聯想死亡、黑暗等陰霾的氣氛。黑色給人能量吞噬、個性較自閉、缺乏想像力的聯想，若運用在兒童服飾或房間，無法培養兒童豐富的情趣。喜歡黑色的人較有獨立性，且反抗心亦強，因此黑色的配色需與其他色彩搭配較佳。

白色－自然無瑕

白套裝、白色婚紗、醫生的白衣，都有清潔感，所以白色經常運用在神聖的衣物上，有純粹、無垢、和平、率直、天真、誠實等形象，亦適合商場。另外白色康乃馨，白色手帕等有離別的象徵，使人無法產生特別的情感，欠缺自我主張性。

流行實驗室 色彩心理學

以溝通色彩解讀成功的策略

「色彩也是溝通的重要元素，美學素養的極致隨時隨地展現品味」

由美國著名心理學家威廉．詹姆斯所提出：

S=(EE+CT+SP)XDD^{b}

S＝成功(success)

EE＝教育經驗(Education & Experience)

CT＝創造力思考力(Creative & Thinking Ability)

SP＝推銷自己的能力(Selling Personality)

DD＝堅持方向的努力(Directional Drive)

b＝運氣(The Breaks)

現在要加上S（色彩Color、服裝風格Style&流行Fashion）。

紐約時尚大師Doris Pooser創立Always in Style流派在《我造我型》一書中主張「穿著得體的人」Well-Best Dress的三元素即（色彩Color、服裝風格Style&流行Fashion）。

用顏色看穿行為與人心，洞察成功先機；用對顏色，您的工作、事業與生命可以一路亨通、激發本能、開創人生高峰。

成功者的穿衣哲學與美學素養

義大利或法國人之所以被讚賞為最懂時尚的人，是歸因有文化素質和對自己充分了解使他們充滿自信。可是亞洲華人的生活教育中，缺乏環境及養成這種美學素養的機會，即使有繪畫和設計的機會但也通常無法深入學習、探索究竟。大多數的人，即使大學畢業也未必知道什麼是對比色、什麼是鄰接色（鄰近色），所以對於華人來說，找到適合自己的搭配是頗為困難的。

美國AIS學派於1985年提出「穿著得體的人」Best Dress的三元素即（色彩Color、服裝風格Style&流行Fashion）的知識系統，以此問多數華人皆表達不理解或不知道，因為知識不足而失去自信，所以容易接受別人穿衣打扮的標準，當作奉行一致的準則，故大多數華人對名牌狂熱，卻無自身的審美觀，更甚者是穿在其身卻絲毫不知名牌所設計的理念為何。

在「美」的世界裡，沒有像「顏色」這樣可以用理論與原理來證明及掌握它的奧祕。

本節的焦點在於協助想追求時尚的型男美女更易理解色彩心理學，並透過運用模擬色彩的原理，打造出適合自己的時尚類型，並讓您更快樂學習色彩奧祕。

色彩意識的語言

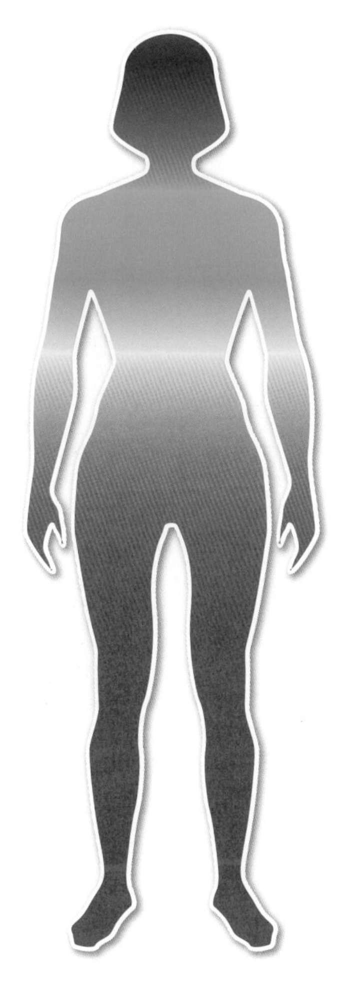

不切實際、憂鬱、失眠、宗教沉迷	靈性、服務、療癒力
易幻想、頭痛、固執、孤獨	靈感、直覺力、超靈感力
沒安全感、表達困難、靜不下來	平靜、信任、溝通力
自私、窒息感、胸悶、事業運差	慈悲、自在、空間感
緊張、胃痛、選擇困難、混亂	喜悅、學習力、自信
惡夢、暴食、性成癮、依賴	活力、性感、激勵人心
過度天真、爛桃花、婦科問題	溫柔、無條件的愛
易怒、容易疲累、缺乏耐心	熱情、行動力、持續力

尋找你人際溝通的心靈色彩Find out your mind color

每個人對成功的定義與期望都不同，但我們能藉由色彩心理測驗來分析每個人內心深處的真實個性，以及協助與催化每個人獲取成功的先機、享受快樂及結成果實的滋味。問題1~2是自我心靈色彩能量測試，問題3~4是戀愛成功色彩運用，問題5~6是測驗事業成功的色彩運用。

問題 1

打開衣櫃整理看看，買最多的顏色是什麼顏色呢？

答案

A：紅－開朗活潑

B：藍－內斂、理論型

C：黃－喜好冒險、較自我中心

D：綠－不擅社交、穩健型

E：橘－擅長社交、相識滿天下

F：粉紅－重細節、堅守原則

G：咖啡－謀求穩定型

H：灰－認真守規矩

I：紫－感性直覺強，屬藝術家型

J：白－誠實率真、理想主義型

K：黑－隱藏自我型

問題 2

以下圖案喜歡的顏色打圈(O)，不喜歡打叉(X)，這可以協助妳整理、選擇服飾及生活用品的色彩知識。

答案

1.選擇喜歡色1~2個者，是固執型，不太聽從他人意見、一意孤行者。

2.選擇喜歡色完全不同色系者，是發散型，不專心、有欠考慮者。

3.選擇喜歡色是統一色系者，是情緒安定型，專心思考者。

問題 3

以下約會打扮，穿哪一種顏色比較會成功？

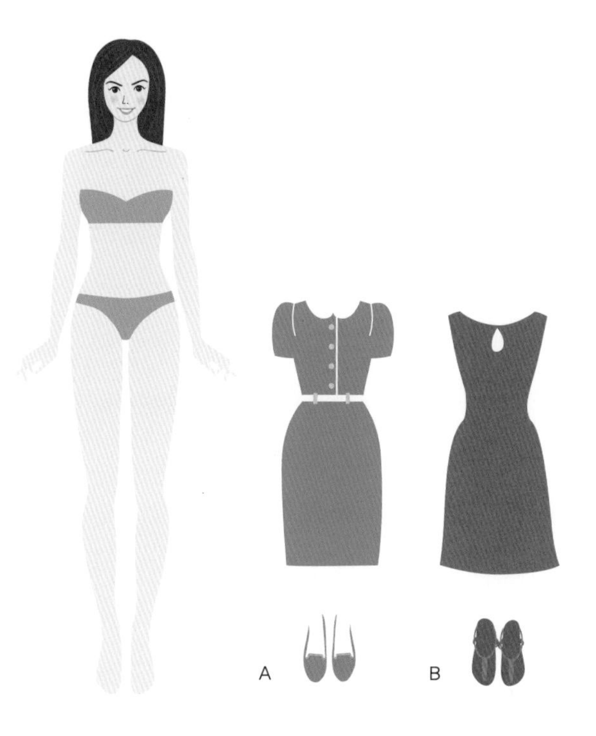

答案

約會宜選B，因紅色讓人性感有致命吸引力。

問題 4

當妳期待已久的男士，開口約妳吃飯，下列哪一餐廳會是最安心的、約會成功率最高的場所？

A.以黑色與金屬為主調的室內設計

B.以紅色、黃色等熱鬧的配色

C.以自然的原木所裝潢餐廳

答案

宜選C，因讓人放鬆，自然產生好感。

問題 5

找工作面試時，妳覺得穿著下列哪一套衣服會讓面試最順利呢？

答案

選A，深藍色給人理智的印象，內在屬積極進取、自我主張強。

選B，淺藍色，給人樸實的印象、平易近人。

選C，黑色，給人自信、專業，能掌握處事分寸、恰到好處。

選D，灰色，給人協調性高，能順應環境變化。

問題 6

色彩行為是指心靈色彩能投射出自我想法，請選擇以下一種汽球色彩，每一汽球色彩都有代表著潛意識所隱藏的性格。

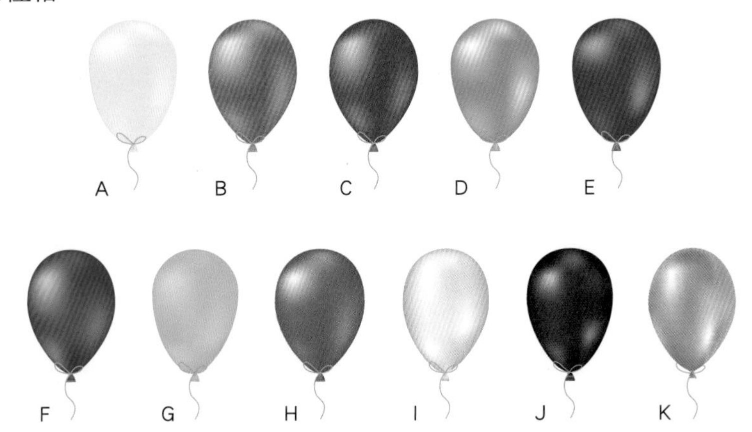

答案

A：選黃色的人，常帶給周遭人歡樂，是個開心果，常尋求別人的肯定與信賴。

B：選橘色的人，喜歡交友，對人和藹親切。

C：選紅色的人，執行力、行動力強，個性積極進取，但有唯我獨尊的傾向。

D：選粉紅色的人，溫柔、浪漫、可愛，但嬌弱怕被人傷害。

E：選紫色的人，俐落、自負，天生具美感但人際協調性較弱。

F：選藍色的人，認真且面面俱到的個性、洞察力高、責任心強、企圖心旺盛。

G：選綠色的人，正義感強的和平主義者、對人小心翼翼、對事戰戰兢兢，所以精神壓力較大。

H：選咖啡色的人，讓周遭的人覺得樸實平淡，對家人深具包容力，處事態度以和為貴。

I ：選白色的人，喜歡孤獨，極力想了解自己，嚮往過簡單的生活。

J ：選黑色的人，強烈相信自己，忠於自己選擇。

K：選灰色的人，喜歡過務實的生活，但常猶豫不決，對感情則勇於表達自我。

流行實驗室

性格特質檢查表

春季基因型

- ☐ 好奇心強
- ☐ 天真浪漫
- ☐ 小鳥依人
- ☐ 凡事快速一頭熱，又馬上冷卻
- ☐ 具協調性
- ☐ 正直
- ☐ 富創造力
- ☐ 喜怒哀樂形於色
- ☐ 感情脆弱易被傷害
- ☐ 不會斤斤計較

夏季基因型

- ☐ 溫和、穩重
- ☐ 文靜能自我控制
- ☐ 保守
- ☐ 易傾聽他人意見
- ☐ 孜孜不倦努力型
- ☐ 喜愛做家事
- ☐ 做事細心
- ☐ 生性小心謹慎
- ☐ 纖細精明
- ☐ 貼心

秋季基因型

- ☐ 耐力十足
- ☐ 責任感強
- ☐ 努力上進型
- ☐ 深謀遠慮
- ☐ 穩重
- ☐ 喜好自然
- ☐ 不喜歡無法掌握的事
- ☐ 情緒易低潮
- ☐ 頑固不太聽別人意見
- ☐ 容易擔心不安

冬季基因型

- ☐ 精力旺盛
- ☐ 正義感強
- ☐ 講義氣、重義理人情
- ☐ 認真、實在
- ☐ 具信賴感
- ☐ 全心投入工作
- ☐ 黑白分明
- ☐ 具管理能力
- ☐ 熱心助人
- ☐ 分析能力強

流行實驗室

色彩心理諮商技巧
顏色治療－視覺、味覺、聽覺、嗅覺、感覺－五感

Red 紅色的Power

增強信心

- □ 想說說不出口
- □ 自信心喪失
- □ 深思遠慮

- 音樂：熱血沸騰探戈音樂
- 食物：辣味、肉類、紅椒
- 香味：玫瑰
- 寶石：紅寶石
  （下定決心、果斷、恢復信心、堅強意志與勇氣）
- 休閒放鬆：卡拉OK、雲霄飛車

Green 綠色的Power

輕鬆愉快

- □ 太忙碌
- □ 喘不過氣
- □ 太多事壓得無法集中注意力

- 音樂：大自然風聲、雨聲、鳥叫聲、
  亞洲民族、夏威夷音樂
- 食物：蔬菜全餐、奇異果、豆子
- 香味：薄荷味
- 寶石：翡翠
- 休閒放鬆：溫泉、森林浴、動物園

Orange Yellow 橘黃色的Power

創造和樂的氣氛

- □ 躲在家中照顧孩子不願外出
- □ 沒有任何事可以打動他
- □ 有孤獨感

- 音樂：拉丁、卡通等
- 食物：紅蘿蔔、芒果、檸檬、香蕉
- 香味：曼特寧咖啡、檸檬
- 寶石：琥珀
  （增強知性）
- 休閒放鬆：日光浴、喜劇片

Blue 藍色的Power

沉澱心靈

- □ 心理不舒服
- □ 有點神經質
- □ 想恢復平和心情

- 音樂：穩定心情的、聖歌、爵士樂
- 食物：青魚、藍莓、海藻類、草莓茶
- 香味：茉莉、尤加利
- 寶石：藍寶石
  （抑制激情、提高鑑賞力、知性）
  土耳其石
  （考試、會議、商談平靜心情；增強犀利判斷力）
- 休閒放鬆：看海、出海看海、看夜空星光

Purple 紫色的Power

不安感

- ☐ 生活步調大亂
- ☐ 自己嚴格批評自己
- ☐ 睡眠品質差、偏頭痛

- 音樂：心靜如水的鋼琴、蕭邦
- 食物：茄子、葡萄、紫芋
- 香味：薰衣草
- 寶石：紫水晶
  （安定心情、直覺力增強、淨化作用）
- 休閒放鬆：按摩放鬆

Pink 粉紅色的Power

棄老返童

- ☐ 感覺自律神經失調
- ☐ 擔心年齡
- ☐ 事前準備想太多事

- 音樂：家庭音樂、松田聖子音樂
- 食物：桃子、草莓、玫瑰茶
- 香味：玫瑰
- 寶石：玫瑰十字架
- 休閒放鬆：居家放置粉紅色花

流行實驗室

穿衣訊息

紅色	粉紅色	黑色	白色	藍色
熱烈、刺激、本能、意志強烈	溫和、安全	憂鬱、受壓抑、神祕	充滿正義感、純潔、無瑕、奉獻	冷靜處世能力、自信、安定
能夠自我表現、意志堅強	柔和心思豐富、氣質優雅	自信	果決	權威、充滿自信想與人接近
積極進取，活動力旺盛	負責任感	格調高雅	喜歡獨處及孤單、需要真心的朋友	聰明、冷靜、有能力
感情豐富澎湃，多於冷靜	熱心助人、易演變成多管閒事	性感	沉浸在自己的思考世界	
具人性化，本質為性情中人				

綠色	紫色	黃色	橘色
豐富、年輕、和平	富洞察力、藝術氣息、神祕	明朗、自由、愉快、樂天	具活力、熱鬧、快熱
幽默、開朗（黃綠）	富藝術氣息，感受性豐富	開朗	善於組織活動
隨興	傾向神經質，不易信任他人	想給人強烈印象	充滿活力，不達目的不輕言放棄的實行家
可安心交談（藍綠）	喜歡追求與眾不同	有人緣，善於溝通	具設計感
直覺敏銳		生性古道熱腸	獨立心強、願意照顧他人

茶色	灰棕色	藍色
中庸、敦厚、踏實	穩重、豐富、安定	和平、理性、實事求是

尋找基因色，創造永遠的魅力

基因色春夏秋冬四季型的由來

以德國藝術家伊登(Johannes Itten)的色彩理論為基礎，經過後代許多色彩學家的努力而研發出廣為人知及應用的春、夏、秋、冬四季型分類法。

色彩形象顧問師發展史

1959年甘迺迪與尼克森競選美國總統，甘迺迪透過形象顧問，成功的塑造清新年輕活力的形象獲勝後，色彩形象顧問師的職業逐漸被世人肯定與了解。經過研究，一般人在7秒鐘內可決定他（她）人的第一印象，而色彩形象理論於1970年代，以Color Beauty Mine從美國傳入日本，盛行了40餘年。

在日本有關色彩形象顧問師的學派琳瑯滿目，由Color Beauty Mine再分出適合東方人的Always In Style，於1985年由Doris Pooser創立。以下為美國及日本知名學派的代表及其內容：

學派	Color Beauty Mine	Always In Style	Color Institute	Color with Style
創始人	佐藤泰子	菅原明美	內野榮子	Donna Fujii
季節型	Color 四季型	Color 四季型		
Style & Fashion 種類	六種 Cool, Simple, Gorgeous, Natural, Classic, Romantic	九種 Romantic, Elegant, Sharp, Traditional, Natural, Dramatic, Casual, Cute, Sexy	六種 Sharp, Active, Natural, Mature, Sophisticate, Soft	六種 Classic, Dramatic, Romantic, Natural, Artistic, Feminine

四種基因色彩的類型

最適合的色系是指適合其人的皮膚、眼睛、髮色，讓他（她）的臉色或表情看起來更生動、明朗、健康。要了解自己最適合的色系，首先要檢視色系的類型。色系類別依個性可分四大種，為春天型、夏天型、秋天型、冬天型，各有三十個顏色，利用80頁的診斷表查出自己的類型後，再看適合的色盤，那就是最適合妳的基因色系。

檢視基因色系類型

診斷色系類型時必須先卸妝，在自然光線下檢視，有時會受衣服的顏色影響，最好換白色衣物或上半身覆蓋白色布塊。為避免自己從沒想過或自認為適合而判斷錯誤，最好請家人或朋友一起來為妳檢視，檢視後如有兩種類型就是具有兩種類型的要素。例如，C=5分，B=4分即是春天型，但也具有夏天型的要素。所以在春天型和夏天型中的色盤中尋找自己最適合的色系。

2-7 經由色彩所呈現出的季節象徵

- **春天基因色型** SPRING

  春天—百花怒放的春天，令人想起耀眼的新綠。春天型的人適合以黃色為基礎，明亮鮮豔的色彩，混濁或太沉的顏色都不適合春天型的人。這是年輕、充滿可愛魅力的色盤。

- **夏天基因色型** SUMMER

  夏天—請想像藍海反射著陽光，呈現出白茫茫的景象。夏天型的人適合夏日風情中柔和的色彩，以藍色為基礎，整體帶有灰白色調是其特徵。

- **秋天基因色型** AUTUMN

  秋天—樹葉漸漸染紅的秋天。金黃色、深紅色、枯葉色即是適合秋天型的人，以黃色為基礎的深沉色調，暗淡卻雅緻的顏色，有溫暖、穩重感，適合成熟時髦的人。

- **冬天基因色型** WINTER

  冬天—純白的滑雪場中，純正顏色的滑雪衣隨著滑雪板劃過雪地。如冬季雪衣鮮豔景象的色彩，就是冬天型的最美色系。以藍色為基礎，有純黑、純白、鮮豔、對比強烈的顏色。

2-8 成功穿著術之自我診斷測驗

何謂個人基因色彩

如前所述，自然界的色彩是如此的美，如此的令人心動，我們人類也是自然界的一部分，頭髮、膚色、眼睛、牙齒等與生俱來的顏色，可分藍底基因色和黃底基因色。

要了解個人基因色彩，必須先檢視自己是屬於哪一種基因色，知道自己的基因色後，選擇相同色系的服飾和化妝品，就能創造出個性化自然的調和配色，表現令人心動的美感，給人更好的印象，這就是妳的個人基因色彩。無論政治家、企業代表等重要人物在公眾場合所展現的個人形象，或任何人與客戶洽商、開會，或是求職時的面談、相親等，與人初次見面時的第一印象都非常重要，而個人色彩就成為第一印象最重要的關鍵。

每個人都希望自己經常保持美感，給他人留下好印象，從而產生自信心。當妳知道自己最適合的色彩時，會發覺自己的另一面，能更進一步了解自己。

藍、黃底基因色系類型的診斷

尋找最適合的色系—最適合的色系是由皮膚、頭髮、眼珠的顏色及臉龐的印象等多種要素來決定，檢視妳的個性，找出能讓妳所有魅力散發出來的色系。

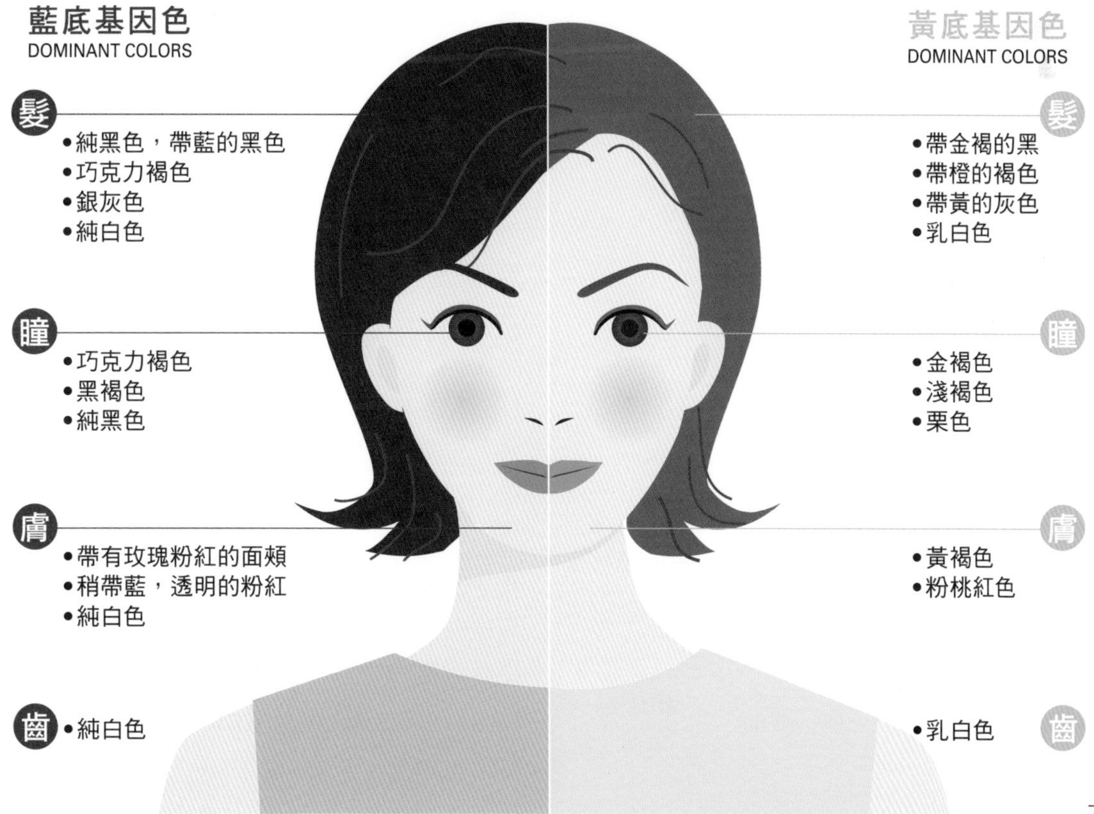

Step 1

您的髮色是否偏咖啡色？

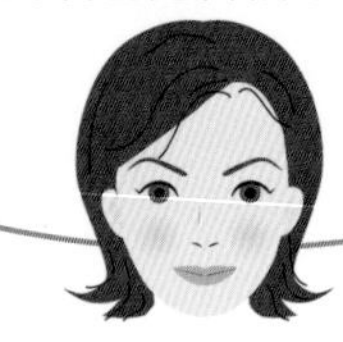

NO

YES

當您穿上駱駝色時，臉色看起來比較黃嗎？

當您穿上駱駝色時，臉色看起來比較白嗎？

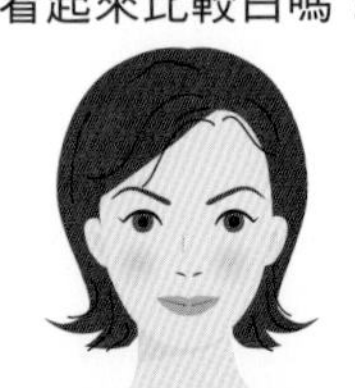

當您穿上灰色時，臉色看起來比較老氣嗎？

您的瞳孔是黑色嗎？

您的瞳孔是咖啡色嗎？

當您穿玫瑰粉紅色及鮭魚紛紅時，玫瑰粉紅色較適合者

當您穿玫瑰粉紅色及鮭魚紛紅時，鮭魚粉紅較適合者

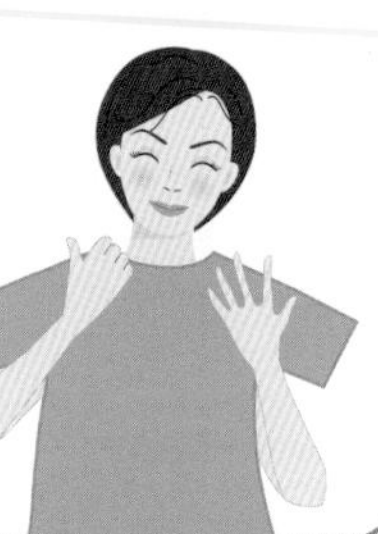

藍底基因色
BLUE BASE

找到自己的基因底色後
請到下一頁

黃底基因色
YELLOW BASE

Step 2

Yellow Base

前頁診斷出為基因色黃底的人可再進行診斷是否是春天型或秋天型。此時請準備褐色系，鮭魚粉紅系、瓦紅系或橘色系等口紅。

您的膚色是什麼顏色？

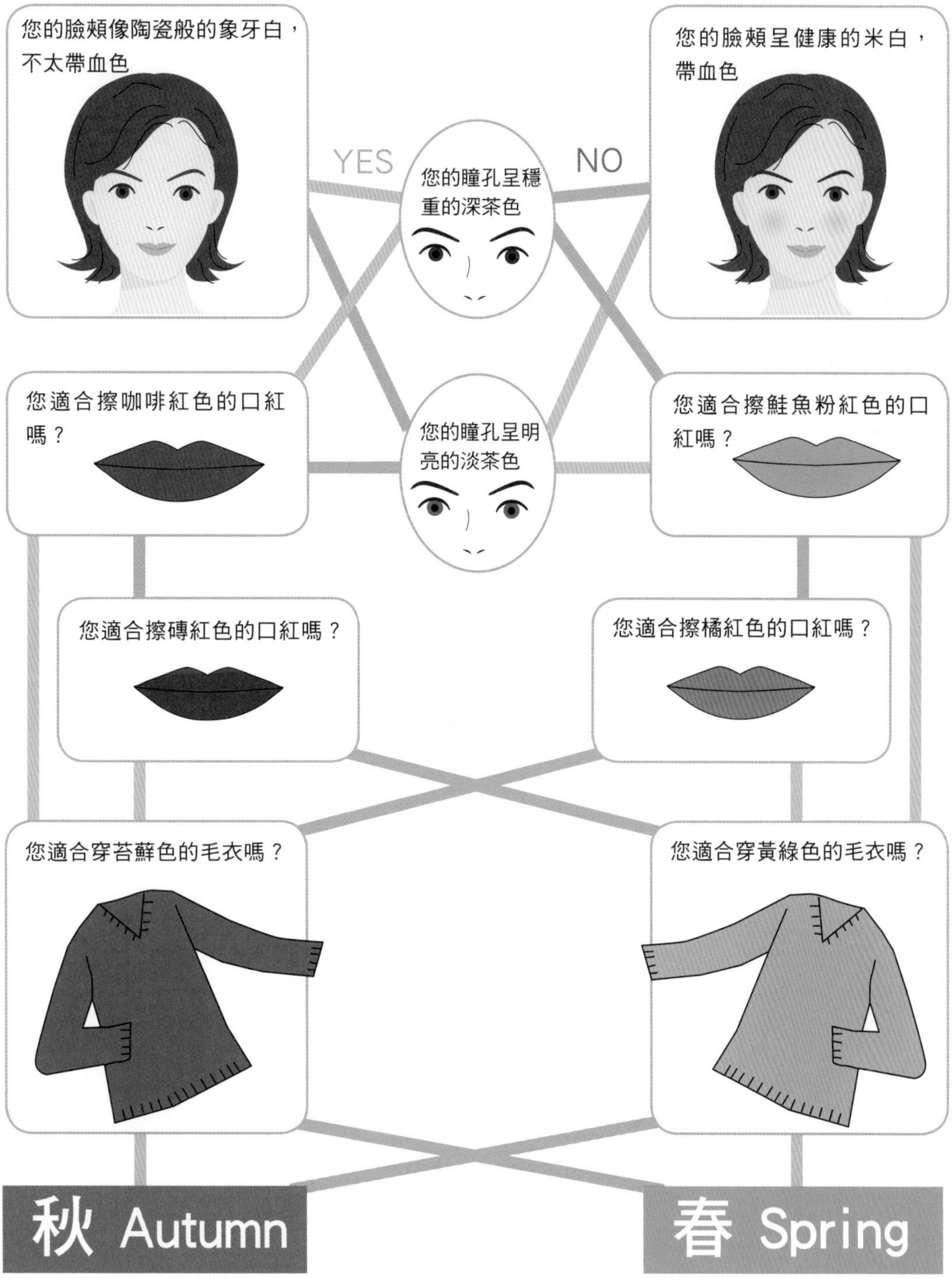

您的臉頰像陶瓷般的象牙白，不太帶血色

您的臉頰呈健康的米白，帶血色

YES

NO

您的瞳孔呈穩重的深茶色

您的瞳孔呈明亮的淡茶色

您適合擦咖啡紅色的口紅嗎？

您適合擦鮭魚粉紅色的口紅嗎？

您適合擦磚紅色的口紅嗎？

您適合擦橘紅色的口紅嗎？

您適合穿苔蘚色的毛衣嗎？

您適合穿黃綠色的毛衣嗎？

秋 Autumn

春 Spring

Step 3
Blue Base

前頁診斷為基因色藍底的人，再診斷是夏天型或冬天型，此時請準備濃玫瑰紅系、玫瑰粉紅系、灰玫瑰紅系或藍紅色系的口紅。

您的膚色是什麼顏色？

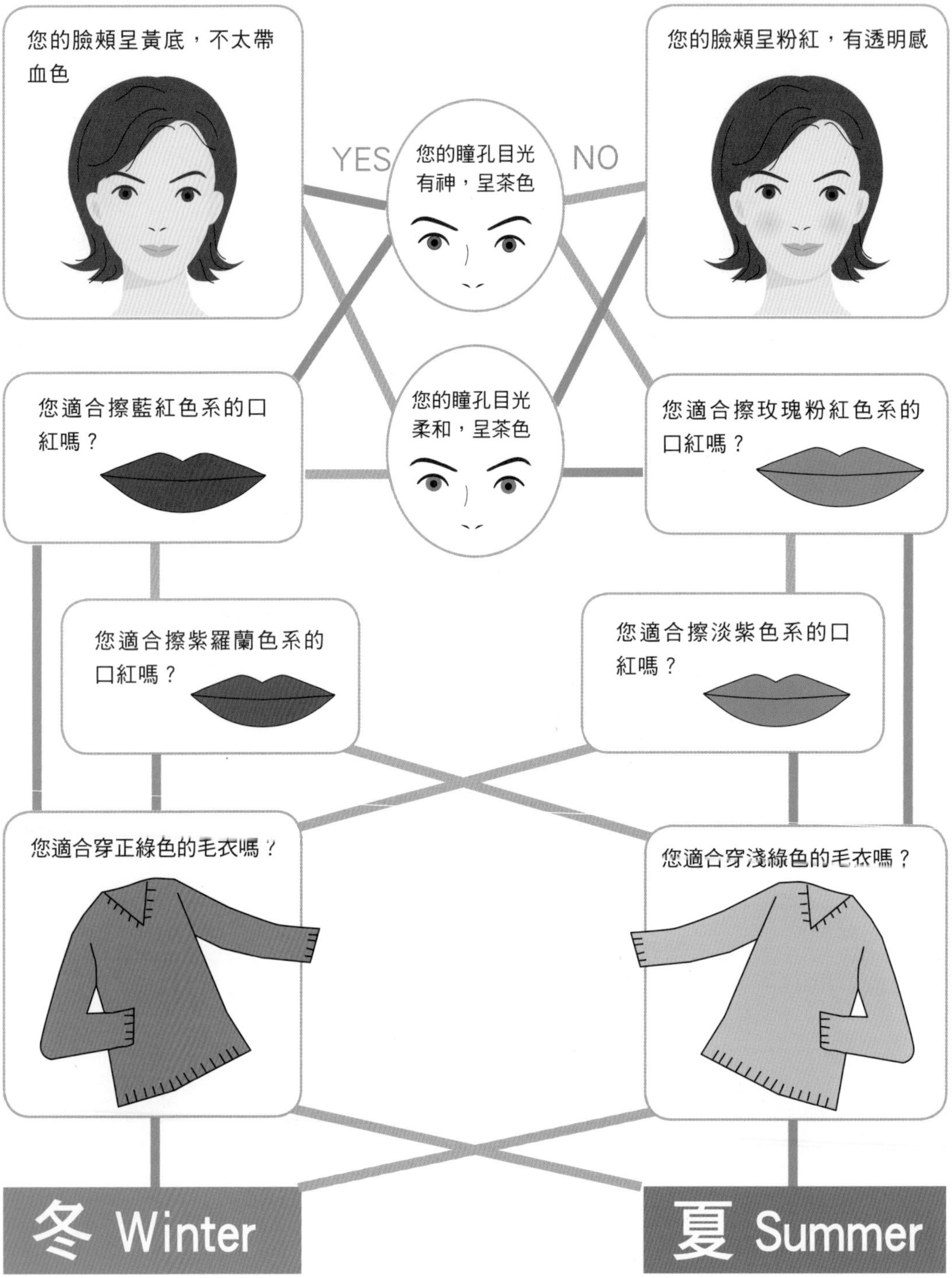

您的臉頰呈黃底，不太帶血色

您的臉頰呈粉紅，有透明感

YES

NO

您的瞳孔目光有神，呈茶色

您的瞳孔目光柔和，呈茶色

您適合擦藍紅色系的口紅嗎？

您適合擦玫瑰粉紅色系的口紅嗎？

您適合擦紫羅蘭色系的口紅嗎？

您適合擦淡紫色系的口紅嗎？

您適合穿正綠色的毛衣嗎？

您適合穿淺綠色的毛衣嗎？

冬 Winter

夏 Summer

2-9 基因色系類型的診斷

在下列檢視項目中，妳認為最接近的回答由A~D中圈選。最後再合計A~D各多少個，最多的則是妳的色系類型。

檢視項目	A	B	C	D
眼睛的顏色	黑 色	不是很黑	明亮褐色	深褐色
眼珠中黑白分明與否？	黑白分明	不太分明	分明	黑眼珠的輪廓不清楚
頭髮的顏色	又黑又亮	柔和的黑色或可可褐	明亮的褐色	深褐色
皮膚的顏色	粉紅色系帶藍、血色不良	粉紅色系帶藍、有透明感	黃褐色、有血色	黃褐色、較黃、臉色不好
晒黑的程度	小麥色、晒得均勻	不容易晒黑	容易晒紅也容易褪	容易晒黑也容易留下晒斑
臉部的印象	濃眉大眼的清楚印象	柔和的印象	清楚明亮的印象	穩重成熟的印象
不化妝穿黑色服飾時	很適合	太強、臉色不好	不搭調、衣服唐突	還可以
適合的飾品	銀、黑、寶石類	銀、珍珠等	金、珍珠、寶石類	金、霧金
認為適合自己的顏色	又濃又鮮豔的粉紅或寶藍	粉紅或淡藍	明亮的黃色 珊瑚粉紅色	瓦紅、墨綠
適合的基礎色系	深灰、深藍、黑	淺灰、可可褐	明亮駝色、明亮深藍	暗褐、深褐
合計診斷	A較多選項的為冬天型	B較多選項的為夏天型	C較多選項的為春天型	D較多選項的為秋天型

A較多選項的為 ▼ 冬天基因色 Winter

B較多選項的為 ▼ 夏天基因色 Summer

C較多選項的為 ▼ 春天基因色 Spring

D較多選項的為 ▼ 秋天基因色 Autumn

2-10 如何尋找適合的顏色

湯小姐（平面模特兒、美姿美儀老師）

基於工作性質，湯小姐對自己適合什麼顏色非常感興趣，雖然工作上的服飾有專業人員為她指導，但湯小姐希望能了解自己適合的顏色，做為選擇衣服的基準，於是我們請她加入尋找適合基因顏色的班級。要找到適合基因顏色有幾個步驟，自我診斷也可以，在此我們要介紹色彩形象顧問師的診斷方法。

1. 尋找基因色的方法

適合自己的顏色和喜好色不同，適合色和與生俱來的膚色、眼珠、髮色非常協調，每個人都有適合色。尋找適合色的方法最簡單的是看膚色，特別是面頰的紅暈程度，可分成二種類的粉紅。

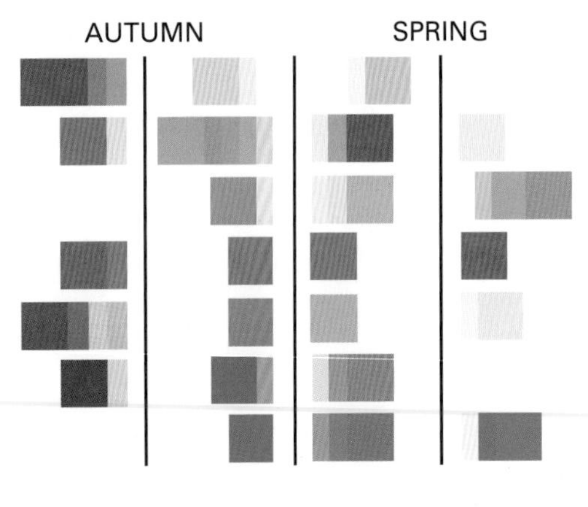

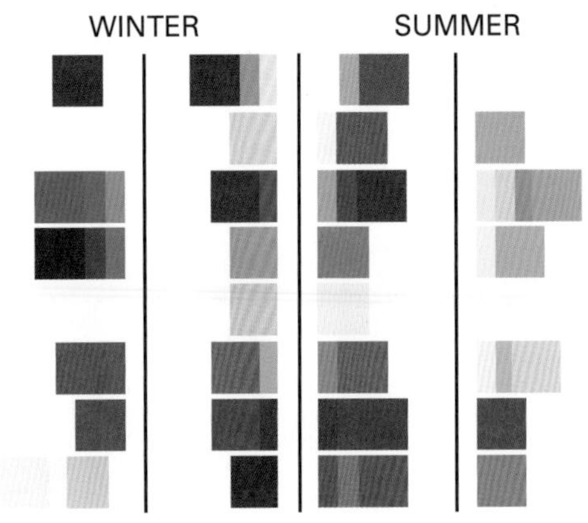

適合色的檢視一覽表

- **帶黃的粉紅和帶藍的粉紅**

  請看兩張測試布，一張是帶黃的粉紅，因混有黃色，稱黃底粉紅，另一張粉紅帶藍，混有藍色，稱藍底粉紅。

- **色彩的整理**

  以黃底和藍底的想法來整理的就是這張色彩圖，可看出同樣綠色，有帶黃的綠也有帶藍的綠。

- **色彩的四大組別**

  再各分兩組，成為四個組別，將每組以季節來命名，並不是真正的季節色彩，而是適合色的分類。

- **尋找適合色的目的**

  尋找適合自己的顏色有兩個目的，找到自己適合的顏色，可使自己更亮麗，所擁有的服飾才能更調和、容易搭配，不再花冤枉錢購買不適當的衣物。

2. 診斷藍底基因色系或黃底基因色系

卸妝後在自然光線下，將測試布置於面部下方，黃底和藍底的測試布交互測試，測試布每季節各30張（參閱附錄2－四季色卡）。請看，湯老師在冬天基因色系看起來最自然，藍底布（冬季冰粉紅色）看起來較有活力，黃底布（夏季柔和白）一靠近，看起來憔悴，所以湯老師被檢定出是藍底基因色的系列。

3. 比較藍底基因色的系列

藍底基因色有夏冬兩組，比較後才能檢視出更調和的色系，就冬季基因型的黑色與皇家藍色來看，眼神看起來有精神，加點深粉紅色表現更為活潑。為了慎重起見，塗上口紅和腮紅，膚色會看起來更美，若非冬天基因型，口紅會很突兀。

4. 製作適合色之一覽表

為湯老師檢視冬天色系的30張測試布，將它們分為最適合、適合、搭配其他色彩，製成一張一覽表（參閱下一頁之表格），然後再一面檢視各顏色，一面建議利用於上衣或領巾等。非常適合冬天型的黃和紅色的湯老師說：「活潑亮麗的色系我很喜歡，可是會不會太豔麗？」此時，建議她可再搭配其他明度較低的顏色，讓穿著更多變化、更豐富。

5. 說明色布樣本小冊子的使用方法

色布樣本小冊子共有120個四季顏色，從中選出適合自己的顏色製作成基因色卡表，方便攜帶，在購買服飾、配件時，可供參考。（本書後面附有春、夏、秋、冬四季的色卡，你可以加以運用，找出自己的基因色，也可以幫助別人確認他的最佳色系）

四季基因色系檢測表

Spring 色系檢測卡

NO	顏　色	非常適合	適合	不適合
1	Ivory 象牙白			
2	Buff 淺黃色			
3	Light Warm Beige 淺暖灰黃色			
4	Light Camel 淺駱駝色			
5	Golden Tan (Honey) 金褐色（蜂蜜色）			
6	Medium Golden Brown 中金褐色			
7	Light Warm Gray 淺暖灰色			
8	Light Clear Navy 淺海軍藍			
9	Light Clear Gold 淺金黃色			
10	Bright Golden Yellow 亮金黃色			
11	Pastel Yellow-Green 粉黃綠色			
12	Medium Yellow-Green 中黃綠色			
13	Bright Yellow-Green 亮黃綠色			
14	Apricot 杏黃色			
15	Light Orange 淺橙色			
16	Peach 桃紅色			
17	Clear Salmon 清鮭魚紅色			
18	Bright Coral 亮珊瑚色			
19	Warm Pastel Pink 暖粉紅色			
20	Coral Pink 珊瑚粉紅色			
21	Clear Bright Warm Pink 清暖粉紅色			
22	Clear Bright Red 清亮紅色			
23	Orange-Red 橙紅色			
24	Medium Violet 中紫藍色			
25	Light Periwinkle Blue 淺紫藍色			
26	Dark Periwinkle Blue 暗紫藍色			
27	Light True Blue 淺藍色			
28	Light Warm Aqua 淺水藍色			
29	Clear Bright Aqua 清亮水藍色			
30	Medium Warm Turquoise 中土耳其綠色			

Autumn 色系檢測卡

NO	顏　色	非常適合	適合	不適合
1	Oyster White 乳灰白			
2	Warm Beige 暖灰黃色			
3	Coffee Brown 咖啡色			
4	Dark Chocolate 暗巧克力色			
5	Mahogany 桃木色			
6	Camel 駱駝色			
7	Gold 金色			
8	Medium Warm Bronze 中暖銅色			
9	Yellow-Gold 金黃色			
10	Mustard 芥末黃色			
11	Pumpkin 南瓜色			
12	Terra Cotta 陶土色			
13	Rust 紅褐色			
14	Deep Peach(Apricot) 深桃紅色			
15	Salmon 鮭魚紅色			
16	Orange 橙色			
17	Orange-Red 橙紅色			
18	Bittersweet Red 白英橙紅色			
19	Dark Tomato Red 暗蕃茄紅色			
20	Lime Green 萊姆綠色			
21	Chartreuse 微黃淺綠色			
22	Bright Yellow-Green 亮黃綠色			
23	Moss Green 苔蘚綠色			
24	Grayed Yellow-Green 灰黃綠色			
25	Olive Green 橄欖綠色			
26	Jade Green 綠玉色			
27	Forest Green 森林綠色			
28	Turquoise 土耳其藍色			
29	Teal Blue 鴨藍色			
30	Deep Periwinkle Blue 深紫藍色			

Summer 色系檢測卡

NO	顏　色	非常適合	適合	不適合
1	Soft White 柔和白			
2	Rose-Beige 花梨木灰黃色			
3	Cocoa 可可色			
4	Rose-Brown 花梨木褐色（卡其色）			
5	Light Blue Gray 淺灰藍色			
6	Charcoal Blue Gray 鐵灰藍色			
7	Grayed Navy 灰海軍藍色			
8	Gray-Blue 灰藍色			
9	Power Blue 乳藍色			
10	Sky Blue 天藍色			
11	Medium Blue 中藍色			
12	Periwinkle Blue 紫藍色			
13	Pastel Aqua 粉水藍色			
14	Pastel Blue-Green 粉藍綠色			
15	Medium Blue-Green 中藍綠色			
16	Deep Blue-Green 深藍綠色			
17	Light Lemon Yellow 淺檸檬黃色			
18	Power Pink 乳粉紅色			
19	Pastel Pink 粉紅色			
20	Rose Pink 玫瑰粉紅色			
21	Deep Rose 深玫瑰紅色			
22	Watermelon 西瓜紅色			
23	Blue-Red 青紅色			
24	Burgundy 酒紅色			
25	Lavender 薰衣草色			
26	Orchid 蘭花紫色			
27	Mauve 淡紫色			
28	Raspberry 木莓紫色			
29	Soft Fuchsia 柔和紫丁香色			
30	Plum 深紫色			

Winter 色系檢測卡

NO	顏　色	非常適合	適合	不適合
1	Pure White 純白色			
2	Light True Gray 淺灰色			
3	Medium True Gray 中灰色			
4	Charcoal Gray 鐵灰色			
5	Black 黑色			
6	Gray-Beige(Taupe) 灰黃色			
7	Navy Blue海軍藍色			
8	True Blue 正藍色			
9	Royal Blue 皇家藍色			
10	Hot Turquoise 鮮土耳其藍色			
11	Chinese Blue 中國藍色			
12	Lemon Yellow 檸檬黃色			
13	Light True Green 淺綠色			
14	True Green 正綠色			
15	Emerald Green 翡翠綠色			
16	Pine Green 松綠色			
17	Shocking Pink 鮮粉紅色			
18	Deep Hot Pink 深粉紅色			
19	Magenta 紫紅色			
20	Fuchsia 洋紅色			
21	Royal Purple 皇家紫色			
22	Bright Burgundy 亮酒紅色			
23	Blue-Red 藍紅色			
24	True Red 正紅色			
25	Icy Green 冰綠色			
26	Icy Yellow 冰黃色			
27	Icy Aqua 冰水藍綠色			
28	Icy Violet 冰藍紫色			
29	Icy Pink 冰粉紅色			
30	Icy Blue 冰藍色			

2-11 春天基因色系

春天色系

我的基因色(Best Color)

挑選春天色系的原則，首先判斷自己的個人特徵，例如眼睛像玻璃珠、髮色呈亮黑褐色、膚色呈粉色。個人氣質溫和柔美，穿著以鮮明帶黃色系等活潑的顏色，例如：亮金黃色(Bright Golden Yellow 10)、清鮭魚紅色(Clear Salmon 17)、淺水藍色(Light Warm Aqua 28)、橙紅色(Orange-Red 23)、亮黃綠色(Bright Yellow-Green 13) 五色為主。避免穿著於上半身的顏色為黑色、純白色、酒紅色及深暗模糊不明的顏色。

1.Ivory 象牙白

2.Buff 淺黃色

3.Light Warm Beige 淺暖灰黃色

4.Light Camel 淺駱駝色

5.Golden Tan (Honey) 金褐色（蜂蜜色）

6.Medium Golden Brown 中金褐色

7.Light Warm Gray 淺暖灰色

8.Light Clear Navy 淺海軍藍

9. Light Clear Gold 淺金黃色

10. Bright Golden Yellow 亮金黃色

11. Pastel Yellow-Green 粉黃綠色

12. Medium Yellow-Green 中黃綠色

13. Bright Yellow-Green 亮黃綠色

14. Apricot 杏黃色

15. Light Orange 淺橙色

16. Peach 桃紅色

17. Clear Salmon 清鮭魚紅色

18. Bright Coral 亮珊瑚色

19. Warm Pastel Pink 暖粉紅色

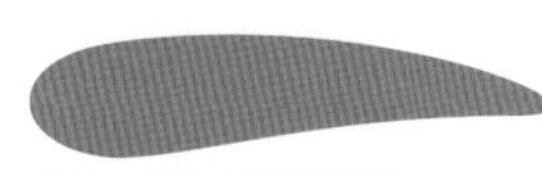

20. Coral Pink 珊瑚粉紅色

21. Clear Bright Warm Pink 清暖粉紅色

22. Clear Bright Red 清亮紅色

23. Orange-Red 橙紅色

24. Medium Violet 中紫藍色

25. Light Periwinkle Blue 淺紫藍色

26. Dark Periwinkle Blue 暗紫藍色

27. Light True Blue 淺藍色

28. Light Warm Aqua 淺水藍色

29. Clear Bright Aqua 清亮水藍色

30. Medium Warm Turquoise 中土耳其綠色

2-12 夏天基因色系

挑選夏天色系的原則，首先判斷自己的個人特徵，例如眼睛呈黑褐色、髮色呈可可亞色、膚色呈粉紅色不帶血色。個人氣質淡雅柔靜，穿著以鮮明帶淺藍色系等清爽的顏色，例如：淺檸檬黃色(Light Lemon Yellow 17)、玫瑰粉紅色(Rose Pink 20)、天藍色(Sky Blue 10)、深玫瑰紅色(Deep Rose 21)、粉藍綠色(Pastel Blue-Green 14)五色為主。避免穿著於上半身的顏色為桃色、純白色、橙紅色、黃棕色及黃綠色的顏色。

1.Soft White 柔和白

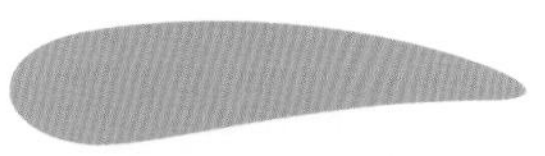

2. Rose-Beige 花梨木灰黃色（卡其色）

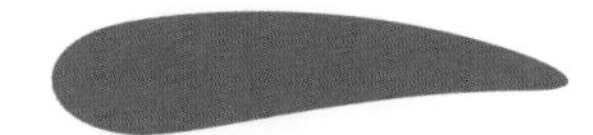

3. Cocoa 可可色

4. Rose-Brown 花梨木褐色

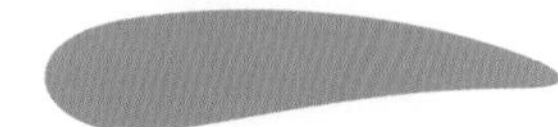

5. Light Blue Gray 淺灰藍色

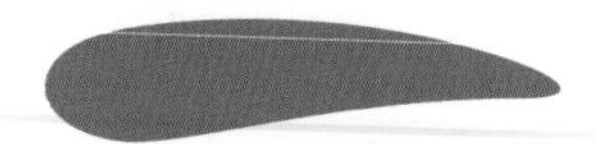

6. Charcoal Blue Gray 鐵灰藍色

7. Grayed Navy 灰海軍藍色

8. Gray-Blue 灰藍色

9. Power Blue 乳藍色

10. Sky Blue 天藍色

11. Medium Blue 中藍色

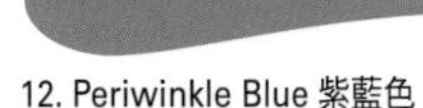

12. Periwinkle Blue 紫藍色

13. Pastel Aqua 粉水藍色

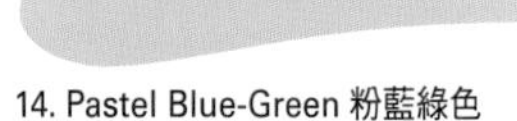

14. Pastel Blue-Green 粉藍綠色

15. Medium Blue-Green 中藍綠色

16. Deep Blue-Green 深藍綠色

17. Light Lemon Yellow 淺檸檬黃色

18. Power Pink 乳粉紅色

19. Pastel Pink 粉紅色

20. Rose Pink 玫瑰粉紅色

21. Deep Rose 深玫瑰紅色

22. Watermelon 西瓜紅色

23. Blue-Red 青紅色

24. Burgundy 酒紅色

25. Lavender 薰衣草色

26. Orchid 蘭花紫色

27. Mauve 淡紫色

28. Raspberry 木莓紫色

29. Soft Fuchsia 柔和紫丁香色

30. Plum 深紫色

2-13 秋天基因色系

秋天色系

我的基因色 (Best Color)

Autumn

挑選秋天色系的原則，首先判斷自己的個人特徵，例如眼睛如玻璃珠、髮色呈亮黑褐色、膚色呈黃色帶血色。個人氣質成熟穩重，穿著以濁重深色系的顏色，例如：芥末黃色(Mustard 10)、深桃紅色(Deep Peach 14)、鴨藍色(Teal Blue 29)、紅褐色(Rust 13)、苔蘚綠色(Moss Green 23)五色為主。避免穿著於上半身的顏色為黑色、純白色、酒紅色、灰色及粉紅色的顏色。

1. Oyster White 乳灰白

2. Warm Beige 暖灰黃色

3. Coffee Brown 咖啡色

4. Dark Chocolate 暗巧克力色

5. Mahogany 桃木色

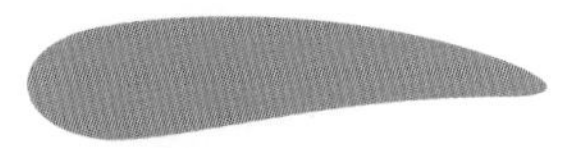

6. Camel 駱駝色

7. Gold 金色

8. Medium Warm Bronze 中暖銅色

9. Yellow-Gold 金黃色

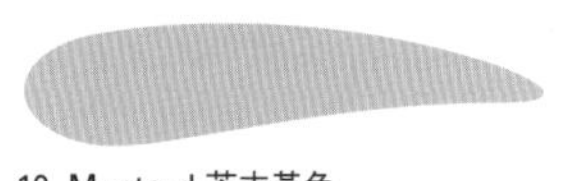

10. Mustard 芥末黃色

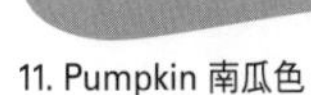

11. Pumpkin 南瓜色

12. Terra Cotta 陶土色

13. Rust 紅褐色

14. Deep Peach(Apricot) 深桃紅色

15. Salmon 鮭魚紅色

16. Orange 橙色

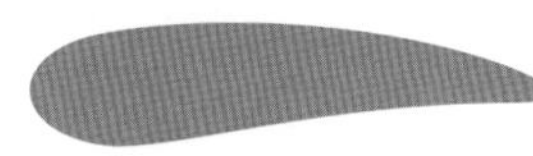

17. Orange-Red 橙紅色

18. Bittersweet Red 白英橙紅色

19. Dark Tomato Red 暗蕃茄紅色

20. Lime Green 萊姆綠色

21. Chartreuse 微黃淺綠色

22. Bright Yellow-Green 亮黃綠色

23. Moss Green 苔蘚綠色

24. Grayed Yellow-Green 灰黃綠色

25. Olive Green 橄欖綠色

26. Jade Green 綠玉色

27. Forest Green 森林綠色

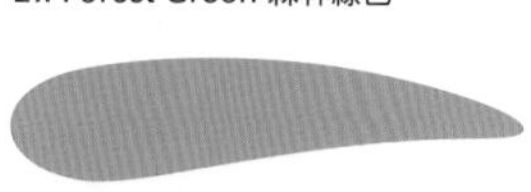

28. Turquoise 土耳其藍色

29. Teal Blue 鴨藍色

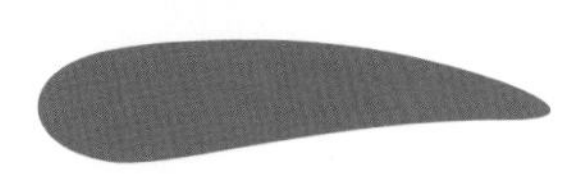

30. Deep Periwinkle Blue 深紫藍色

2-14 冬天基因色系

挑選冬天色系的原則，首先判斷自己的個人特徵，例如眼睛如深黑褐色、髮色呈偏黑色、膚色呈粉紅色帶血色。個人氣質明豔亮麗，穿著以鮮明帶藍色系彩度高的顏色，例如：檸檬黃色(Lemon Yellow 12)、洋紅色(Fuchsia 20)、皇家藍色(Royal Blue 9)、藍紅色(Blue-Red 23)、翡翠綠色(Emerald Green 15)五色為主。避免穿著於上半身的顏色為橙色、棕色、橙紅色、金色及黃綠色的顏色。

1. Pure White 純白色

2. Light True Gray 淺灰色

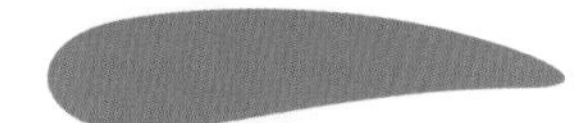
3. Medium True Gray 中灰色

4. Charcoal Gray 鐵灰色

5. Black 黑色

6. Gray-Beige(Taupe) 灰黃色

7. Navy Blue 海軍藍色

8. True Blue 正藍色

9. Royal Blue 皇家藍色

10. Hot Turquoise 鮮土耳其藍色

11. Chinese Blue 中國藍色

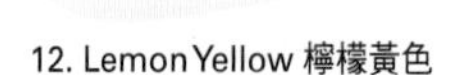
12. Lemon Yellow 檸檬黃色

13. Light True Green 淺綠色

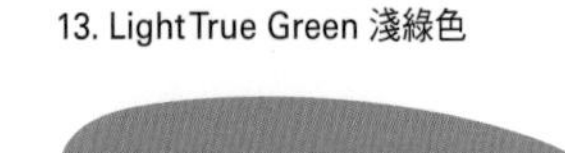
14. True Green 正綠色

15. Emerald 翡翠綠色

16. Pine Green 松綠色

17. Shocking Pink 鮮粉紅色

18. Deep Hot Pink 深粉紅色

19. Magenta 紫紅色

20. Fuchsia 洋紅色

21. Royal Purple 皇家紫色

22. Bright Burgundy 亮酒紅色

23. Blue-Red 藍紅色

24. True Red 正紅色

25. Icy Green 冰綠色

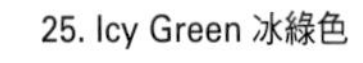
26. Icy Yellow 冰黃色

27. Icy Aqua 冰水藍綠色

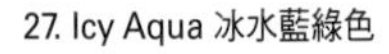
28. Icy Violet 冰藍紫色

29. Icy Pink 冰粉紅色

30. Icy Blue 冰藍色

春
夏
Light
淺色的、明亮的
暖色調的
黃底型
Warm
Yellow
Cool
Blue
冷色調的
藍底型
秋
冬
Deep
深色的、暗沉的

WARM LIGHT BRIGHT

暖淺亮

春天 Spring

暖色系 Yellow Base

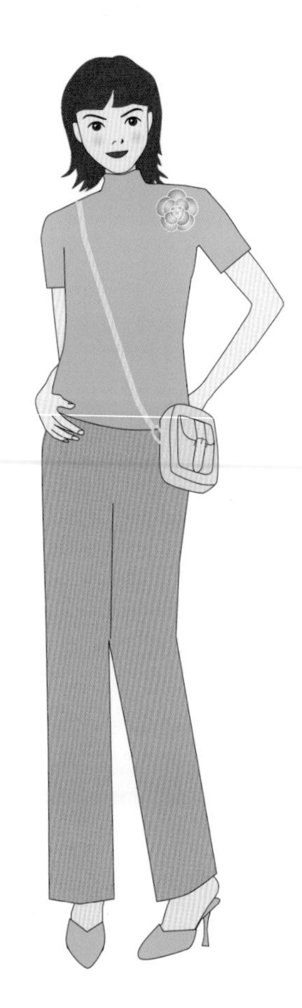

COOL LIGHT MUTED

暖深濁
秋天
Autumn
暖色系 Yellow Base

WARM DEEP MUTED
autumn

COOL DEEP BRIGHT

2-15 基因色的搭配技巧

個性化自我基因色彩之契合

- **如何搭配想穿的顏色**

如果決定買藍色衣服，首先由屬於妳的色盤中找出適合自己的藍色，想搭配的顏色可參考色盤中的顏色。

- **選出適合自己的色調**

常有人說「我適合紅色」，其實紅色是大多數人都適合的顏色，藍色、黃色或其他顏色也相同，如基因色四季型的色盤，所有的類型都有紅、藍、黃。但是，依類型不同紅色的色調亦有微妙的差別，要找出真正適合的顏色，並不是尋找某單一顏色，而是找出每一種顏色中最適合自己的色調。

例如紅色有番茄紅到玫瑰鮮紅等各種色調，認為自己不適合紅色的人只是沒有發現到適合自己的紅色色調而已，認為自己適合紅色的人，也有可能還沒發現到能使自己更美的其他紅色色調。不適合的紅色色調，也就是選錯類型的紅色，會使臉色看起來不好或唐突感。反之，選對類型的紅色，臉色好看，連面皰、面斑、皺紋都不明顯了。

請在實際買衣服時試試看，選出適合自己的色調，臉龐看起來一定更明朗更美麗。試穿時，不僅看整體造型，不要忘了檢視服飾的顏色和自己的臉色相映下的感覺。

- **適合的基因色和不適合的基因色**

只要選擇適合自己類型的色調，無論什麼色都能穿得美。只是有些色系依類型會較不容易被接受，看看每一種類型的色盤即可了解。夏天型和冬天型較能接受藍色系，而咖啡色系則較不容易接受。相反地，春天型和秋天型的人與藍色系格格不入，而咖啡色系則能輕易融入自己。

適合的顏色也有許多搭配的方式，在穿著上可以有更多的變化，只要以適合自己的色彩為基本，你的服飾就會非常容易搭配。光看粉紅色就有深粉紅色一直到淡粉色的色調，選出適合自己的色調即是時髦的第一步。

服裝設計原理－
配色技巧的運用原則與效果

色彩重複效果

重複使用相同色彩會產生規律感，即使配色些許不協調也會增加調和感。

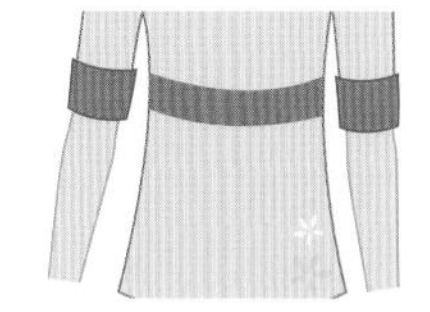

色彩次序效果

各種顏色依照特定次序出現，前後保持固定次序前進。

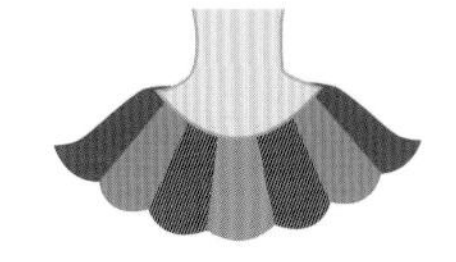

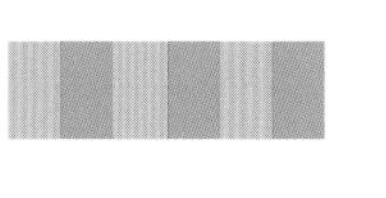

色彩交替效果

兩種顏色以固定關係重複出現，使眼睛的觀察方向產生規律的變化。

色彩漸層效果

有規則的色彩層次表現，產生有秩序的律動感。可依色彩的色相、明度、彩度，複合式變化。

色彩對比效果

前進和後退的色相及深淺不同的明度會產生強烈對比，而鮮豔與混濁的彩度更會增強彼此之間的差異。

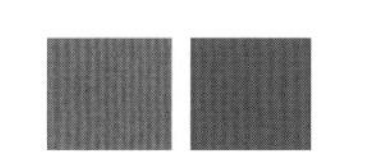

色彩重點效果

依色彩的色相、明度和彩度強調，使視線集中。

色彩比例效果

各在不同色相、明度和彩度之間，分量的分布考慮面積大小的比例效果。

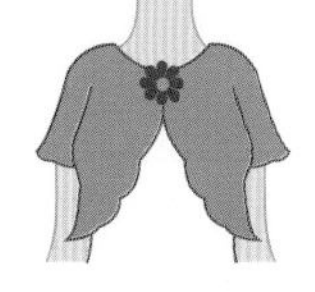

色彩平衡效果

任何色相、明度和彩度方面的變化，都有助於達成服裝設計上之色彩計畫的平衡效果。混色可以平衡各種色彩所做的貢獻，因此按照各種色彩比重來安排服裝局部的作法，將有助於維持整體的視覺上穩定感。

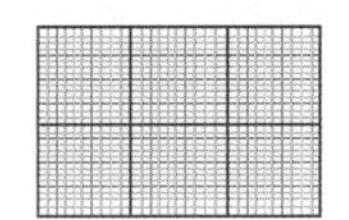

色彩調和效果

所謂色彩的調和效果是當色相、明度或彩度的前進色或後退色之特質，能傳遞近似於色彩的心理效果。此種配色技巧具有豐富趣味又能避免枯燥與衝突的效果，即可很容易達成知覺上的一致性。例如這件毛衣重複出現同樣的圖案，來傳達大膽和果敢的效果以產生調和感。

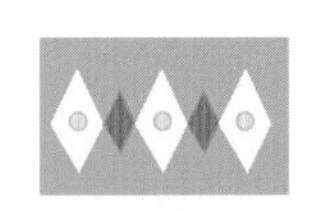

PART 3

創造個性的配色法則

掌握色彩，魅力形象塑造

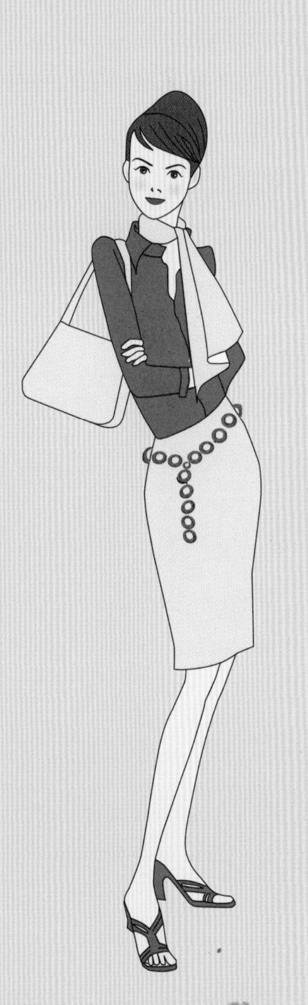

掌握色彩，魅力形象塑造

色彩左右形象

在公司有俐落能幹的形象，下班後有戲劇性的華麗形象，這種形象的差別雖然依臉型、體型、服飾的材質和造型的不同，但是其中以服飾的顏色為最大影響力，別人對自己的觀感決定因素就在於顏色。

例如相同的造型服飾，一個穿鮮黃色，另一個穿暗褐色，第一眼就會令人覺得穿黃色的人較活潑可愛，褐色的人較穩重。這就是色彩本身擁有的溝通效果，借助這種力量，可配合TPO（Time適時、Place適地、Occasion適所）或心情，創造「不同的自己」。

如何創造不同的自己

- **想表現什麼形象？**

創造不同的自己，發揮色彩的力量，展現不同的「妳」！

- **溝通色彩類別 & 形象**

首先將色彩分為九種個性化形象造型，再依色彩類別介紹搭配方式，但是必須記住自己最適合和最不適合的種類。例如，春天型的人在色盤中較容易創造出活潑可愛、休閒的形象，相反地，優雅、戲劇性的形象就較難表現。而夏天型的人高雅浪漫，秋天型的人沉穩自然，冬天型的人以戲劇性、俐落的形象即能展現真實的一面。最真實的形象就是將最適合的顏色發揮到最大的效果，想要讓自己看起來更有魅力，只要在最適合的顏色中善加利用搭配即可。

明亮的橙色皮包配綠鞋，有活潑可愛的感覺，適合約會或出遊。咖啡色的皮包和鞋子有傳統的形象，上班族最適合。

以色彩創造形象，改變心情

妳穿的顏色可影響他人對妳的印象，相同地也會影響妳自己的心情，「今天我想打扮浪漫一點！」心想穿淺粉紅色的洋裝，這天的心情應該是愉快、溫柔、直爽的。如果穿著黑色，心情將有完全不同的詮釋。或者，想創造俐落的形象，並穿上鮮藍色，真的有注意力集中的效果。如果穿著綠色和咖啡色的搭配，心情自然放鬆和諧。穿著紅色時，感覺較有活力，行動亦較積極。用色彩創造形象的同時也要配合自己的心情，才能協調一致，想拋棄鬱悶的心情，振作心情，或想轉換心情時，只要充分利用色彩的力量即可。

Q&A：想穿著其他基因色服飾時，怎麼辦？

雖知道自己不適合，但卻想穿，此時只要注意以下兩點即能穿得美。

1. 上身穿著最適合臉部膚色的色彩

穿著不屬於自己類型的色彩，易使自己的臉色看起來不夠亮麗，但可利用在下半身，想穿在上半身時，應利用自己的色盤。外套的顏色不適合的話，可選自己色盤顏色的襯衫，或者利用適合自己的領巾、耳環、項鍊，也可發揮亮麗的效果。

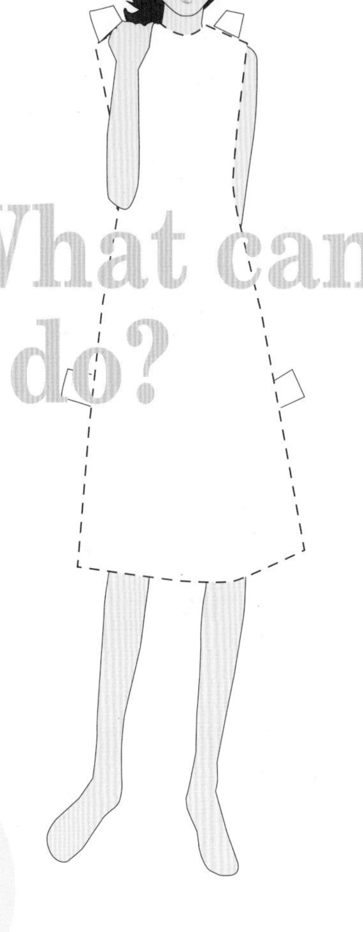

2. 以化妝色彩改變形象

臉部大致可將春夏型歸為優雅，秋冬型歸為豔麗，而春秋型屬黃色系有溫和感，夏冬型則屬於粉色系，有冷酷的印象。

穿著不適合的顏色，就改變化妝方法，但不可為了某件服飾而忽略了自己原有的色彩形象。例如，冬天型穿上可愛的春天色系，又加上可愛的妝，則有不搭調的感覺。以適合自己的髮型加上眼睛的彩妝和服飾的顏色相較，選出中間的色系，就可使本來不適合的顏色變成非常好看。

色彩別的服飾搭配法為以下：1.紅 2.橙 3.黃 4.綠 5.藍 6.靛 7.紫 8.黑白八種

紅 色的搭配

紅色令人眼光為之一亮，只要選適合自己的紅色，即能給別人強烈印象。反之，穿了不適合自己的紅色，只見紅衣浮現，所以應從許多種紅色中選出讓自己最美的紅。

Red

穿著紅色的化妝法

- 口紅應配合服飾的紅或同色系較淺的紅，五官清秀的人也可使用透明的口紅。
- 眼影：春秋型使用咖啡色系，夏冬型使用灰色系，不要太強調即可。

Spring

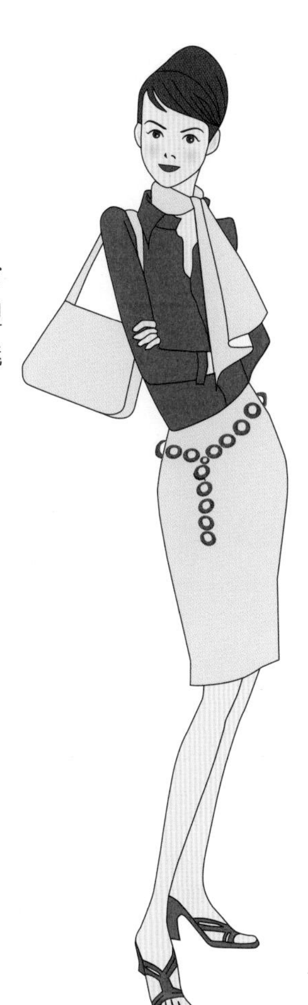

春—

溫暖、明亮的紅最適合

橘紅色是最適合春天型的顏色，明亮中帶有魅力感的亮紅色。

Summer

夏—

選擇底色帶藍的紅色較出色

最適合的顏色是西瓜紅，華麗中帶有優雅感的紅色。
夏天型的人應選擇帶藍的紅色。

Autumn

秋—

適合濁濁重重的深紅

秋天型最適合帶柑色的暗紅色，其中選擇最穩重的暗番茄紅色，與帶黃的肌膚一拍即合。

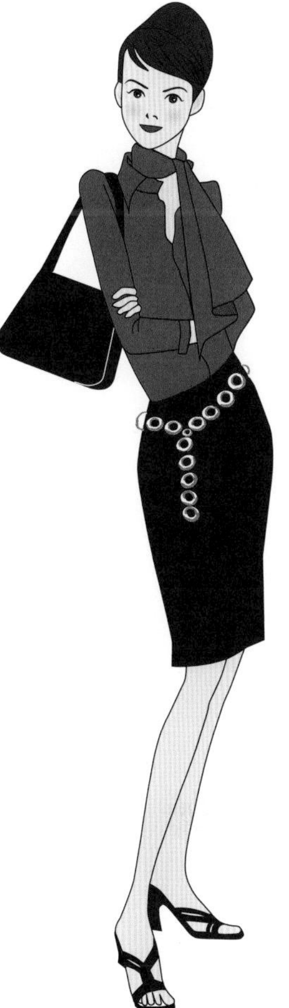

Winter

冬—

帶藍底的豔麗亮紅最適合冬天型

又鮮又有深度的紅色讓你看起來更羅曼蒂克，最適合鮮紅色。

Spring

Mode 1

清亮紅色(Clear Bright Red 22)的外套，配上淺暖灰色(Light Warm Gray 7)長褲。

Mode 2

淺駱駝色(Light Camel 4)的套裝，搭配清亮紅色(Clear Bright Red 22)為配色重點。

Mode 3

橙紅色(Orange-Red 23)裙子搭配象牙白(Ivory 1)上衣、海軍藍的圍巾和皮包，使你更年輕。

Mode 4

冬天基因色的黑色長褲，配上清亮紅色(Clear Bright Red 22)的上衣。

Summer

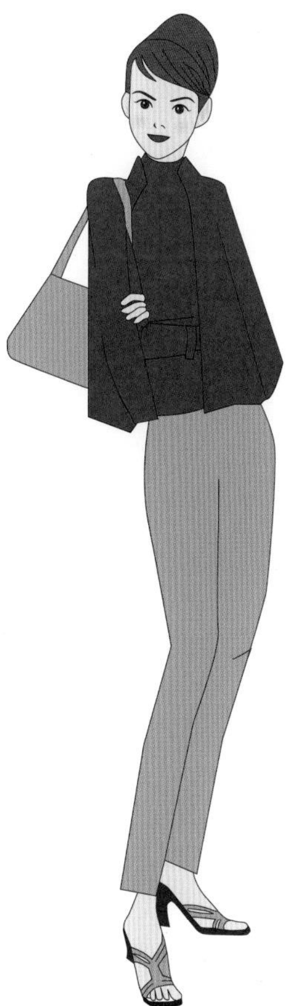

Mode 1

西瓜紅(Watermelon 22)配深藍(Dark Blue)及白色的圍巾和皮包，更加亮麗。

Mode 2

木莓紫色 (Raspberry 28) 的套衫，加花梨木灰黃色 (Rose-Beige 2) 的長褲，有時髦感。

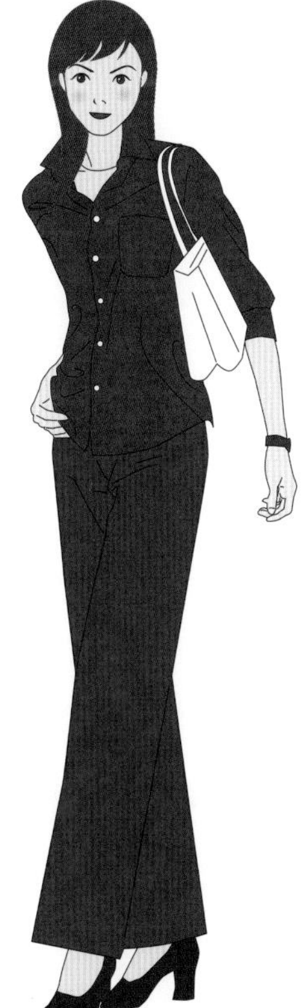

Mode 3

柔和色系較多的夏天型中，盡可能選清晰感強的色系，有魅力的中藍色 (Medium Blue 11) 和青紅色 (Blue-Red 23) 配上柔和白色 (Soft White 1) 皮包，給人清爽無比的印象。

Mode 4

營造活潑生動有點性感的搭配，推薦您用冷豔的深玫瑰紅色(Deep Rose 21)搭配紫藍色(Periwinkle Blue 12)和蘭花紫色(Orchid 26)，宛若一朵亮麗的蘭花。

Autumn

Mode 1

接近咖啡色的紅褐色(Rust 13)外套，可搭配駱駝色(Camel 6)褲子呈現穩重感。

Mode 2

橙紅色(Orange-Red 17)的上衣配上中暖銅色(Medium Warm Bronze 8)的褲子。

Mode 3

灰黃綠色(Grayed Yellow-Green 24)的服飾可搭配白英橙紅色(Bittersweet Red 18)的飾品更加可愛。

Mode 4

亮麗的白英橙紅色(Bittersweet Red 18)配上溫暖的乳灰白(Oyster White 1)和深紫藍色(Deep Periwinkle Blue 30)，頗有巴黎上班族的俊俏模樣。

Mode 1

正紅色(True Red 24)配上藍白組合的上衣長褲，最適合冬天型的人。

Mode 2

淺灰色(Light True Gray 2)的套裝可利用優雅的亮酒紅色(Bright Burgundy 22)的飾品點綴。

Mode 3

豔麗的正紅色(True Red 24)可表現成熟的女人味，搭配皇家藍色(Royal Blue 9)和黑色(Black 5)則令人有自信十足和光明正大感。

Mode 4

聯想萬里無雲的天空和海的中國藍(Chinese Blue 11)和正藍色(True Blue 8)，加上正紅色(True Red 24)的飾物來創造活動派的印象。

藍色的搭配

Blue

令人聯想天空與海洋，有清爽的印象，夏冬型的膚色，藍色系大都適合。春秋型的人較不容易融入，故要慎重選色。

穿著藍色的化妝法

- 春秋型的人不可用透明口紅，春天型的人用朱紅色，秋天型的人用蕃茄紅色系。夏冬型的人使用玫瑰紅或正紅色，口紅盡量不強調。
- 眼影：使用藍色系，使之有清涼感。

Spring

春—

只要是明亮的藍就可以

清新亮麗的淺藍色(Light True Blue 27)有知性感，可多利用在運動或工作場合。

夏—

令人聯想夏日晴空的藍天

夏天型的人非常適合藍色系，其中如萬里無雲的天藍色(Sky Blue 10)最適合，有清爽年輕的感覺。

Autumn

秋—

神祕的深藍，增加印象

藍色系中帶黃色的較適合秋天型的人，有深度的鴨藍色(Teal Blue 29)可增加成熟與時髦感。

Winter

冬—

鮮豔俐落的藍色最適合

其中最適合的就是正藍色(True Blue 8)，又鮮豔又有活力，更增添冬天型的魅力。

Spring

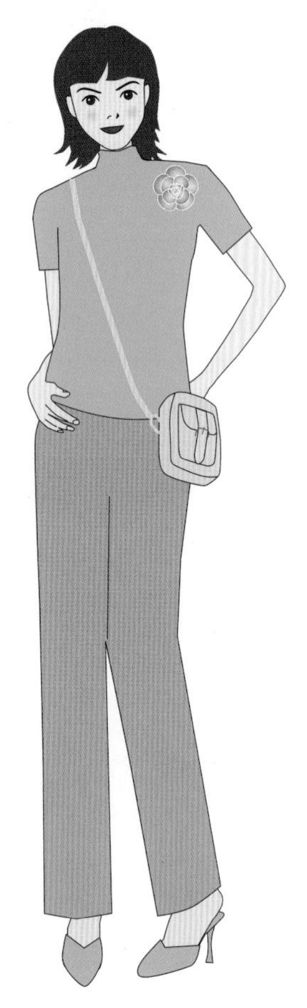

Mode 1

欲使淺暖灰黃色(Light Warm Beige 3)更亮麗，可搭配淺水藍色(Light Warm Aqua 28)的上衣。

Mode 2

使用象牙白(Ivory 1)的上衣與淺紫藍色搭配，有清爽感。

Mode 3

淺橙色(Light Orange 15)或亮金黃色(Bright Golden Yellow 10)等愉快清晰的顏色較適宜，配上補色的暗紫藍色(Dark Periwinkle Blue 26)更能相映。

Mode 4

有都會感、俐落印象的淺暖灰色(Light Warm Gray 7)，配上淺藍色(Light True Blue 27)和些許的清亮紅色(Clear Bright Red 22)，有靈敏、行動派的形象。

Summer

Mode 1

粉藍綠色(Pastel Blue-Green 14)可利用深淺色，突顯配色技巧。

Mode 2

乳藍色(Power Blue 9)外套配中藍色(Medium Blue 11)的皮包，具都會氣質。

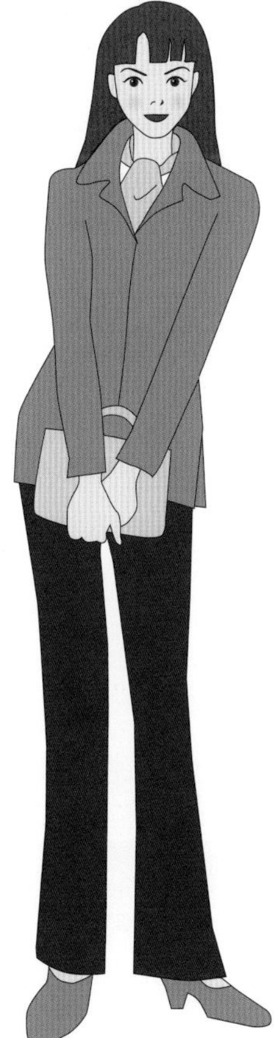

Mode 3

天藍色(Sky Blue 10)的外衫加上一條乳粉紅色(Power Pink 18)領巾，有互映效果。

Mode 4

夏天型中以穩重的灰海軍藍色(Grayed Navy 7)搭配灰藍色(Gray-Blue 8)，可創造出堅定、老實的形象。再以酒紅色(Burgundy 24)做重點配色，能增添古典美的氣息。

Autumn

Mode 1

帶綠的鴨藍色(Teal Blue 29)搭配咖啡色或暖灰黃色(Warm Beige 2)展現出素雅風格。

Mode 2

鮮豔的土耳其藍色(Turquoise 28)可運用在領巾或皮包，做為有效的重點或搭配。

Mode 3

談起外套，具代表性的傳統顏色以駱駝色(Camel 6)莫屬，可搭配暗巧克力(Dark Chocolate 4)和鴨藍色(Teal Blue 29)等保守色系。

Mode 4

華麗的暗蕃茄紅色(Dark Tomato Red 19)適合最搭調的南瓜色(Pumpkin 11)及補色系的深紫藍色(Deep Periwinkle Blue 30)，可強調自我存在感。

Winter

Mode 1

中國藍(Chinese Blue 11)的線衫搭配鮮土耳其藍色(Hot Turquoise 10)飾品。

Mode 2

海軍藍(Navy Blue 7)的上衣，露出些許檸檬黃(Lemon Yellow 12)的領巾。

Mode 3

鮮豔有力的冬天色系，最適合的俐落感的形象，黑(Black 5)白(White 1)搭配正藍色(True Blue 8)給人活力十足的感覺。

Mode 4

高雅的灰色上衣可搭配潔淨的冰藍色(Icy Blue 30)套裝，生動可人。

綠色的搭配

Green

綠色是自然的色，就像樹木綠草能帶給我們平靜般，穿著綠色會使我們心身安寧。綠色種類非常多，綠色穿得最適稱的是春秋型，夏冬型的人要選擇帶藍的綠色系。

穿著綠色的化妝法

- 綠色會讓臉部感覺暗沉，勿忘腮紅及口紅。口紅可利用補色的紅色系來襯托紅潤的臉色。
- 腮紅：春秋型使用珊瑚粉紅色系、桃色系、陶土色，夏冬型使用粉紅色或玫瑰粉紅色。

Spring

春—

活潑生動明亮的綠

各種粉黃綠色(Pastel Yellow-Green 11)到嫩草綠均適合春天型的人，其中最值得推薦的是中土耳其綠色(Medium Warm Turquoise 30)，溫和中帶有堅定感。

Summer

夏—

朝露中的新綠及柔和的綠

適合夏天型的人。其中以明亮、溫和的中藍綠色(Medium Blue-Green 15)最能營造出高雅、又有活力感。

Autumn

秋—

秋天型獨享的沉穩綠色

綠色可襯托秋天的美，深綠雖適合，但帶黃色的亮黃綠色(Bright Yellow-Green 22)可使秋天型的臉色更明亮。

Winter

冬—

避免帶黃的淺綠

對於冬天型的人，綠色難以親近，只要選擇正綠色(True Green 14)或帶藍的綠即能穿得適稱。

Spring

Mode 1

配合粉黃綠色(Pastel Yellow-Green 11)的襯衫，可選一條同色系的披肩。

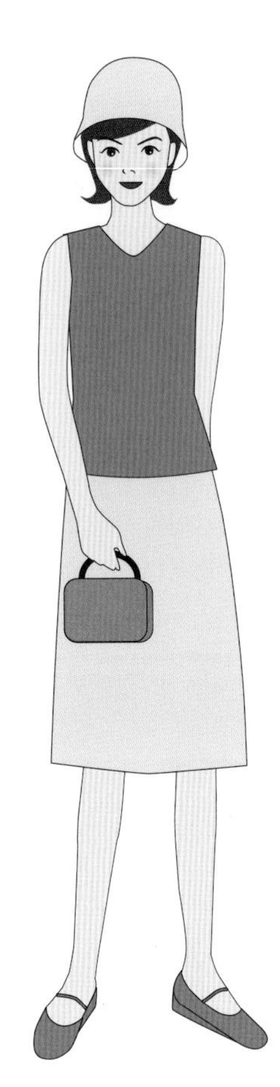

Mode 2

中土耳其綠色(Medium Warm Turquoise 30)的上衣，可用橙色飾品點綴，看起來活潑可愛。

Mode 3

以象牙白色(Ivory 1)洋裝為主體，再以鮮豔的清亮紅色系(Clear Bright Red 22)來展現強而有力的印象，若配上中土耳其綠(Medium Warm Turquoise 30)或淺紫藍色(Light Periwinkle Blue 25)則能呈現補色效果的華麗感。

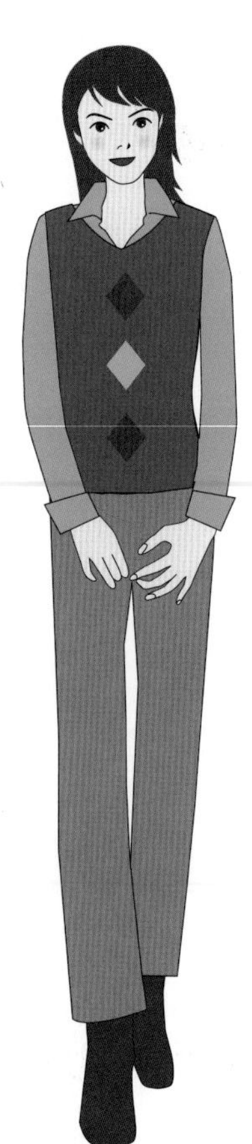

Mode 4

亮黃綠色(Bright Yellow-Green 13)和淺海軍藍(Light Clear Navy 8)的組合，有知性感。

Summer

Mode 1

中藍綠色(Medium Blue-Green 15)的襯衫搭配深藍色的背心裙。

Mode 2

粉藍綠色(Pastel Blue-Green 14)的襯衫搭配同色系的背心及花梨木褐色(Rose-Brown 4)的長褲和飾物。

Mode 3

乳粉紅色(Power Pink 18)又稱嬰兒粉紅色的搭配，楚楚可人。粉紅色(Pastel Pink 19)加上粉藍綠色(Pastel Blue-Green 14)的重點飾品，讓人看起來更清爽。

Mode 4

印象非常清新的中藍色(Medium Blue 11)上衣，加上粉藍綠色(Pastel Blue-Green 14)襯衫及深藍綠色(Deep Blue-Green 16)裙子，富知性感。

Autumn

Mode 1

亮黃綠色(Bright Yellow-Green 22)的上衣配駱駝色(Camel 6)的短裙，灰黃綠色(Grayed Yellow-Green 24)皮包繫於手腕。

Mode 2

素雅的綠玉色(Jade Green 26)的上衣，加上一條陶土色(Terra Cotta 12)的披肩，看起來更穩重。

Mode 3

桃木色(Mahogany 5)的背心，可使萊姆綠(Lime Green 20)的襯衫更出色。

Mode 4

深沉的綠色上衣搭配芥末黃色(Mustard 10)的圍巾最適合，再配上咖啡色系裙子。

Winter

Mode 1

運用鮮明的正綠色(True Green 14) 外套與淺綠色(Light True Green 13)高領毛衣作層次色調搭配。

Mode 2

翡翠綠色(Emerald Green 15)的背心，配上一個藍紅色(Blue-Red 23)的背包，看起來很時髦。

Mode 3

淺灰色(Light True Gray 2)與黑色(Black 5)和松綠色(Pine Green 16)形成俐落的配色。

Mode 4

中國藍色(Chinese Blue 11)配純白色(Pure White 1)和淺綠色(Light True Green 13)的搭配。

粉紅色的搭配

淡粉紅色有羅曼蒂克，可愛的氣氛，鮮紅色則較動人。同樣粉紅色有鮭魚紅色系和珊瑚粉紅色系，帶橙的粉紅則有穩重的感覺，妳適合哪種粉紅？

Pink

穿著粉紅色的化妝法

- 顏色本身就能使臉色看起來更美，所以淡淡的口紅即可。春秋型使用珊瑚色或鮭魚色，夏冬型使用玫瑰色系、帶藍的粉紅。
- 眼影：使用咖啡色系或灰色系，春秋型使用與口紅相同的色系，或補色的淡綠色亦可。

Spring

春—

使用珊瑚色，讓妳更令人憐愛

稍趨向珊瑚粉紅色(Coral Pink 20)能讓妳的臉色為之亮麗，使春天型的可人特性，更加燦爛。

Summer

夏—

有活潑可愛魅力的淡粉紅色

優柔的夏天色系中最甜美的粉紅色(Pastel Pink 19)，甜美中帶有活潑氣息，是年輕的粉紅色系。

Autumn

秋—

接近橙色的粉紅色較適合

成熟的秋天型較適合近橙色的粉紅色，其中以溫柔的鮭魚紅色(Salmon 15)最為適宜。

Winter

冬—

又深又有熱力的粉紅最適中

華麗的冬天色系中以深粉紅色(Deep Hot Pink 18)最為顯目，濃豔又有力的粉紅最適合冬天型的個性。

Spring

Mode 1

亮珊瑚色(Bright Coral 18) 的襯衫加上一件小可愛內衣，飾品可用柔和的桃紅色(Peach 16)。

Mode 2

珊瑚粉紅色(Coral Pink 20)上衣，搭配明亮的淺暖灰黃色(Light Warm Beige 3)裙子。

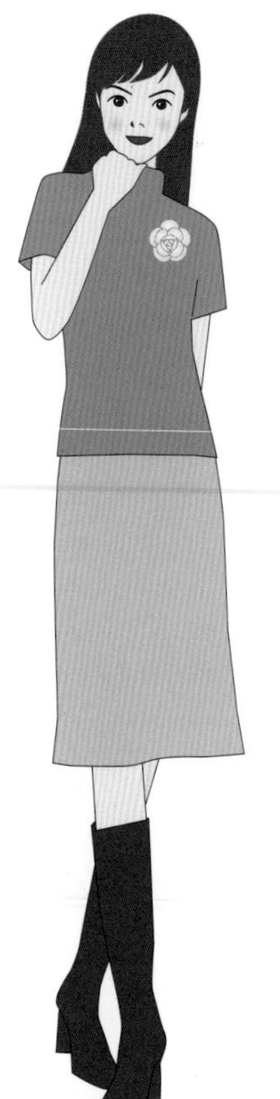

Mode 3

清鮭魚紅色(Clear Salmon 17)搭配淺黃色(Buff 2)讓妳增加親和力。

Mode 4

暖粉紅色(Warm Pastel Pink 19)裙子配上淺紫藍色(Light Periwinkle Blue 25)的上衣以及少許象牙黃色(Ivory 1)的配件，這是三次配色的方式。

Summer

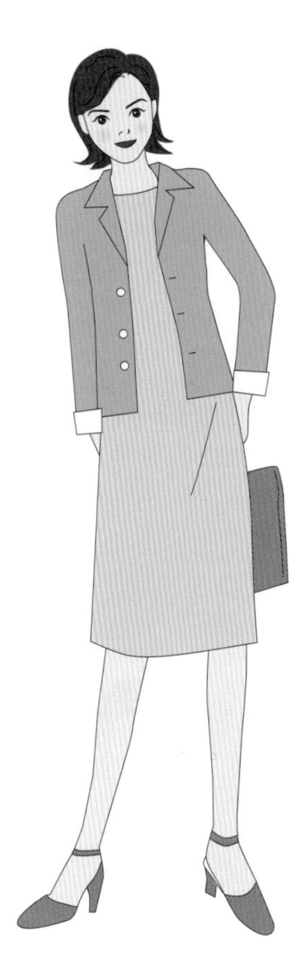

Mode 1

偏白的乳粉紅色(Power Pink 18)的洋裝，配上稍深的粉紅色(Pastel Pink 19)外套。

Mode 2

乳粉紅色(Power Pink 18)的襯衫中露出一條天藍色(Sky Blue 10)的領巾。

Mode 3

對比強烈的深玫瑰紅色(Deep Rose 21)和中藍色(Medium Blue 11)、粉水藍色(Pastel Aqua 13)的組合。

Mode 4

蘭花紫色(Orchid 26)的襯衫搭配可可色(Cocoa 3)的皮包及上衣，有素淨感。

Autumn

Mode 1

深桃紅色(Deep Peach 14)的上衣可搭配最調和的桃木色(Mahogany 5)長褲或鞋子。

Mode 2

鮭魚紅色(Salmon 15)襯衫，搭配橄欖綠色(Olive Green 25)的裙子。

Mode 3

深桃紅色(Deep Peach 14)可搭配微黃淺綠色(Chartreuse 21)及乳灰白色(Oyster White 1)，有年輕、輕快感。

Mode 4

鮭魚紅色(Salmon 15)的褲裝配上女性感十足的土耳其藍色(Turquoise 28)，富新鮮感的印象。

Winter

Mode 1

深粉紅色(Deep Hot Pink 18)的上衣配上一件鐵灰色(Charcoal Gray 4) 的裙子。

Mode 2

長褲或飾品均使用海軍藍色(Navy Blue 7)來強調鮮豔的紫紅色(Magenta 19)的襯衫。

Mode 3

鮮粉紅色(Shocking Pink 17)和黑色(Black 5)的搭配有戲劇性的動人氣氛。

Mode 4

冰粉紅色(Icy Pink 29)搭配皇家紫色(Royal Purple 21)外套及灰色系皮包等配件，流行感十足。

黃色的搭配

黃色又亮又暖又年輕，是春天型最適合的顏色，秋天型則需再深一些的金色系較適合。夏冬型雖有些格格不入，但只要選擇較冷、清澈的黃色系即可。

Yellow

穿著黃色的化妝法

- 眼影方面，春秋型使用淡咖啡、黃、柑色系。夏冬型使用灰色系，加上補色的藍色眼線也很美。
- 口紅：春秋型可使用橙紅色系，夏冬型應避免使用玫瑰色系，可選擇紅色系較適宜。

Spring

春—

以暖意的黃色來展望妳的年輕活力

明亮的春天型穿著黃色最美，其中以有暖意的淺金黃色(Light Clear Gold 9)最適宜。

Summer

夏—

夏天型不適合溫暖的黃色

請選淺檸檬黃色(Light Lemon Yellow 17)，有透明感、極淡的黃色。

Autumn

秋—

選金色光輝的黃色

黃色系很適合，但是以深黃色最佳。使用金黃色(Yellow-Gold 9)，雖耀眼卻不失穩重氣氛。

Winter

冬—

使用清晰的黃色，光鮮亮麗

難以接受黃色的冬天型，可選擇清新鮮豔的檸檬黃色(Lemon Yellow 12)，看起來活力十足。

Spring

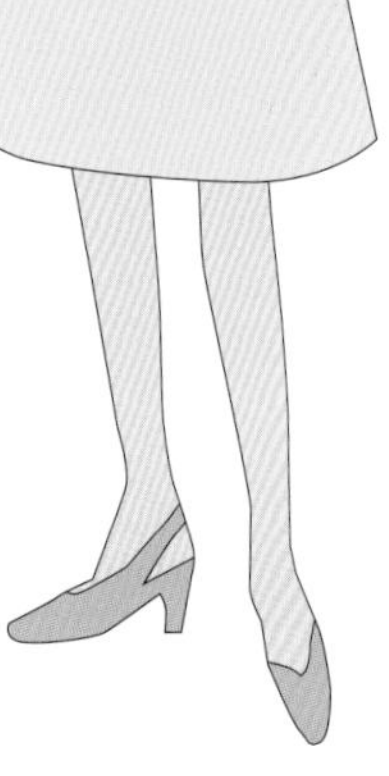

Mode 1

亮金黃色(Bright Golden Yellow 10)的洋裝可搭配淡綠色的飾品，非常有春日氣息。

Mode 2

藍裙子配淺橙色(Light Orange 15)與亮金黃色(Bright Golden Yellow 10)的上身，看起來活潑可愛。

Mode 3

淺海軍藍(Light Clear Navy 8)的套裝，搭配淺金黃色(Light Clear Gold 9)的襯衫，營造鮮明的印象。

Mode 4

咖啡色系(4、5、6)的搭配，可加一條淺金黃色(Light Clear Gold 9)的披肩。

Mode 1

可可色(Cocoa 3)的外套和靴子配上一條淺檸檬黃色(Light Lemon Yellow 17)的披肩。

Mode 2

淺檸檬黃色(Light Lemon Yellow 17)的上衣配灰藍色的褲子和飾品，呈現整體平衡感。

Mode 3

乳藍色(Power Blue 9)的圍巾配上淺檸檬黃色(Light Lemon Yellow 17)的皮包作重點式搭配。

Mode 4

淺檸檬黃色(Light Lemon Yellow 17)加西瓜紅(Watermelon 22)及薰衣草色(Lavender 25)的搭配是三次配色技巧。

Autumn

Mode 1

金色(Gold 7)的外套搭配紅褐色(Rust 13)的飾物，又成熟又時髦。

Mode 2

背心和大圍巾使用咖啡色系(4、5、6)，和外套的陶土色(Terra Cotta 12)，非常出色。

Mode 3

襯衫和裙子的綠色(21、22)和背心的金黃色(Yellow-Gold 9)是絕配。

Mode 4

咖啡色系的搭配(Mahogany 5、Warm Beige 2、Black)，非常有整體感。

Winter

Mode 1

冰黃色(Icy Yellow 26)的襯衫可搭配海軍藍色(Navy Blue 7)，看起來多俐落！

Mode 2

無色彩的單色調搭配，加一條檸檬黃(Lemon Yellow 12)大圍巾，多亮麗！

Mode 3

二次配色以檸檬黃色(Lemon Yellow 12)搭皇家紫色(Royal Purple 21)的套裝，在任何場所都能引人注目。

Mode 4

冰黃色(Icy Yellow 26)簡單剪裁的洋裝可搭配鐵灰色(Charcoal Gray 4)圍巾、黑色(Black 5)皮包，若要更有變化感可用冰藍紫色(Icy Violet 28)皮包，看起來更俐落！

紫色的搭配

紅與藍混色的紫，可展現微妙的表情，可依穿著方法表現優雅高貴的氣息，反之低俗不堪！因為紫色很有個性，喜好因人而異，請慎選適合自己的紫色並注意份量比重。

Purple

穿著紫色的化妝法

- 紫色讓臉色看起來蒼白，所以腮紅和口紅可濃一些，春秋型的人可使用桃紅或鮭魚紅的腮紅。
- 口紅：春秋型可使用橘紅色或鮮紅色，夏冬型的人，口紅可使用玫瑰紅色系，眼影或眼線則使用紫色來表現個性美。

Spring

春—

年輕華麗的紫較適合

避免選暗紫色，明亮的紫色才適合。稍帶黃的中紫藍色(Medium Violet 24)非常適合春天型的亮麗氣氛。

Summer

夏—

淡紫的高雅氣氛

紫色系非常適合夏天型，特別是淡紫色（薰衣草）(Lavender 25)，帶點濁、微妙的色調非常適合。

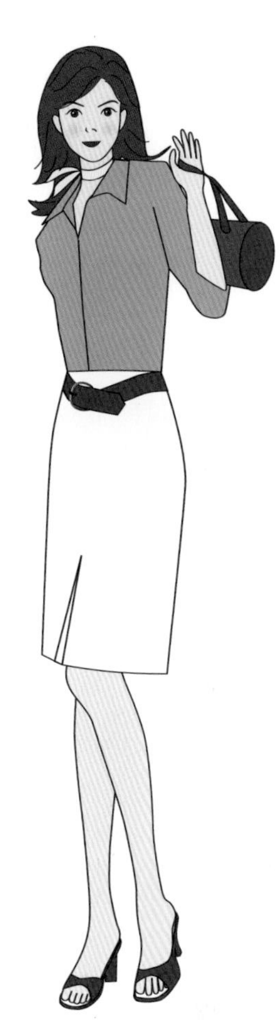

秋—

對秋天型的人很困難，請慎選

對於秋天型的人紫色最難穿的得體，可選擇深紫藍色(Deep Periwinkle Blue 30)或暖色系近藍的紫色。

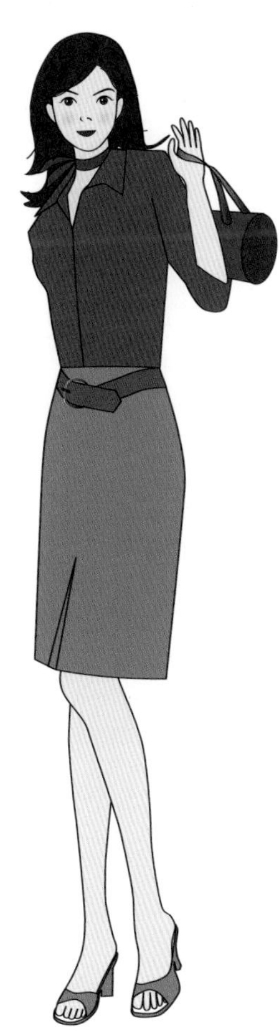

Winter

冬—

深紫可展現個性美

非常適合紫色的冬天型，最適中的是暗度強的皇家紫色(Royal Purple 21)，為深遠的紫，具神祕的氣氛。

Spring

Mode 1

中紫藍色(Medium Violet 24)的外套可搭配粉黃綠色(Pastel Yellow-Green 11)，展現個性美。

Mode 2

淺駱駝色(Light Camel 4)的長褲套裝配上一條中紫藍色(Medium Violet 24)的披肩。

Mode 3

淺紫藍色(Light Periwinkle Blue 25)配亮金黃色(Bright Golden Yellow 10)、中土耳其綠色(Medium Warm Turquoise 30)，是較休閒的搭配。

Mode 4

以暖粉紅色(Warm Pastel Pink 19)搭配象牙白色(Ivory 1)，具春天柔和感。

Summer

Mode 1

薰衣草色(Lavender 25)和柔和白(Soft White 1)的搭配展現高雅感。

Mode 2

薰衣草色(Lavender 25)的洋裝搭配乳粉紅色(Power Pink 18)外套有親和力，能展現女性美。

Mode 3

毛衣和裙子可利用深淺不同的薰衣草色(Lavender 25)和深紫色(Plum 30)搭配粉藍綠色(Pastel Blue-Green 14)外套。

Mode 4

花梨木褐色(Rose-Brown 4)的套裝配上紫藍色(Periwinkle Blue 12)的披肩，富有都市氣息。

Autumn

Mode 1

咖啡色外套配上深紫藍色(Deep Periwinkle Blue 30)的披肩，富有知性美。

Mode 2

配合外套的深紫藍色(Deep Periwinkle Blue 30)，洋裝與飾品使用不同色調的綠色。

Mode 3

秋天的深紫藍(Deep Periwinkle Blue 30)裙子配上中暖褐色的外套(Medium Warm Browne)有女性的嬌柔感。

Mode 4

上班或正式場合搭配深紫藍色(Deep Periwinkle Blue 30)，盡量以局部作重點式搭配，不宜全套搭配。

Winter

Purple

Mode 1

洋裝和外套可採用深淺紫色(Royal Purple 21、Icy Violet 28)搭配，飾品則以白色(Pure White 1) 做重點配色。

Mode 2

具華麗感的皇家紫色(Royal Purple 21)外套，搭配深淺灰色(Light True Gray 2、Medium True Gray 3、Charcoal Gray 4)的長褲、披肩、皮帶，有神祕的氣氛。

Mode 3

正藍色(True Blue 8)的外套，可搭配冰藍紫色(Icy Violet 28)和皇家紫色(Royal Purple 21)。

Mode 4

有成熟女性美及舞臺效果的搭配法是將皇家紫色(Royal Purple 21)配上鮮粉紅色(Shocking Pink 17)及白色(Pure White 1)，表達出色的美感。

咖啡色的搭配

較穩重的咖啡色，在自然色中屬於草木枯黃的印象色調，秋天型基因屬性的人最適合，能輕易融入各種咖啡色搭配。相反地對於冬天型基因屬性的人就比較難融合，只有某一部分的咖啡色系較適合，請謹慎選擇適合自己基因屬性的色彩。

Brown

穿著咖啡色的化妝法

- 咖啡色會使臉色看起來暗沉，請注意化妝方法。眼部可用咖啡色系或灰色系眼影。
- 口紅：春天型的人，用朱紅色，秋天型則用咖啡色或蕃茄紅。夏或冬天型的人可用紅色口紅，使臉色看起來更美、氣色更好。

Spring

春—

令人連想起大地的色彩

較淡的淺灰黃色(Light Warm Beige 3)很適合春天型，其中以中金褐色系(Medium Golden Brown 6)最適合，令人想起春天陽光普照大地的感覺。

夏—

明亮柔和的可可色是適合夏天基因屬性的色彩

夏天基因屬性的人，特別適合可可色(Cocoa 3)，該色系最能表達流行時髦感。

Autumn

秋—

具深度溫暖的咖啡色系最能表達穩重沉穩的秋天型氣質

咖啡色系是秋天型基因屬性最具代表形象的色彩，易穿著得體，其中以桃木色(Mahogany 5)特別適合，紅褐色可表現出穩重又有知性美。

冬—

選擇帶灰的黃色

咖啡色系對於冬天型基因屬性的人很難融入膚色，灰黃色(Gray-Beige 6)較不易產生反效果。如想穿濃度較深的咖啡色系，可挑選近黑色的深咖啡色。

Spring

Mode 1

上衣以深淺的綠色相襯，搭配一條淺駱駝色(Light Camel 4)的長褲。

Mode 2

金褐色(Golden Tan Honey 5)的外套配上深褐色的皮包和鞋子，較端莊。

Mode 3

中金褐色(Medium Golden Brown 6)和亮金黃色(Bright Golden Yellow 10)的搭配，有時髦感。

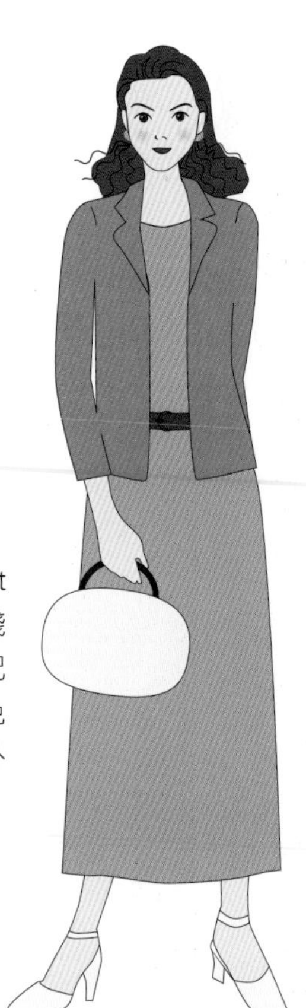

Mode 4

淺暖灰黃色(Light Warm Beige 3)配上淺黃色(Buff 2)鞋子及配飾，搭一件淺橙色(Light Orange 15)外套，令人印象深刻。

Summer

Mode 1

皮包、鞋子都以花梨木褐色(Rose-Brown 4)和可可色(Cocoa 3)來統一色調。

Mode 2

上衣的柔和的花梨木灰黃色(Rose-Beige 2)搭配可可色(Cocoa 3)的長褲。

Mode 3

咖啡色系給人健康、和諧的印象(Cocoa 3、Rose-Brown 4)。

Mode 4

上班的服裝以穩重為原則，可以選擇褐色系配明度差的花梨木褐色(Rose-Brown 4)和淺檸檬黃色(Light Lemon Yellow 17)作變化。

Autumn

Mode 1

選擇駱駝色(Camel 6)外套，讓綠色毛衣展現時髦感。

Mode 2

芥末黃色(Mustard 10)和暗巧克力色的配色是屬於穩重感十足的搭配。

Mode 3

桃木色(Mahogany 5)、南瓜色(Pumpkin 11)、駱駝色(Camel 6)都是秋天型的適合色系。

Mode 4

咖啡色(Coffee Brown 3)的套裝搭配金黃色(Yellow-Gold 9)上衣。

Winter

Mode 1

長褲可選用秋天的暗巧克力褐色(Dark Chocolate 4)，上衣則搭配最適合冬天型的色系。

Mode 2

外套是冬天型色盤中沒有的褐色，但搭配黑色及灰黃色(Gray-Beige 6)是不錯的選擇。

Mode 3

冬天基因色的冰藍色(Icy Blue 30)的大衣及黑色(Black 5)的長褲，配上皇家紫(Royal Purple 21)的皮包鞋子做點綴式的搭配。

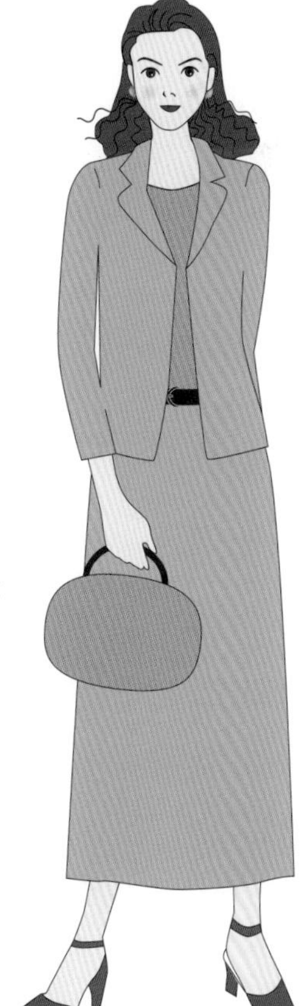

Mode 4

套裝以淺灰色(Light True Gray 2)為主，搭配秋天的咖啡色(Coffee Brown 3)，補足冬天型想穿咖啡色的心情。

黑色無彩色的搭配

明度最高的白和明度最低的黑，加上中間色的灰。黑色非常受歡迎，因為搶眼，所以只適合冬天型的人，白色和灰色有各種色調，容易搭配其他色系，需慎選自己適合的色系。

Monotone

穿著黑色的化妝法

- 穿黑或灰時，口紅使用鮮豔的顏色，穿白色時使用腮紅，使臉部有立體感。春或秋天型的人使用桃紅或珊瑚紅色，夏或冬天型的人使用玫瑰色系。
- 口紅：春天型使用桃紅或珊瑚紅色、朱紅，秋天型使用鮮紅，夏冬型使用暗紅色系。

Spring

春—

選擇接近奶油色，溫暖的白

要避免純白或冷灰色，帶黃的白或灰較適合最適合春天型的是溫柔的象牙白(Ivory 1)。

Summer

夏—

高尚的灰最適合

冷豔、時髦的灰色最適合夏天型的氣息，其中如選用鐵灰藍色(Charcoal Blue Gray 6)來搭配，有流行前衛的都會感。

Autumn

秋—

使用帶黃的白色

黑白、犀利的色系不適合秋天型，像乳灰白(Oyster White 1)，自然的白色較適合。

Winter

冬—

以最拿手的黑，穿出搶眼的裝扮

純白、灰、黑，無色系最適合冬天型的人，黑色最適合個性強的冬天型。

Spring

Mode 1

比象牙白(Ivory 1)更黃的淺黃色(Buff 2)的套裝搭配黑色上衣也很美。

Mode 2

帶黃的淺暖灰色(Light Warm Gray 7)和淺橙色(Light Orange 15)的搭配也很合適。

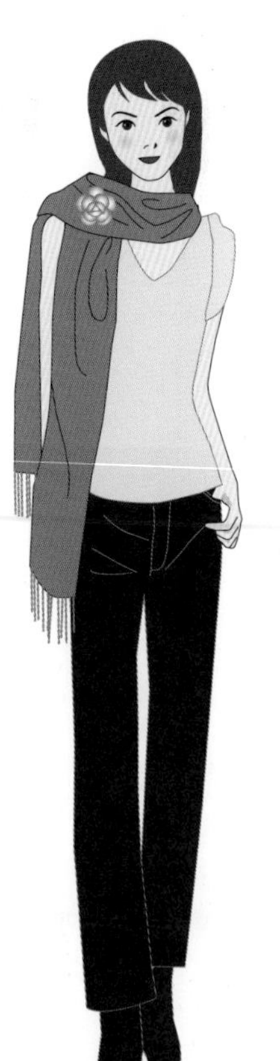

Mode 3

淺暖灰色(Light Warm Gray 7)搭配珊瑚粉紅(Coral Pink 20)。

Mode 4

無彩色的特色是素淨、簡樸具現代感，象牙白(Ivory 1)為其代表。

Summer

Mode 1

鐵灰藍色(Charcoal Blue Gray 6)的外套配淺檸檬黃色(Light Lemon Yellow 17)套裝，創造摩登感。

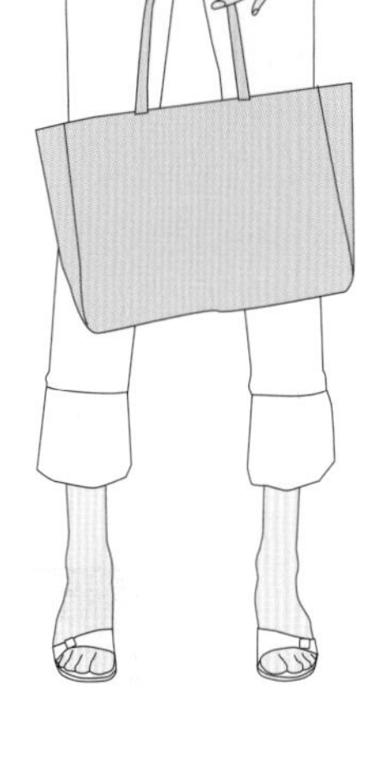

Mode 2

柔和白(Soft White 1)和淺灰藍色(Light Blue Gray 5)具一致性，有高尚氣息。

Mode 3

淺灰藍色(Light Blue Gray 5)的套裝，配上乳粉紅色(Power Pink 18)的襯衣，有甜美感。

Mode 4

鐵灰藍(Charcoal Blue Gray 6)休閒上衣配上粉水藍色(Pastel Aqua 13)的圍巾，只穿牛仔褲就能展現青春活力。

Autumn

Mode 1

乳灰白(Oyster White 1)領子的黑套裝和秋天型色系的配件。

Mode 2

穿灰色時應選深色系，襯衣則選秋天基因色屬性相同的顏色。

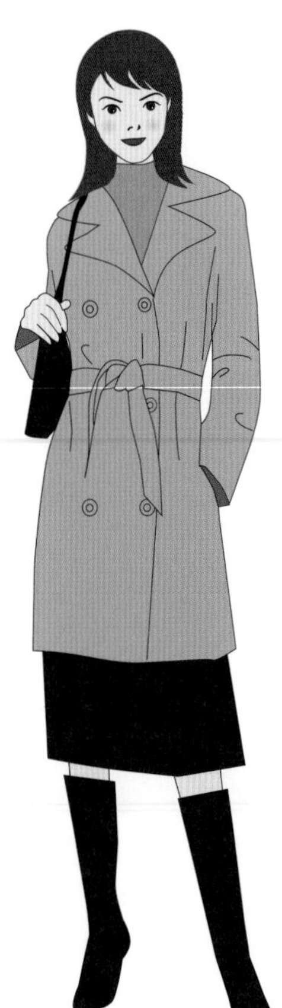

Mode 3

秋天基因色穿暖灰黃色(Warm Beige 2)時，亮黃綠色(Bright Yellow-Green 22)也很相稱。

Mode 4

金色(Gold 7)搭配淺灰色(Light True Gray)，給人雅致的氣息。

Winter

Mode 1

外套和裙子以深淺灰色搭配，上衣和包包則可以挑選正綠色加以襯托。

Mode 2

對比最強的黑白，最適合冬天型的個性。

Mode 3

黑白的套裝加上正紅色的飾物。

Mode 4

以黑、白、淺灰色作統一的搭配，有俐落的感覺。

PART 4

修飾體型的完美搭配

掌握色彩，魅力形象塑造

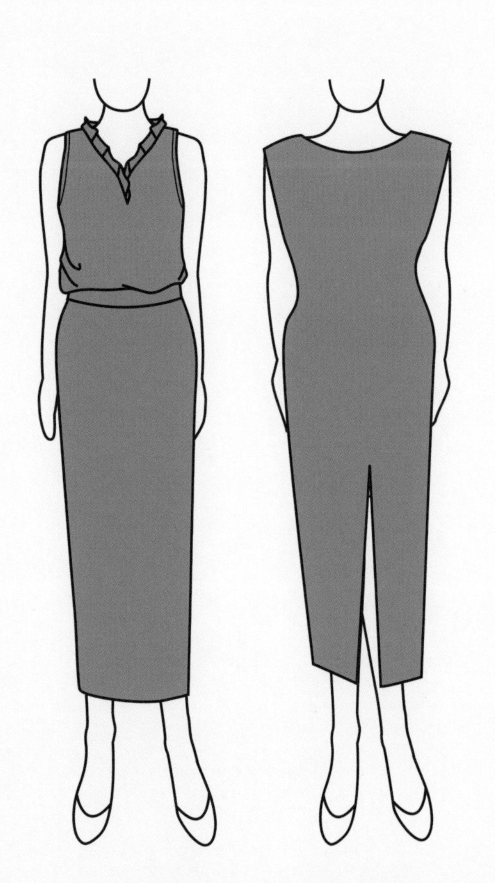

我們都知道體型與遺傳有關，出身就註定，如果要改變自己的體型要從生活型態(Life Style)的基本面來檢討，在此不予討論。但了解自己的身材體型比例為何，是否在平均標準範圍內，太胖或太瘦，是檢視自己非常重要的美學造型資訊。

本章除判定體型外也將體型的修飾技巧加以整理說明，以創造自信十足、個性化穿著，並提供運用服飾的色彩、衣服材質、樣式、剪裁設計等不同知識，展現不同的個性美及體態美。也就是說，以上四大要素是構成風格塑造的靈魂。如何將服裝的線條及服飾材質的知識，把體型的缺點修飾成優點，才能以最經濟的時間又實惠的方式，讓自己的身材比例有均衡的視覺效果，達到省時省力、穿出個人品味及風格。

4-1 各種學派的體型分類一覽表

彙整美、日各學派體型分類的內容：

學 派	Color Beauty Mine	Always In Style		Color Institute	Color With Style
創始人	佐藤泰子	（日） 菅原明美	（美） Doris Pooser	內野榮子	Donna Fujii
Best Color	四季	四季		四種	九種
Body Line	五種 Tall Straight Curved Line、Middle Short Soft Line	六種 Sharp-Straight Straight Soft-Straight Straight-Soft Soft Curved Curved		四種 A型 V型 O型 I 型	七種 Average Wedge Hourglass Triangle Rectangle Thin Oval
Style & Fashion	六種 Natural Classic Romantic Cool Simple Gorgeous	九種 Elegant Sharp Romantic Natural Dramatic Traditional Cute Casual Sexy	四種 Romantic Elegant Natural Dramatic	六種 Sharp Active Natural Mature Sophisticate Soft	六種 Classic Dramatic Romantic Natural Artistic Feminine

4-2 體型的自我診斷測驗

妳所採購的流行服飾是否適合？是否花了很多冤枉錢？尋找解決方案就是首先了解自己的體型。選擇適合其個性、又有魅力的服飾，再搭配流行元素的飾品配件，創造時髦的造型。

以下請真實作答，才能引導妳做正確的整體造型。首先，全身裸體站在一面長的鏡子前，專注於妳的肩膀、臀部、胸部及腰部，參照下列七張圖，就能了解妳的身材是屬於哪一種，是瘦小、均勻或豐滿，然後將答案填於下方空格內。

（表 1）表內數字為標準尺寸

體型 部位	瘦小 <	均勻 =	豐滿 >
腕圍 15cm			
肩寬 40.5cm			
胸圍 84cm			
腰圍 64.5cm			
臀圍 91cm			

（表 2）解答如下表：

V型 （倒三角型 Wedge）	寬的肩膀，豐滿的胸部，手臂是較有肉的，臀部較窄。 肩寬＞40.5cm，臀圍＜91cm
AV型 （沙漏型 Hourglass）	寬大的肩和較修長的腰線，可以穿著各式的衣服。如果是屬於較豐滿者，應穿著適合自己線條的服裝。 腰圍＜64.5cm，肩寬＞40.5cm，臀圍＞91cm
A型 （正三角型 Triangle）	肩膀比臀部要窄，應避免穿著長外套。 肩寬＜40.5cm，臀圍＞91cm
I-R型 （長方型 Rectangle）	肩膀和臀部寬度平均，但是腰部線條並不突出，應避免穿著寬大的衣服、短褲或是較窄的外套。 肩寬≧40.5cm，腰圍≧64.5cm，臀圍≧91cm
I-T型 （細長型 Thin）	肩膀窄、臀部曲線屬於細長型、腰部線條明顯，應穿著橢圓型的線條或輕薄材質加上設計感十足的衣服。 肩寬≦40.5cm，腰圍≦64.5cm，臀圍≦91cm
O型 （橢圓型 Oval）	胸、腰和臀部都比較豐滿的女生，通常都是矮胖型，應嘗試穿著線條較細長的衣服，需強調她的臉部及肩膀。 腰部＞64.5cm

依據上表慢慢地思考自己體型的各種尺寸，找出自己的體型特徵後，也可請朋友協助妳一起做測驗，由本章所歸納整理出的七種體型中選出適合妳的體型。

第一種　一般標準體型(Average)

肩膀和臀部是屬於均勻的比例，能穿大部分的衣服，在此不特別說明穿著建議。

第二種　V型（倒三角型Wedge）

肩膀較寬，有胸部或胸部較小，手臂是較有肉的，臀部較窄，整體健美感十足。可強調下半身創造A線條造型、衣領可強調垂墜度，適合穿V領的衣服。

體型	重點	說明
	體型線條 (Body Shape)	1. 寬闊的肩膀。 2. 豐滿的上半身。 3. 窄小的腰部及臀部。 4. 寬大的背部。 5. 細長的腿。
	調整的重點 (Objective)	1. 減少上半身的分量，不加墊肩或束腰。 2. 加寬腰和臀部位置。
	穿著的重點 (Do's)	1. 如斜肩袖，利用服裝設計上的錯覺，使目光不在肩上。 2. 下襬的裙子要寬鬆，有大褶或滾邊。 3. 簡單設計的工作服。 4. 有腰身、直線條或曲線，女性化的風格。
	穿著禁忌重點 (Don'ts)	1. 避免強調肩膀的部分，像是肩章、寬翻領。 2. 盡量不要穿著平領、補丁口袋、褶邊或過大袖子。 3. 避免穿短夾克和短背心。 4. 避免有重量感的質料或硬挺的壓條，如車線等。

第三種　AV型（沙漏型Hourglass）

寬大的肩、腰較修長，可以穿著各式的衣服。如果是屬於較豐滿者，應穿著適合自己線條的服裝。

體型	重點	說明
	體型線條 (Body Shape)	1. 上半身為重心。 2. 細腰。 3. 寬闊的臀、背。 4. 豐腴的大腿。
	調整的重點 (Objective)	縮短腰部長度，塑造上下比例均衡感。
	穿著的重點 (Do's)	1. 襯衫和褶裙，包括在腰部有裝飾的衣物及短裙。 2. 輕柔材質的裙子或裙襬上有裝飾，如亮邊。 3. 細長或直筒褲，柔軟皺褶。
	穿著禁忌重點 (Don'ts)	1. 避免使用強調肩線的夾克和粗線毛衣。 2. 避免緊身材質或強調胸部的衣裳。 3. 避免腰部線條加長。 4. 避免在胸前或臀圍上做任何裝飾。

第四種　A型（正三角型Triangle）

肩膀比臀部窄，應避免穿著長外套。

體型	重點	說明
	體型線條 (Body Shape)	1. 上半身的面積比臀部小。 2. 腰部以下較大。 3. 肩膀要比臀部或大腿狹窄。
	調整的重點 (Objective)	讓身材更加苗條以及擁有完美的腰圍、臀圍和大腿曲線。
	穿著的重點 (Do's)	1. 上半身可加強分量，如皺褶或蕾絲、口袋等。 2. 寬闊的領口。 3. 夾克長度應在臀部上，使上半身較有分量或蓋住臀部，以維持均勻感。
	穿著禁忌重點 (Don'ts)	1. 不要穿有水平線、接合線、皺褶，或強調臀部的設計。 2. 避免合身的夾克或有重點在臀部上，例如圓點、大花紋等。 3. 下半身勿穿明亮色彩，以避免臀圍看起來更大。

第五種　I-R型（長方型Rectangle）

肩膀和臀圍是很平均，但是腰圍線條並不突出，應避免穿著寬大的衣服、短褲或是較窄的外套。

體　型	重　點	說　明
	體型線條 (Body Shape)	1. 較瘦的體型，曲線不明顯。 2. 腰部線條不明顯。 3. 身體曲線幾乎呈直線感。 4. 腰圍與臀圍差距甚小。
	調整的重點 (Objective)	修飾成較立體的體型。
	穿著的重點 (Do's)	1. 厚重的夾克，如粗尼布料或札別丁、卡其布等。 2. 閃亮的材質或有裝飾，有皺褶或亮片的裙子。 3. 高腰或低腰裙、褲子皆可。
	穿著禁忌重點 (Don'ts)	1. 勿配戴寬或對比色強烈的皮帶。 2. 避免水平線條的衣物。 3. 臀部上有四方形口袋的衣物。 4. 避免正方、寬鬆或呈直角的外套。

第六種　I-T型（細長型Thin）

肩膀小和臀部曲線是屬於細長型，腰圍線條突出，應穿著橢圓型的線條，或輕薄材質加上設計感十足的衣服。

體　型	重　點	說　明
	體型線條 (Body Shape)	1. 狹窄的肩膀、腰和臀部。 2. 扁身或直線條的體型。
	調整的重點 (Objective)	創造較豐腴的造型。
	穿著的重點 (Do's)	1. 皺褶的袖子、褲子和裙子。 2. 線條豐富，例如：皺褶、裝飾口袋。 3. 紡織品的材質，如斜紋軟呢、羊毛、天鵝絨、麻海毛織物和線衫等編織品。 4. 橢圓型的印花布料。
	穿著禁忌重點 (Don'ts)	1. 勿選擇過度笨重的材質或設計過度寬鬆的衣服。 2. 避免穿緊身的衣服。 3. 垂直條紋和垂直的設計。 4. 透明輕薄紡織品。 5. 避免使用過粗或寬的飾品或項鍊。

第七種　O型（橢圓型Oval）

胸、腰及臀圍較豐滿，此體型通常都是矮胖型，應嘗試穿著線條較細長的衣服，以強調臉部及肩膀的線條。

體　型	重　點	說　明
	體型線條 (Body Shape)	1. 豐滿的上半身。 2. 豐腴的腰部。 3. 突起的腹部（肚子）。
	調整的重點 (Objective)	將身體修飾較細長。
	穿著的重點 (Do's)	1. 增加上半身長度，外套長度應蓋住臀部。 2. 使用罩衫和襯衣，長度應蓋住臀部。 3. 上半身可穿寬鬆材質，配戴不誇張的飾品。
	穿著禁忌重點 (Don'ts)	1. 避免服裝款式設計複雜。 2. 避免使用又寬又大的飾品，如寬皮帶等。 3. 避免穿緊身衣或任何強調腰臀部的款式。 4. 避免水平線條與花樣，以及粗重的布料。

以下表幾何圖形說明七種體型。

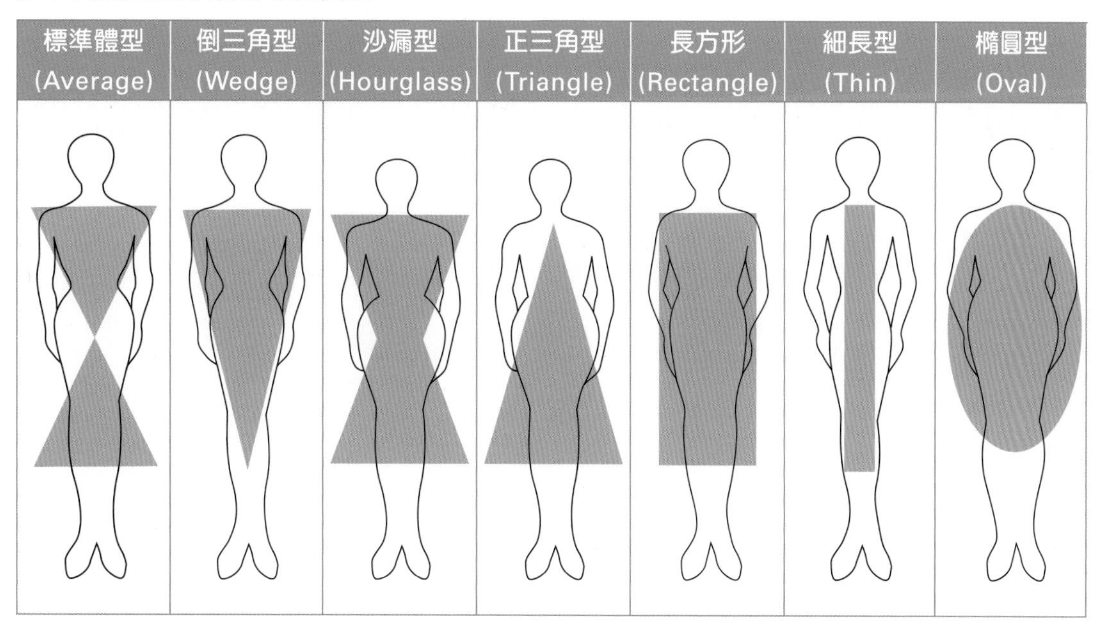

4-3 十招增高變瘦祕笈

第一招

胸部小：可穿垂褶肩，強調胸前設計的上衣，避免穿平、圓領、貼身上衣或高圓領。

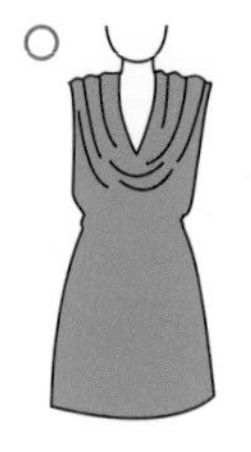

第二招

腹部、臀圍較大：可穿單牌鈕扣上衣，裙襬向內收，有彎曲的底邊，勿穿貼袋和寬翻領、A字裙。

第三招

長腰：可穿短、中、標準長度上衣，短V型領。避免穿上半身過長的外套、太深的V型領，低腰帶或複雜的腰帶。

第四招

短腰：衣服可穿有腰身，強調臀部或上衣同色的腰帶、低腰帶，腰帶寬度中～窄。勿穿大襯衫、寬腰帶或對比的腰帶。

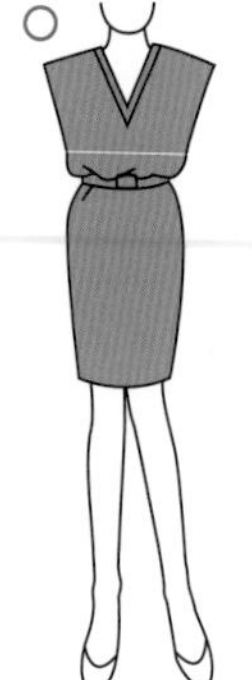

第五招

肥大的小腿：可穿翻邊五分褲，單排扣上衣，避免穿膝蓋位置翻邊褲。

第六招

短頸：可穿圓領、湯匙領、V型領或低口領，避免高領、高翻領。

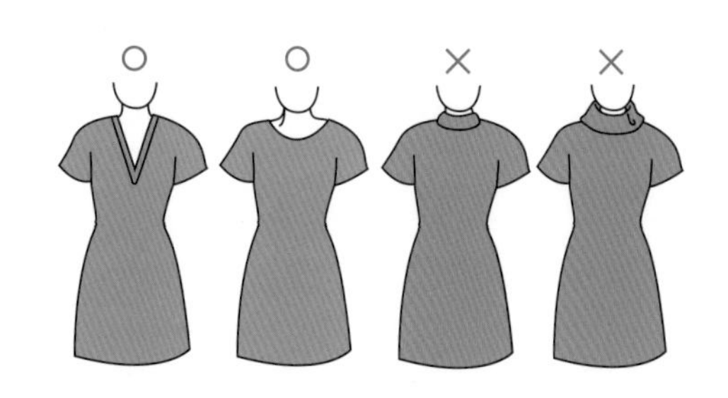

第七招

寬肩：可穿圓型翻領、V領、普通翻領，勿穿有肩章、密封高圓領、方領、墊肩。

第八招

手臂短：可穿長袖、低領口的上衣、V型領，避免穿低肩袖、高圓領或高翻領、強調袖口的衣。

第九招

腿短：可穿直線型洋裝、至臀部的外套，或無褶邊五分短褲。勿穿長至腳踝的裙子、打褶寬大皺褶裙、及膝五分或至腳踝翻邊褲。流行長裙時，可放長，外套改短。可穿短裙、高腰裙、農夫褲（搭配長襪），勿穿中高跟鞋、下襬有較寬圖案、長褶裙、反褶褲，過高或太低的鞋。

第十招

158公分以下嬌小型：可穿直線條、圖案，輕盈～中重量布料，勿穿戴小～中紋路之飾品配件、寬大衣服，笨重紋路或飾品配件、鞋。

4-4 整體造型錯覺運用法則

公式：身高／臉長

例如：160/40=4等身，世界上有名的模特兒約9等身。

法則1－身材比例增長法－錯覺運用

1. 穿洋裝時：如臉型較圓或大者，在上半身比例增加，以V字型領增加視線集中度，或增加飾品長度，如使用長項鍊做成V字型，讓視覺呈現標準型接近I-T型或I-R體型。

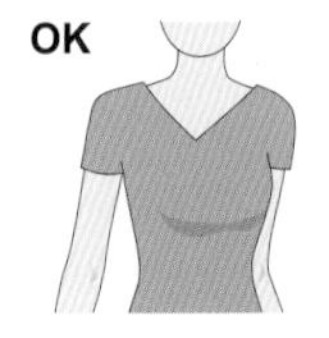

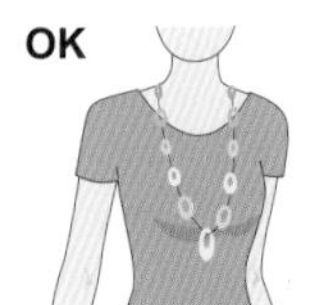

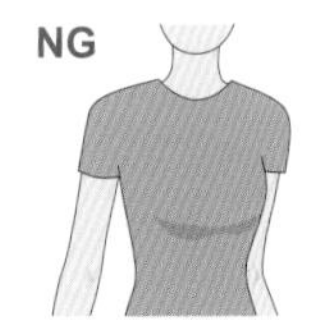

2. 穿套裝：選擇合身的服裝線條，不要太寬鬆。

3. 穿上下兩件式時：如材質寬鬆輕薄時，繫腰帶會產生集中效果。

法則2－運用錯覺，臉比例變小

模特兒選拔第一要件即臉小，臉變小是困難的，髮型是讓臉變小的方法之一，短髮有此效果，也是須與服裝線條搭配才能事半功倍。

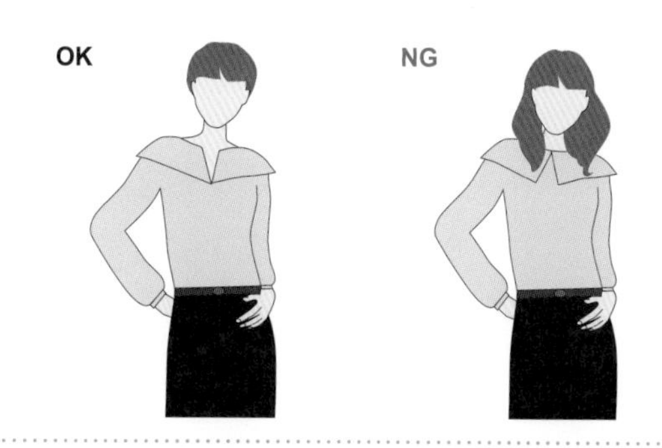

法則3－選擇合適體型的服裝線條與材質

1. 圓身：重點是不要強調腰及肩線，盡量採購較厚實的材質。

2. 扁身：推薦購買一件式洋裝及燈籠袖柔軟材質，但不建議買硬挺材質，可以避免呈現缺點。

法則4－修飾下半身的穿著要點

1. 小腿太胖，穿裙子時應運用錯覺避開，將其隱藏起，選不要穿起來太合身、太緊身的，裙長約在膝下即可。

2. 穿有口袋長褲時，不要選太緊身將腿型顯現出來。

3. 穿裙子時，不選擇放大效果的波浪裙襬，應選擇正常裙形不用太花俏。

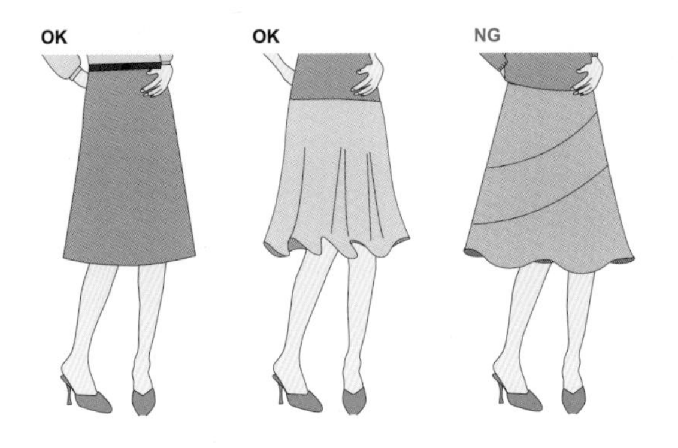

4. 臀部太胖，穿著長褲時，用飾品如圍巾作直線條且可隱藏不願意露出的部分，躲過他人視線。

法則5－視覺測驗：A圖與B圖哪一個圖看起來較寬廣

A圖水平線視覺看起來較寬，B圖呈現V型有分段阻斷效果，所以：

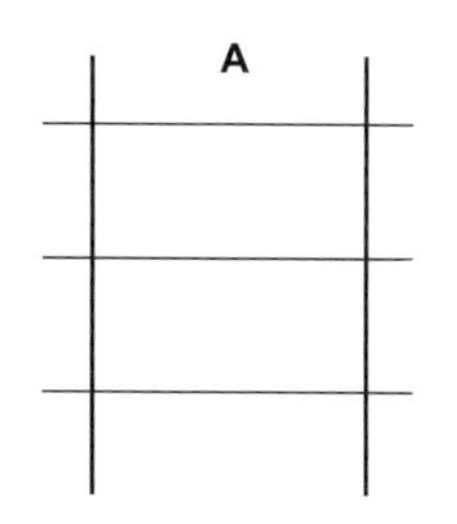

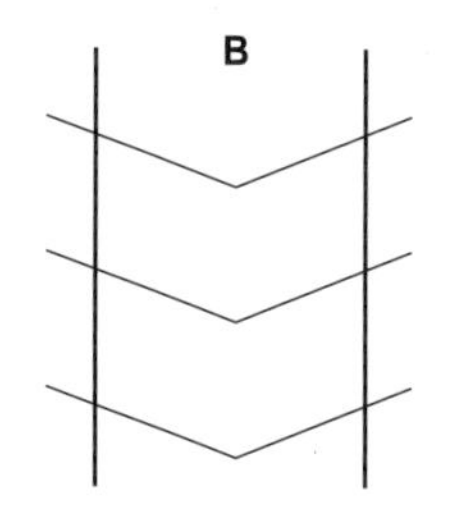

1. 肚子太大時，可用腰帶。

2. 上衣上用繫小帶的來細節處理。

3. 如穿著短裙時盡量不要選澎澎裙，要選將肚子縮起的剪裁。

法則6－視覺測驗：A圖與B圖兩圓黑色部分哪一個較大

在形象與背景相對情境下，容易產生視知覺的對比現象。所以位於中間A、B圖黑色部分其直徑完全相等，但是由於周圍刺激不同，使觀察者在心理上產生圓形A大於圓形B。

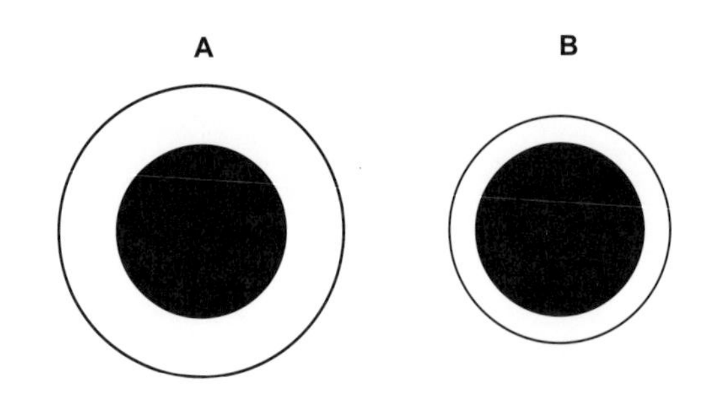

1. 運用於脖子太短者，脖子周圍露出有加長效果。盡量不要買緊閉無法露出脖子的排釦型襯衫。

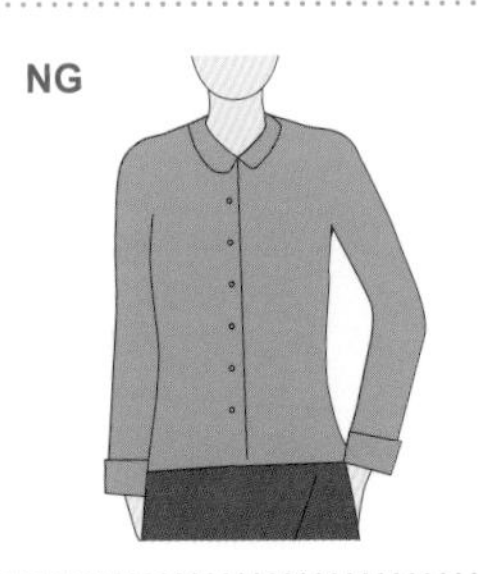

2. 領子採買V字或凹字等。

3. 手臂太粗，穿無袖衣服時，袖子部位不要內挖，將手臂包住為佳。

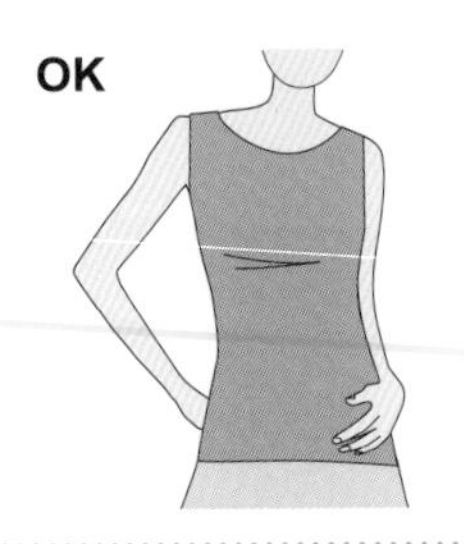

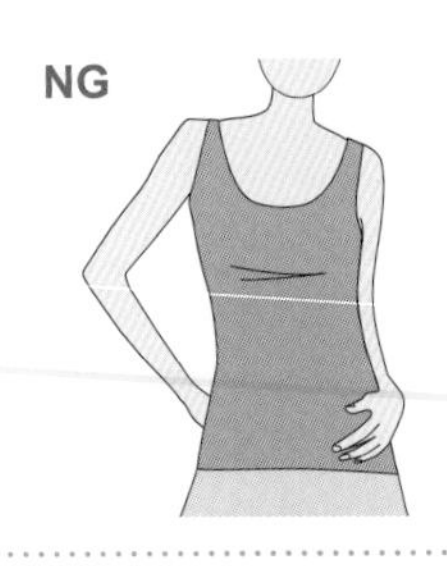

4. 半袖衣服，穿到腕關節上方是手臂較細的地方，而避開半袖在肩下點處，將缺點呈現出。

5. 長袖衣服，採購服裝時，設計需誘導視線不要在手臂或手腕上。

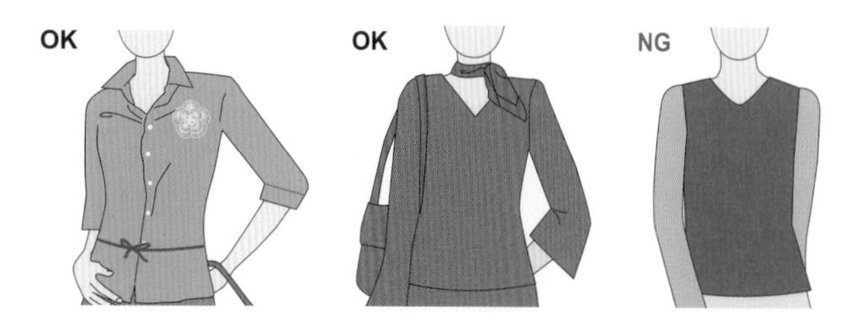

法則7－如何修飾身長太長

1. 將服裝線條重I型改成X型，直筒洋裝加上皮帶，修飾過長的線調。

2. 如穿西裝外套，需採購有重點設計修飾效果的，而不選傳統單排扣西裝外套。

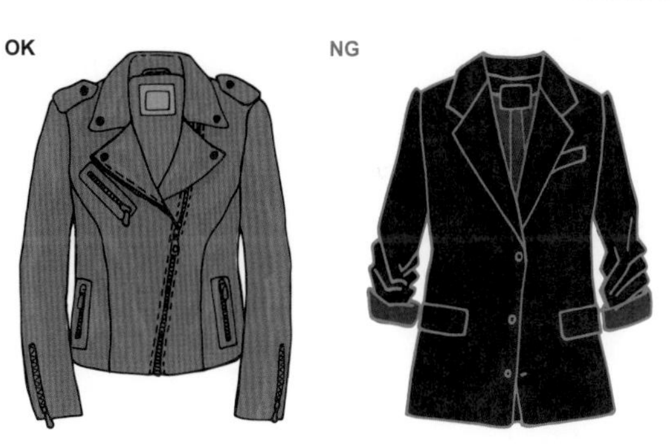

法則8－如何修飾身材太嬌小型

所有造型線條須需創造I型，上下褲裝或套裝採同色系搭配較佳，有垂直拉長效果的設計是要點，將視線集中於上身。

法則9－如何修飾身材太瘦弱型

穿著不需露出鎖骨或肩線，盡量穿寬鬆有分量材質，是必要的，隱藏顯示出瘦弱的部分。

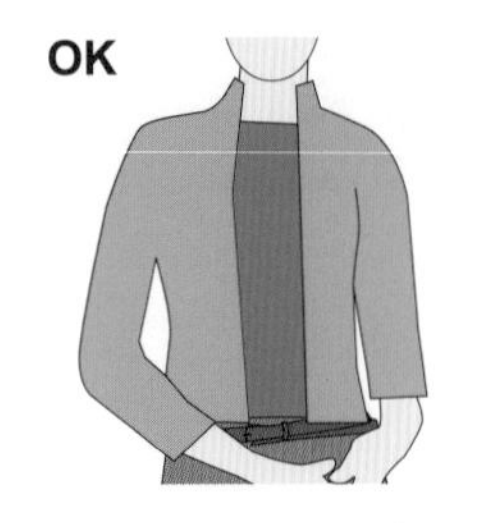

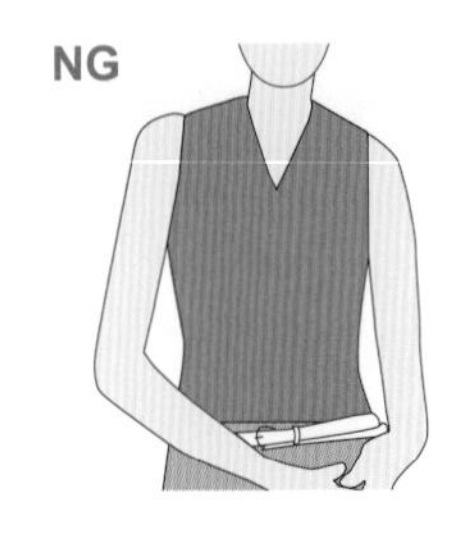

法則10－如何修飾身材高大型

高大運動員型，穿著時可創造一個柔和感的重點，用簡單剪裁。

1. 如褲裝時不要穿太緊或合身，寬鬆的長褲與小蕾絲襯衫加外套。

2. 穿裙子時，裙長在膝下，採有點光澤的材質較富女性化。

流行實驗室

臉型風格－
自我臉型檢驗方式

1. 面向鏡子，把頭髮往上綁起來。
2. 在額頭中央處取一中間點。
3. 在兩邊的太陽穴各取一個點。
4. 兩頰最寬處各取一點。
5. 兩腮再各取一點。
6. 下巴中央處取一點。
7. 將所有的點連成自己臉部的輪廓。

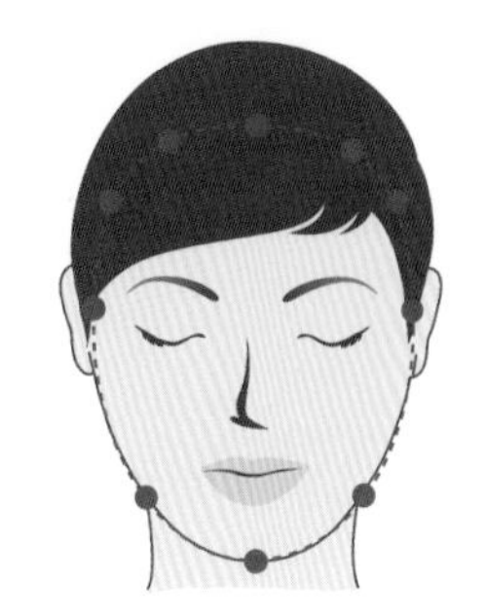

以下是以標準橢圓型（鵝蛋）臉來做修飾的建議

鵝蛋型臉

最理想的臉部輪廓，適合任何髮型，但須配合整體造型的平衡感加以考量。

鑽石型臉

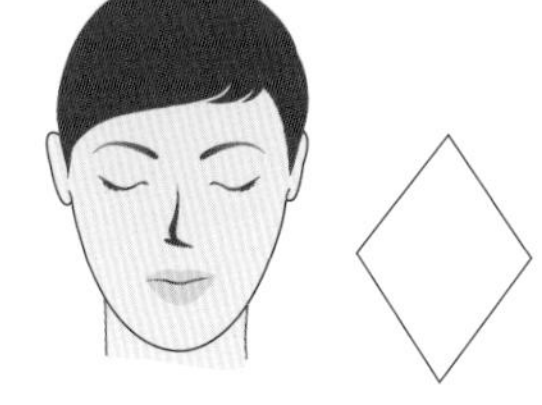

上下窄中間寬，利用有角度的髮型使顴骨更優雅。可增加瀏海來強調額頭，長度到下巴處為宜。耳環最好要有分量、正圓錐型；可選擇較寬式樣。避免V字領圍或大開口的衣襟，可使用領巾或圍巾來修飾。髮型可在頂部做些分量，即可創造平衡感。

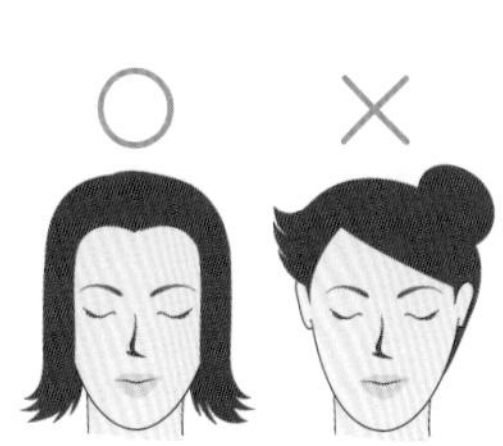

長方型臉

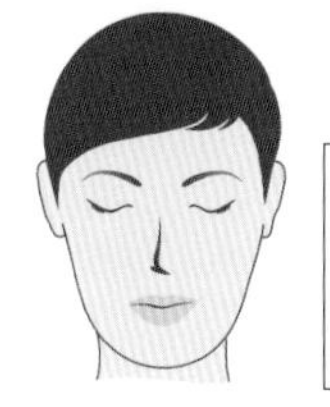

高額頭，直長的兩頰，兩腮微凸。以高領或翻領、圍巾修飾，使臉變短、柔和。耳環可採用圓型或柔和線條，項鍊使用較短、緊貼頸部。髮型上方不要有分量，兩邊蓬鬆造型較適宜。

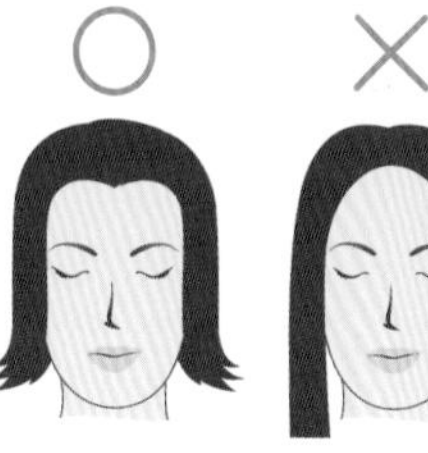

圓型臉

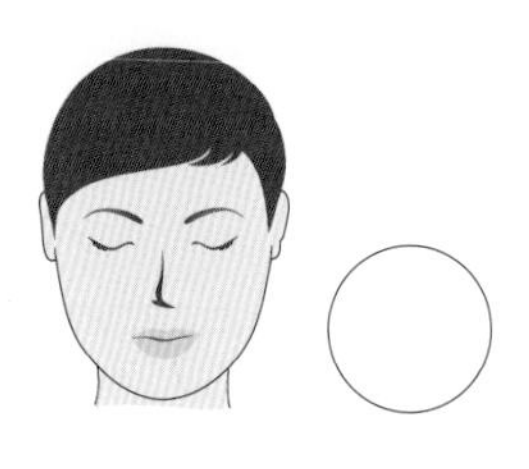

額頭和下巴的線條相同，兩腮突出的人居多。有的是頸部看起來較短、臉部較大，所以領圍要寬大或採用V、U字領來修飾。圍巾勿正中打結，長方型的圍巾則可。耳環選擇柔和弧度的式樣，可柔化下巴的線條。項鍊使用V字或長型者為宜。髮型可在頂部增加分量或把兩側大膽的往後梳束髮髻，勿中分，看起來會很前衛。

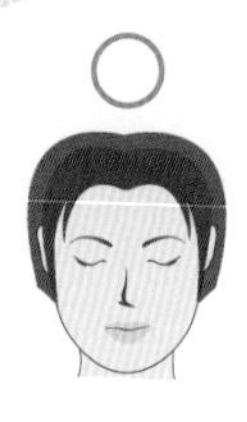

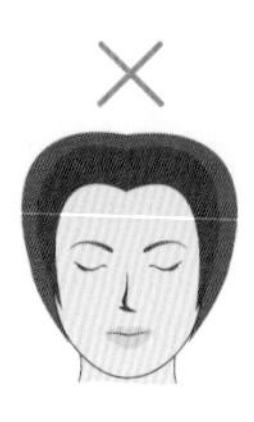

方型臉

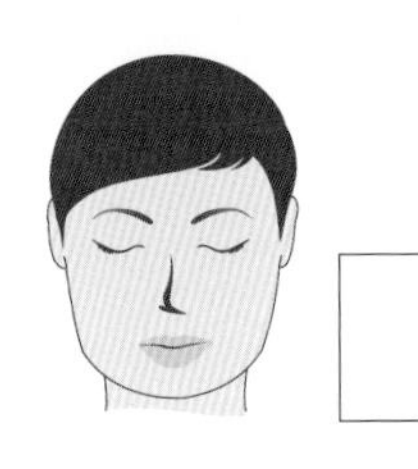

從面頰到下巴可描出弧型線條。宜穿寬大低領或V、U字領，避免穿高領或圓領、圓翻領。耳環可帶橢圓或垂直線條的造型，勿太醒目。髮型可設計隱藏兩腮線條使臉部變細長。

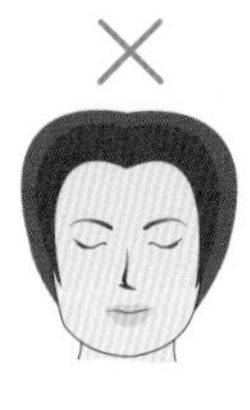

正三角型臉

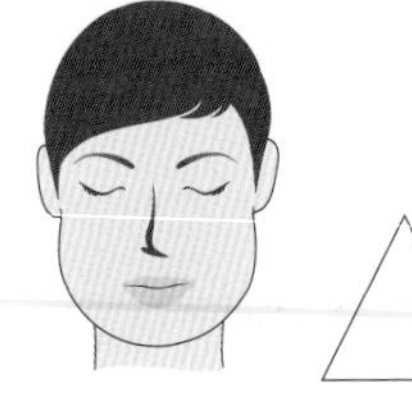

下巴的線條比額寬很多。衣領開大些，切勿有花邊造型；翻領或高領也會使臉變大。耳環可利用倒三角型或心型造型，勿選太寬的，應強調長度而非寬度。髮型可在頂部做分量，創造平衡感；髮尾不宜有兩側蓬鬆的造型。

倒三角型臉

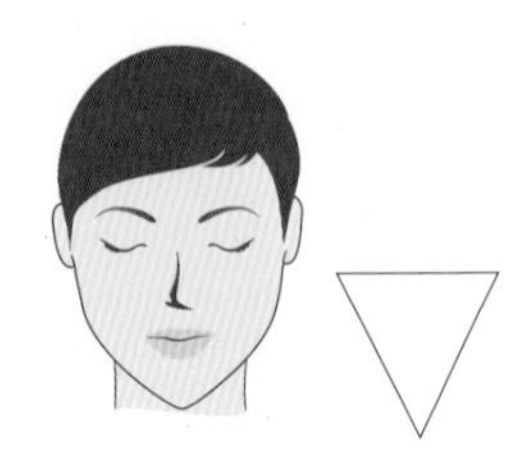

和額頭比起來下巴顯得很窄或顴骨太高。頸部很瘦，適合翻領或高領、領結。耳環最好要有分量、正圓錐型；可選擇較寬式樣。項鍊宜短或項圈。髮型在下方做出造型，頂部勿太多分量。顴骨若不突出，接近橢圓型臉者，也適合短髮。避免V字領圍或大開口的衣襟，可使用領巾或圍巾來修飾。

PART 5

探索妳的流行風格

每個女人都應該學習創造自己的造型和風格的能力，本章將告訴妳如何去分辨屬於個人的流行風格，並且教導妳如何搭配服飾。同時，妳也可以學習到提升自己的鑑賞力和穿衣的品味。

前述PART 2已找到自己的基因色彩，接下來的PART 4了解自己的體型之後，本章將看看如何決定適合自己的流行款式，讓自己更具有魅力。從此妳可以依自己的體型或心情，選擇服裝款式來展現妳所想要表現的個人魅力形象。

- **依自己的個性，創造時尚又有個性的穿著款式**

只要是女性誰都希望自己看起來有迷人的魅力，除了了解自己適合什麼顏色以外，還要知道自己適合穿著哪一種服裝款式。因為服飾的款式和材質、飾品的形狀大小、髮型都必須依妳所決定的流行款式不同而有所變化，善於選擇最適合自己的流行款式，會讓自己更加亮麗！

妳的個人形象，包含外觀（身高、體重、臉型）及內在特質（溫柔、堅強、慢條斯理）各種要素，有許多人不知道自己適合什麼顏色，更有的人似懂非懂地穿錯款式。因此，可以先來測試一下自己到底適合哪一種穿著款式。

5-1 女性流行風格的自我診斷

整體造型應配合TPO（時間、地點、場合）來創造最佳流行款式，想要塑造有魅力的女性，除了掌握自己與生俱來的基因色彩外，還要了解自己適合的整體形象塑造的基本要素。此造型的基本要素如下：衣服的版型、素材、飾品的大小、髮型、臉型、體型，這些要素都必須配合造型，如此才能使自己的氛圍更加動人。

我們的外型包含身高、體重、臉型和內在的個性必須融合一起，除了找出適合自己的基因色彩，還需要找出適合自己的流行款式，才能展現獨特的整體形象。

在此將流行款式分成正式場合6種，和非正式場合3種的造型風格，以下為正式場合的診斷問題，請依序回答即可找到適合自己的流行風格。非正式場合則有楚楚可人型(Cute)、瀟灑自在型(Casual)、性感尤物型(Sexy)，另書說明，不在本書論述。

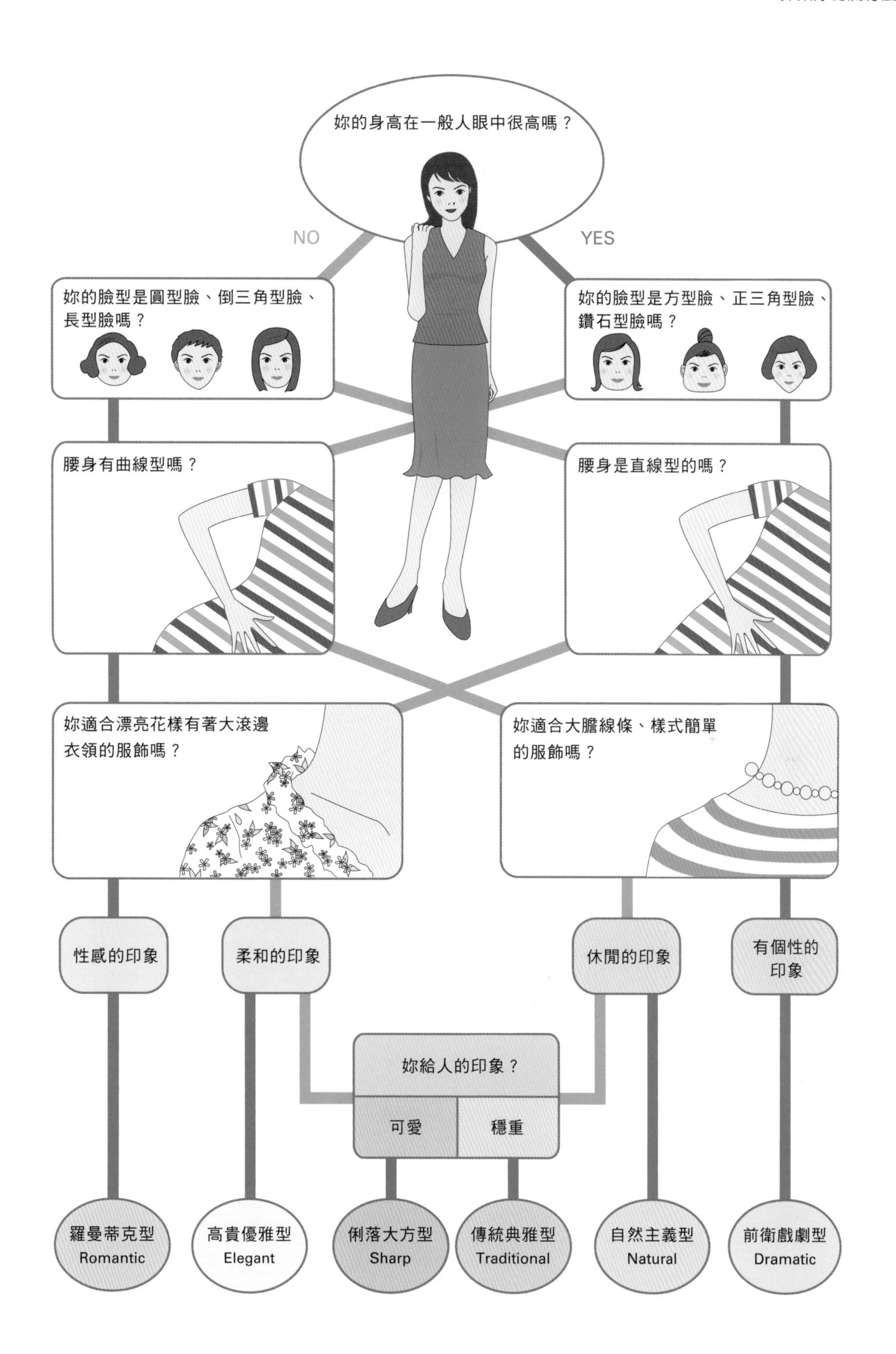
妳的身高在一般人眼中很高嗎？
NO
YES
妳的臉型是圓型臉、倒三角型臉、長型臉嗎？
妳的臉型是方型臉、正三角型臉、鑽石型臉嗎？
腰身有曲線型嗎？
腰身是直線型的嗎？
妳適合漂亮花樣有著大滾邊衣領的服飾嗎？
妳適合大膽線條、樣式簡單的服飾嗎？
性感的印象
柔和的印象
休閒的印象
有個性的印象
妳給人的印象？
可愛
穩重
羅曼蒂克型
Romantic
高貴優雅型
Elegant
俐落大方型
Sharp
傳統典雅型
Traditional
自然主義型
Natural
前衛戲劇型
Dramatic

5-2 女性流行風格

以下是綜合美、日各大學派的重點後加以整理匯集，分析出最適合東方人在正式場合所需之基本流行款式的元素。

A. 高貴優雅型 Elegant

表現成熟高貴氣息時，最好選擇優雅豪華的造型，飾品越少越好，帶有古典正式的品味。基本型是細長的沙漏型。自然的肩線和腰線。服飾以不強調腰線的長洋裝、襯衫套裝（上衣稍長）、針織套裝來表現素雅。

- **服飾款式**

表現成熟、高貴氣息，最好選擇優雅、簡單的造型，飾品帶有古典、正式的品味為宜。基本型是細長的沙漏型，以自然的肩線和腰線為主。服飾以洋裝、套裝、針織套裝來表現素雅的氣質，帶有較小名牌商標的服飾亦適合。

- **材質和布料花樣**

選擇柔軟細膩、滑順、有光澤、豪華、高尚的天然材質，如毛料、絲質、卡西米亞等，素面或同色系較適合。

- **飾品類**

具高級感、甜美感、有曲線的，如布質小提包，飾品選珍珠或金製項鍊，小一點的名牌商標、有流線造型或小型黑皮手錶。鞋子選樣式簡單、有跟的皮鞋。

- **化妝技巧**

使用配合自己膚色的粉底，再撲上透明的蜜粉，頰骨下方可用玫瑰色或桃色系的腮紅，呈弓型刷勻。眼影則使用褐色或米灰色、灰色等，將眼瞼整體塗勻。口紅可用玫瑰色系或桃紅等較穩重的色系，並使用口紅筆畫出唇形，再塗勻即可。

春—

以典雅、溫和的淺暖灰黃，表現溫柔氣息。再以清新、高尚的淡藍紫做重點裝飾。具成熟感又高雅的氣息。

SP03
淺暖灰黃色

SP25
淡藍紫色

SP04
淺駱駝色

夏—

優雅色系最多的夏天型中首推秀氣的花梨木灰黃色和梨花木褐色。再搭配柔和白具整體感。

SU02
梨花木灰黃色

SU04
梨花木褐色

SU01
柔和白

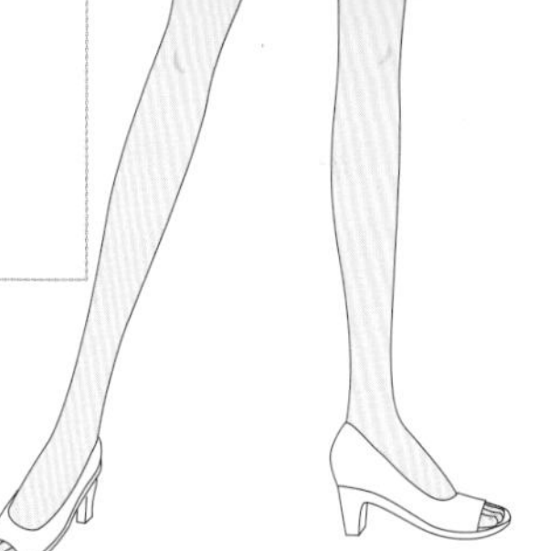

秋—

暖灰色和桃木色的套裝搭配同色系小飾物，創造層次感的搭配非常生動。如配上綠色系則更有華麗感。

AU02
暖灰色

AU05
桃木色

AU03
咖啡色

冬—

冬天基因色讓人有活躍感十足的印象，若以灰色同色系搭配，可表現出高雅氣息。再搭配冰藍紫色，可增加女人之嬌嫩感。

WN04
鐵灰色

WN03
中灰色

WN28
冰藍紫色

B. 俐落大方型 Sharp

適合俐落、挺拔筆直的線條造型，上身需有一些重點裝飾。直線、修長的褲裝或迷你裙套裝，腰部以下稍合身的窄裙較適合。鈕釦或口袋不宜太大，衣服剪裁越簡單越好，顏色以黑白、無彩色系為主，再搭配單色飾品，只要有一個重點即可。

- **服飾款式**

以強調直線、修長的褲裝或迷你裙套裝款式為宜。鈕釦或口袋不宜太大，簡單的服裝款式，顏色以黑、白、灰等無彩色系為主，再搭配單色飾品即可。

- **材質和布料花樣**

選擇有個性的材質，除天然材質外，直線織法的素材及創新人工材質也適用。

- **飾品類**

選簡單樣式皮包與鞋子搭配，採購時考慮其機能性，如手提包選購大一點且顏色以無彩色或三原色為主。飾品款式以直線條或抽象藝術造型為宜，色彩方面以銀色及霧金搭配最適合。

- **化妝技巧**

口紅選擇淺棕色系，較淡的色系，再以鮮紅色或咖啡色等較深的色系描出脣形，眉形需稍加強調。口紅較淡時，可撲上腮紅，或利用較白的眼影，眼部可勾畫出眼線來加深印象，創造臉部的立體感。

Spring

春—

都會感、俐落印象的淡暖灰色，配上淺藍色和些許清亮紅色，表現出靈敏、行動派的形象。

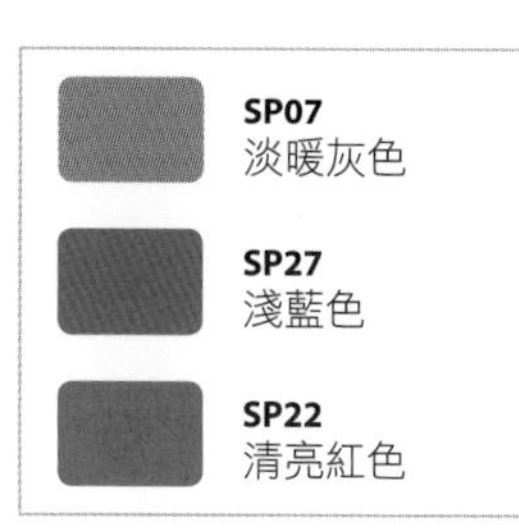

Summer

夏—

夏天基因型中，盡可能選擇清晰的色系，有魅力的中藍色和藍紅色配上柔和白色，給人清爽無比的印象。

Autumn

秋—

基因色為秋天型的暖色系中，在創造俐落感時，必須利用明度差距較大的色系，可以將明亮的乳灰白色配上深巧克力色。

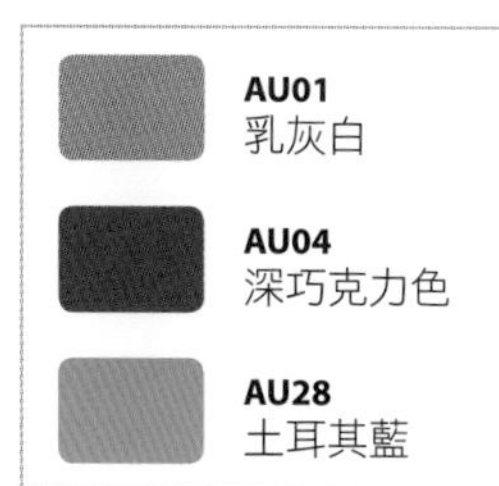

冬—

有力的冬天基因色系，最適合營造俐落感的形象，黑白搭上正藍色，給人活力十足的感覺。

C. 羅曼蒂克型 Romantic

適合荷葉邊、蕾絲或褶裙等，柔美的沙漏型，柔和的肩線，身體是圓潤的曲線。可穿著使身體曲線呈現出優雅氣質的針織套裝或寬裙洋裝、絲衫搭配裙子。

- **服飾款式**

優美的魚尾裙、柔和的墊肩、突顯體線的款式。針織套裝、寬裙、洋裝、絲衫搭配絲質裙子。

- **材質和布料花樣**

可選擇柔軟的紡紗等輕盈透明材質，亦可選擇可愛優美的花樣或動物圖騰、變形蟲或波浪形等花樣。

- **飾品類**

可選擇長珍珠項鍊或線條柔和的小飾品，以服裝色彩中的一種顏色或同色系做搭配。選皮製或布製品等柔軟素材的小型手提包，鞋子則以6公分細跟為宜，配上薄絲襪，展現優美體態。

- **化妝技巧**

以柔和自然的妝為宜，若想使肌膚看起來較白，可於粉底液上撲一層蜜粉、腮紅呈圓形塗勻，口紅可使用珊瑚紅色或玫瑰粉紅色描出唇形後塗勻即可。

Spring

春—

如糖果般的暖粉紅色和清鮭魚紅色最適宜。淺黃色可襯托出如春日陽光般柔美，宛如薰風般的女性，非常浪漫、有韻味。

SP19
暖粉紅色

SP17
清鮭魚紅色

SP02
淺黃色

Summer

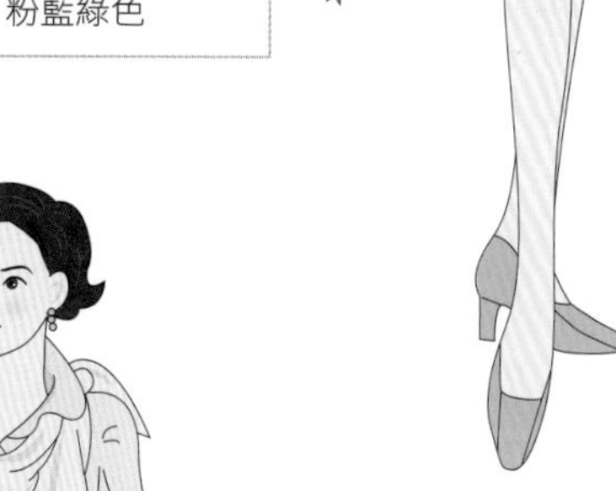

夏—

乳粉紅色，又稱嬰兒粉紅色，楚楚可人。粉紅色的重點飾品，會讓妳看起來更清爽。

SU18
乳粉紅色

SU19
粉紅色

SU14
粉藍綠色

Autumn

秋—

甜美的深桃紅色到鮭魚紅色的漸層搭配，可展現優美的印象。鞋子可搭配駱駝色，既高尚又令人憐愛。

AU14
深桃紅色

AU15
鮭魚紅色

AU06
駱駝色

Winter

冬—

建議以冰藍色搭配冰粉紅色。穿著淡色系時，可以鐵灰色或黑色、深藍色做為重點襯托，非常動人。

WN30
冰藍色

WN29
冰粉紅色

WN28
冰藍紫色

D. 自然主義型 Natural

較適合整體簡單、不花俏的樣式，優雅長方形或上緊下寬自然簡單造型。自然無拘束的生活形態、崇尚自然主義者的最愛。

- **服飾款式**

簡單、優雅、自然的針織品罩衫、褲裝、戶外休閒服飾等不拘束、易活動的款式，都是很好的選擇。

- **材質和布料花樣**

較薄的毛料或卡西米亞、亞麻、棉質等天然素材，享受素材本身的顏色和風味。基本上以素色為宜，可配上清淡顏色的動物線畫、花或葉等花樣。

- **飾品類**

柔軟的牛皮或反皮、亞麻材質或椰子纖維編織等自然製品，手提包可選袋狀型，鞋子選低跟簡單造型。夏天可選擇皮製涼鞋，飾品盡可能省略，或細緻小巧的耳環及細項鍊、手鍊即可。墜子選用珠子造型，以木製品、石製品為宜。

- **化妝技巧**

以蓋斑膏掩飾黑眼圈或斑點，再刷密粉即可。眼部、唇部使用膚色或褐色系，腮紅使用鮭魚黃色，口紅使用珊瑚紅色或米色系，添上少許亮光唇蜜，看起來健康亮麗。

Spring

春—

既柔和又素雅的淡金黃色給人有安全感，與溫和成熟的金褐色及中金褐色搭配更有自然的形象。

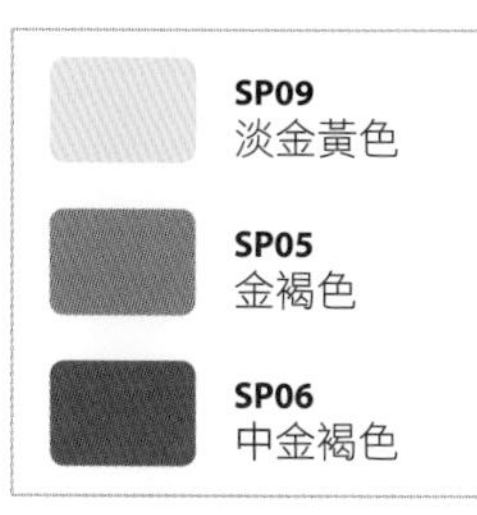

Summer

夏—

花梨木褐色或可可色，既穩重又有親和力的印象，搭配溫柔的淺檸檬黃色，呈現自在輕鬆的氣息。

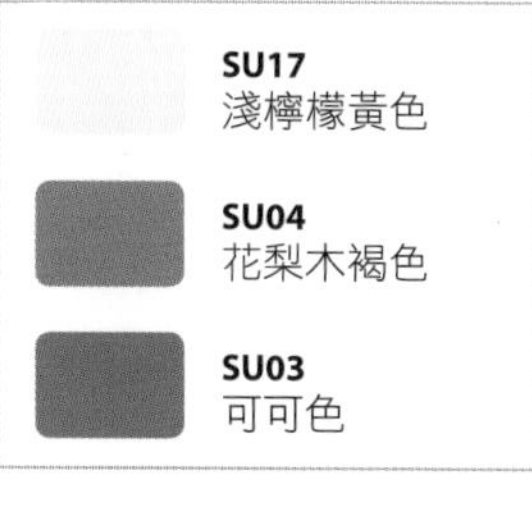

Autumn

秋—

秋天基因色中以自然色調的顏色最多，如嫩草般的萊姆綠色，可搭配中暖褐色、苔蘚綠，自然無比。

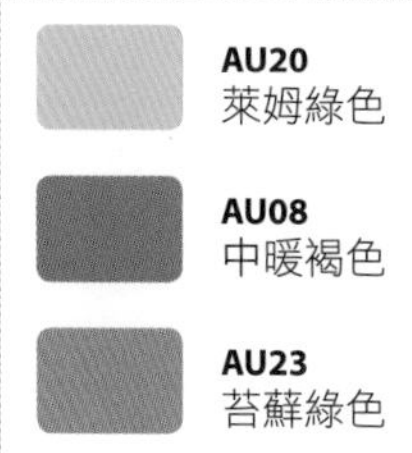

Winter

冬—

冬天基因色屬鮮豔、彩度高的顏色較多，翡翠綠色和鐵灰色，有成熟穩重感，以暗灰黃做重點搭配。

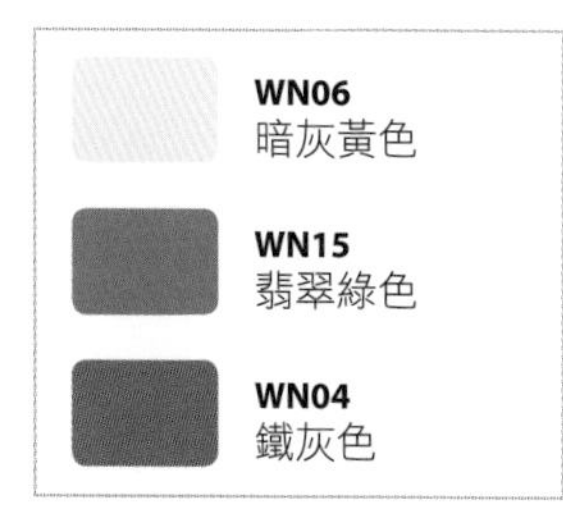

E. 前衛戲劇型 Dramatic

最好選擇有墊肩、倒三角型或細長、俐落優雅簡單的造型。服飾以迷你裙、褲裝或裙褲等行動方便的造型為宜。

- **服飾款式**

最好選擇有些墊肩、倒三角型或細長直線條的造型，款式的設計越簡單越好。但是飾品或配色方面則要大膽前衛，令人眼睛為之一亮。

- **材質和布料花樣**

選擇材質較緊密、較挺的硬素材，也可採用亮皮或皮革，感覺剛毅的素材。

- **飾品類**

有醒目的商標的大皮包與鞋子，色彩以發亮或鮮豔為宜。飾品使用較顯眼的耳環、項鍊，配合戒指或手錶等多款式搭配。圍巾可選用大型者，由肩膀披下，大膽或多層次的裝扮較適合。

- **化妝技巧**

為了表現明暗對比、較大膽的妝容，在塗粉底時，先使用Control Color將眼睛四周和額頭、鼻梁的T字部位作明暗立體感的處理，雙頰則使用較深的酒紅色或棕色系，並描繪眼線及深色眼影，眉下可塗上淺亮色系以表現立體感。口紅可用紅色系或酒紅色等較鮮豔的色系，再以脣筆勾畫出輪廓。

Spring

春—

為了展現強而有力的印象，象牙白外套內搭中土耳其綠及淺藍色，再以清亮紅色點綴，則能呈現華麗的補色效果。

SP01
象牙白色

SP30
中土耳其綠色

SP27
淺藍色

Summer

夏—

夏天型中以西瓜紅色為最耀眼，搭配中藍色整體感非常好。

SU11
中藍色

SU22
西瓜紅色

SU01
柔和白

Autumn

秋—

華麗的暗番茄紅色是最適合的色彩，配上最協調的南瓜色及補色系的深紫藍色，可強調自我存在感。

AU19
暗番茄紅色

AU11
南瓜色

AU30
深紫藍色

冬—

豔麗的正紅色可表現成熟的女人味，搭配皇家藍和黑色，帶出自信十足和光明正大的魄力。

WN24
正紅色

WN09
皇家藍色

WN05
黑色

F. 傳統典雅型 Traditional

適合不受流行影響的款式，典雅且耐穿、富機能性，或柔和線條優雅的造型。基本型是墊肩柔和的長方形，上身需有一些重點裝飾，腰部以下稍合身的窄裙較適合。

- **服飾款式**

不受流行影響的基本款式，經典造型、百年不變。一件式、兩件式、甚至三件式皆可。

- **材質和布料花樣**

選擇織法較細的材質，以天然材質或混紡為主。花色較小、較傳統的素材。

- **飾品類**

大型、四角形的學生型皮包，亦可選擇中低跟鞋子等較堅固結實的皮製品，無飾品為宜。若喜歡飾品，可選民俗風耳環或小型夾式耳環、珍珠項鍊等較保守的飾品。

- **化妝技巧**

整體看來較整齊、保守協調的化妝技巧為宜。使用與自己皮膚相同的粉底色和蜜粉，腮紅需選自然色系，由雙頰往上刷，眉毛描繪出直線型，眼影使用無珍珠粉的灰色系或棕色系輕輕勻開。口紅可使用保守色系，配合皮膚的中濃度玫瑰色系或珊瑚色系。

Spring

春—

甜美色系較多的春天型中，要表現堅定感的話，建議使用淡海軍藍，搭配淡金黃色。

Summer

夏—

夏天型中穩重的灰海軍藍色和灰藍色可創造出堅定、老實的形象。再以酒紅色做重點配色就能增添古典美的氣息。

Autumn

秋—

談起外套，非駱駝色莫屬，這是最具代表性的傳統顏色。可搭配深巧克力色和森林綠色等保守色系。

冬—

海軍藍色和灰黃色可說是商場最佳色系，深紅色也是傳統的成熟色系，使用在重點配色上最適合。

流行實驗室

飾品穿戴計算法則

- 正式場合　13~16點(point)
- 普通場合　11~14點(point)
- 休閒場合　7~10點(point)

- 7 點以下使整體造型太單調
- 17點以上為化妝舞會用

花俏型—23point

- 帽子+帽花：1point+2point=3point
- 珍珠項鍊：1point
- 耳環（2邊2色）：2point+1point=3point
- 綠色戒指：1point
- 綠色+黃色+紅色圍巾：1point+1point +1point =3point
- 紅上衣+大衣扣子：1point +3point=4 point
- 紅色指甲油：1point
- 皮包：1point
- 皮包扣子：1point
- 裙子黑（白綠3色）：3point
- 鞋子+鞋子的大紅鞋帶：1point+1point=2point

單調型—6point

- 白色毛衣：1point
- 項鍊：1point
- 藍色套裝：1point
- 手錶：1point
- 皮包：1point
- 鞋子：1point

標準型—12point

- 珍珠項鍊：1point
- 珍珠耳環：2point
- 紅毛衣：1point
- 藍色套裝：1point
- 白色條紋：1point
- 藍色套裝扣子：1point
- 手錶：1point
- 珍珠戒指：1point
- 皮包：1point
- 皮包扣子：1point
- 鞋子：1point

男士色彩與流行風格

6-1 男士基因色系類型的診斷
6-2 男士四季基因色彩搭配
6-3 男士流行風格的自我診斷
6-4 男士流行風格

6-1 男士基因色系類型的診斷

試在下列檢視項目中，您最適合的回答由A-B中圈選一項，最後再合計A-B各有多少個？其中最多的則是您的色彩基因色系。

Step 1

請圈選出您認為適合的答案，填入表格中。

1. 請參照後方駱駝色，並靠近臉部

A. 臉色變得較明亮，較有活力

B. 臉色變得較不好，無血色

2. 請參照後方灰色，並靠近臉部

A. 看起來老氣

B. 看起來氣色好

3. 您的髮色比較接近哪一種色系？（染成咖啡色者，請回想您原來的髮色）

A. 偏咖啡色系

B. 接近黑色

4. 瞳孔顏色？

A. 明亮的褐色，或深褐色

B. 非常黑，接近黑色

5. 您認為較適合哪一色系的領帶？

A組較多者，請前進到Step2的黃底基因色診斷圖

B組較多者，請前進到Step2的藍底基因色診斷圖

A組：

B組：

Q	A	B
1		
2		
3		
4		
5		
合計		

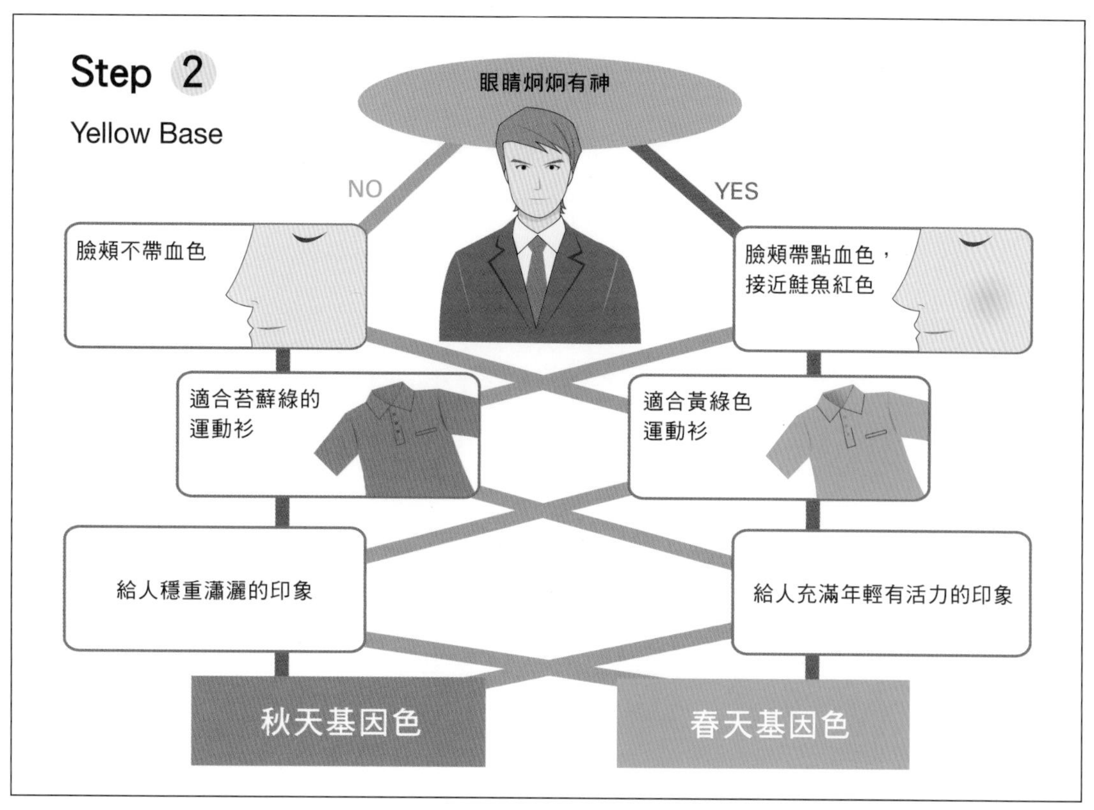
Step 2
Yellow Base
眼睛炯炯有神
NO
YES
臉頰不帶血色
臉頰帶點血色，
接近鮭魚紅色
適合苔蘚綠的
運動衫
適合黃綠色
運動衫
給人穩重瀟灑的印象
給人充滿年輕有活力的印象
秋天基因色
春天基因色

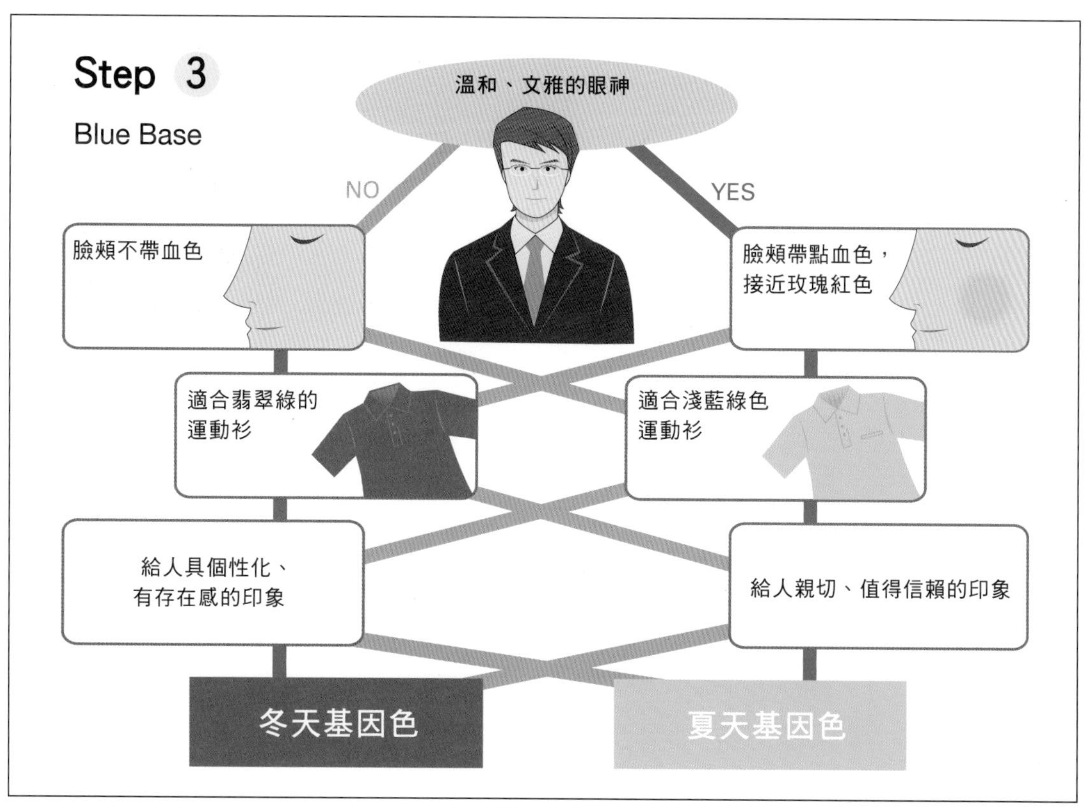
Step 3
Blue Base
溫和、文雅的眼神
NO
YES
臉頰不帶血色
臉頰帶點血色，
接近玫瑰紅色
適合翡翠綠的
運動衫
適合淺藍綠色
運動衫
給人具個性化、
有存在感的印象
給人親切、值得信賴的印象
冬天基因色
夏天基因色

6-2 男士四季基因色彩搭配

正式場合 Business Style 一春天基因色型

商務場合 Bright & Light Spring

以咖啡色系的西裝營造整潔、俐落的魅力

明亮咖啡色系的西裝，有俐落時尚的感覺。希望帶給他人一種明朗、智慧的印象時，可穿海軍藍，或淺暖灰色系的西裝搭配較明亮的領帶。若穿咖啡色系的西裝必須穿咖啡色系的鞋子。

襯衫和領帶的搭配方式：

選擇藍色系搭配淺暖灰色黃西裝，有素淨、親切感。

淡藍紫色和駱駝色的搭配非常時尚。

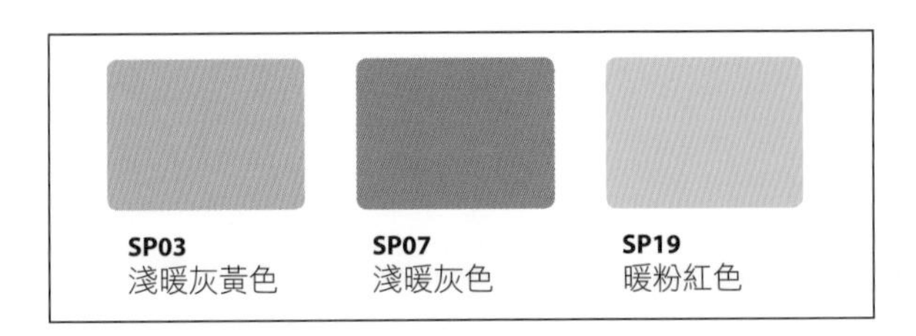

SP03	SP07	SP19
淺暖灰黃色	淺暖灰色	暖粉紅色

淺暖灰黃色系和明亮的黃色系搭在一起，展現行動力十足的魅力。若有配戴眼鏡或太陽眼鏡，建議可選琥珀材質。

正式場合 Business Style 一夏天基因色型

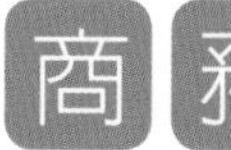  

商務場合 Light & Muted Summer

以高質的灰色系搭配出穩重、踏實的氣息

適合淺而濁的夏天基因色型的男士，感覺比較沉穩高尚，可穿商務場合的基本色，例如灰色系或藍色系搭配乳白色襯衫。至於領帶則依西裝的色系或襯衫的顏色，搭配同色系即可。鞋子方面，建議穿著黑色或暗色系的皮鞋。

襯衫和領帶的搭配方式：

淡粉紅色的領帶比較有親和力。

象徵誠懇、有信賴感的灰海軍藍色西裝搭上天藍色領帶比較明亮。

SU05
淺藍灰色

SU19
粉紅色

SU25
薰衣草色

淺藍灰的西裝搭配粉紅色系的襯衫和一條薰衣草色系的領帶，整體看起來清新俊俏，可視心情選擇淡藍色條紋襯衫做搭配也非常OK。

正式場合 Business Style 一秋天基因色型

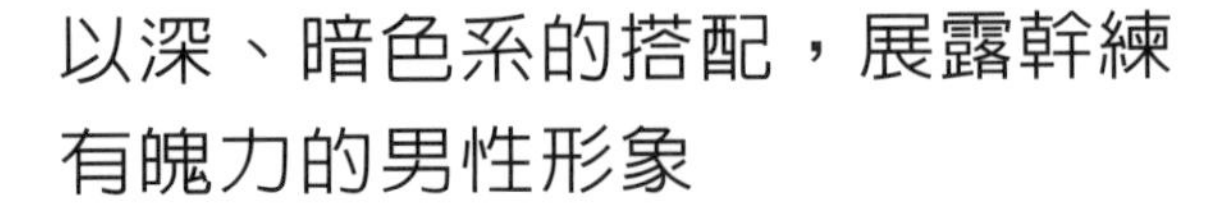

以深、暗色系的搭配，展露幹練有魄力的男性形象

非常適合暗沉色調的秋天型男士，可穿橄欖綠、暗巧克力色的西裝，營造幹練十足的男性魅力。選購粗呢布質的西裝，襯衫和領帶使用灰黃色系、橘色系、綠色系的配色方式，有高格調的時尚感。

襯衫和領帶的搭配方式：

穩重的暗巧克力色系西裝搭配紅褐色領帶，有信賴感。

暖灰黃色系是秋天型最適合的色系，穿起來不但不老氣、反而年輕又有氣質。

AU02
暖灰黃色

AU19
暗番茄紅色

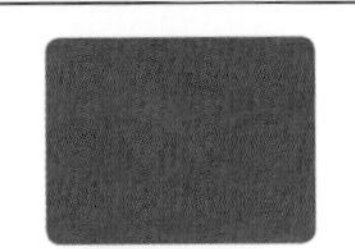

AU25
橄欖綠色

只有秋天型的人才適合的橄欖綠或深咖啡色系，添加一些暗紅色以創造較柔和的印象。

正式場合 Business Style 一冬天基因色型

商務場合 Bright & Deep Winter

以黑、白、灰等無彩色系，展現強而有力的個性

冬天型的男士，有俐落、酷酷的感覺。若穿著黑色或鐵灰色等西裝，可依自己的品味搭配，例如：選一條幾何圖形或對比色較強的領帶來強突顯個人風格。

襯衫和領帶的搭配方式：

鮮土耳其藍的襯衫搭配皇家藍的斜紋領帶，有堅定信心的意味。

深青紅色的領帶搭配海軍藍色西裝，洋溢年輕酷哥風格。

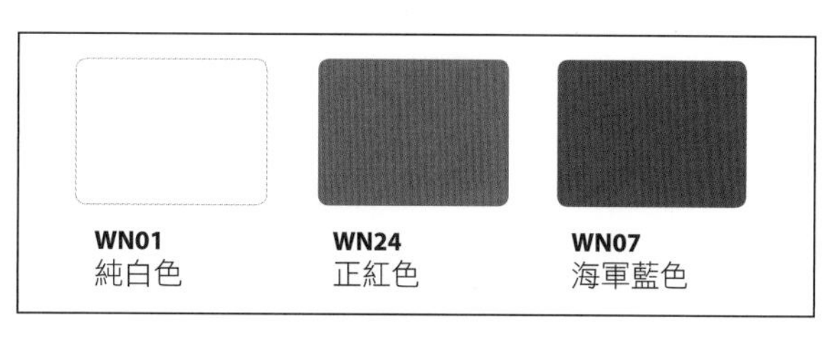

深邃的海軍藍西裝必須對比較強的領帶，冬天型的人適合無彩色、對比較強的感覺。建議西裝選擇有些光澤的布料。

非正式場合 Casual Style 一春天基因色型

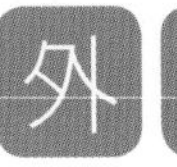

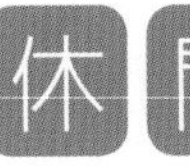

閒 Bright & Light Spring

以明度高的色系穿出年輕、有活力的形象

活潑、充滿活力的春天型男士，非常適合暖色系，明亮的黃色系和暖粉紅色系是其代表色系，穿起橘色系、褐色系更是好看。這些色系都可用於上衣或褲子，但是鞋子、皮帶或手錶則採用較鮮豔色系做點綴搭配即可。

配色技巧：

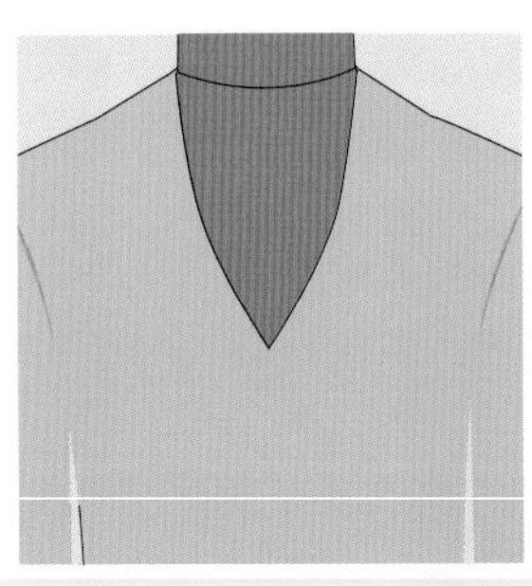

粉黃綠和珊瑚粉紅的搭配非春天型莫屬。

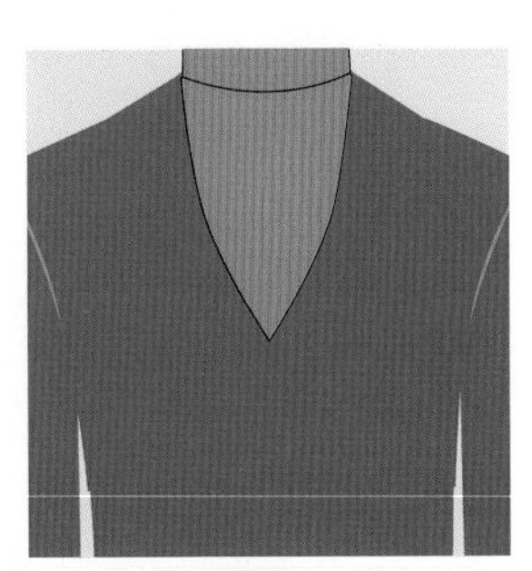

藍色上衣搭配清鮭魚紅色T恤，有年輕、敏捷的形象。

象牙白和暖粉紅色的搭配可營造清新的休閒風格，鞋子建議選購金黃色系。

非正式場合 Casual Style 一夏天基因色型

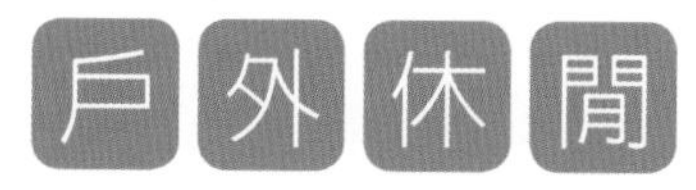

Light & Muted Summer

以藍色系為主，搭配其他淺而濁的色系

淺而濁的夏天型男士，最適合柔和色系的穿著。也可試試可可色、灰色系的牛仔褲。休閒時間建議上衣穿著淡粉紅色、黃色系，以營造柔和有親和力的印象。

配色技巧：

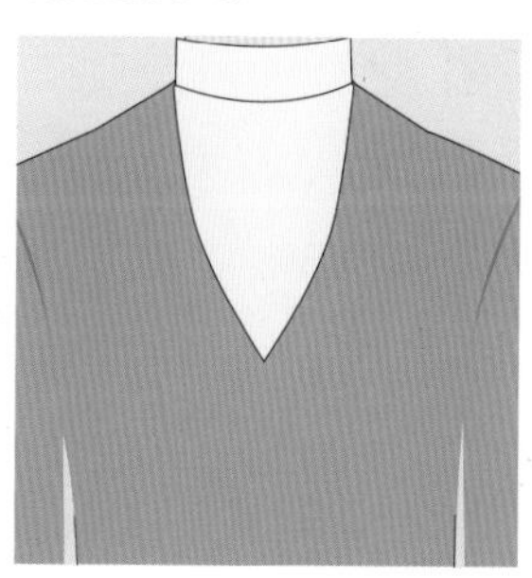

藍色系上衣可內搭黃色系T恤，給人清爽感。

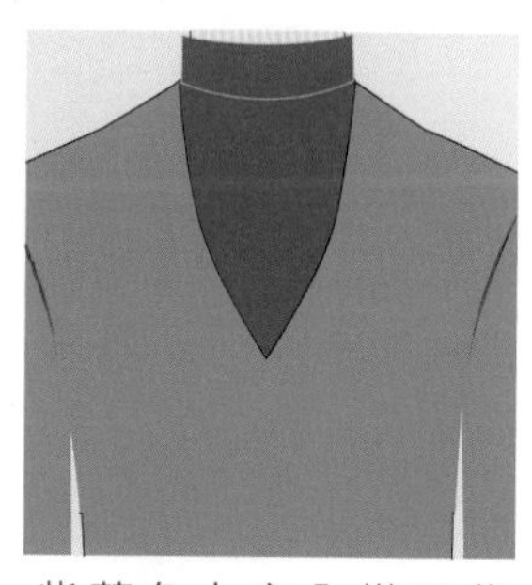

紫藍色上衣內搭深紫色T恤，給人俐落穩重的感覺。

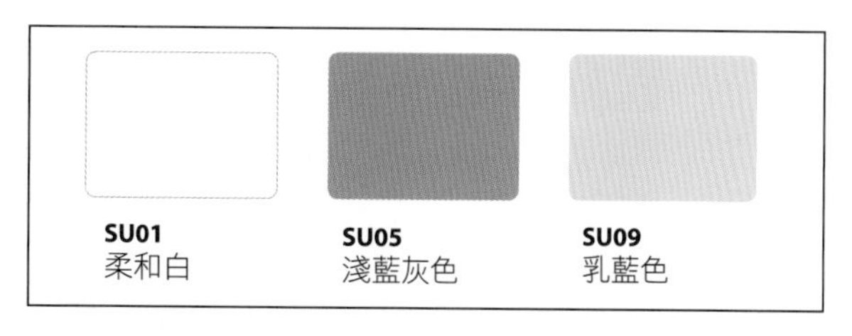

淺藍色系的搭配是典型夏天型色系，鞋子建議選購輕鬆、舒適的休閒鞋。

非正式場合 Casual Style 一秋天基因色型

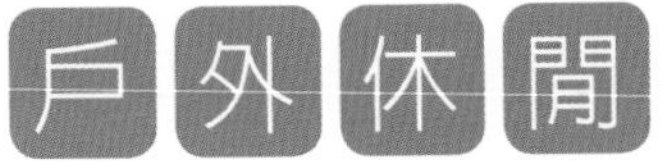

戶外休閒 Deep & Muted Autumn

以彩度、明度低的深色系，具重量感的材質，創造穩重的氣息

有重量的質料和深沉的色系，非常適合秋天型的男士。例如：粗呢、麂皮、燈芯絨等布質，顏色可選用苔蘚綠、暗褐色。建議穿著卡其褲或絨質長褲，會比牛仔褲更適合。鞋子和其他配件選購深色系，整體感就會非常有品味。

配色技巧：

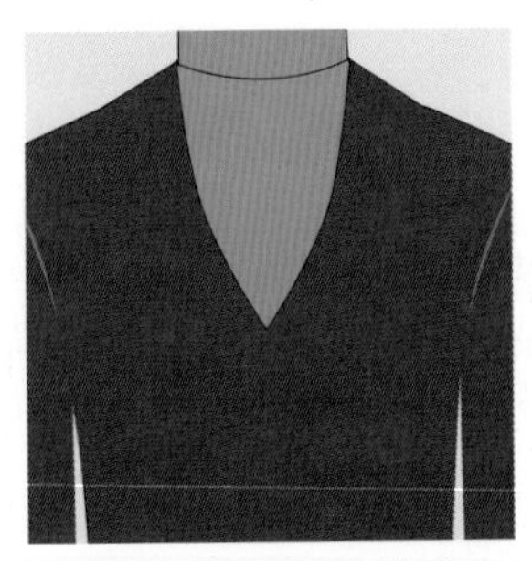
桃木色上衣可內搭土耳其藍色，有貴氣感。

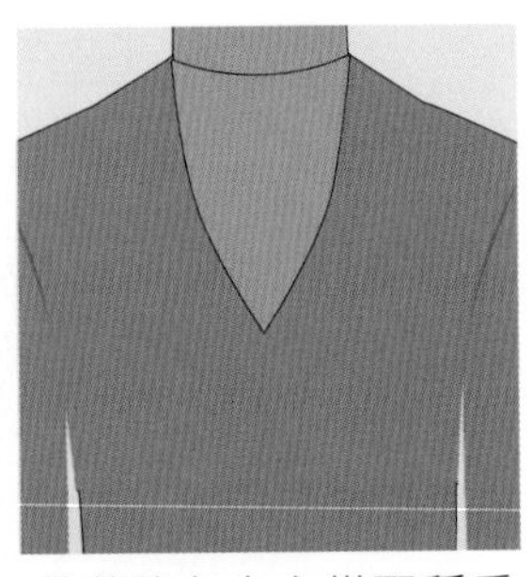
苔蘚綠色上衣搭配穩重的金色T恤，增加親和力。

AU03
咖啡色

AU10
芥末黃色

AU27
森林綠色

整體以沉穩色系搭配，不但時尚而且穩重，又有連續性的統一感，麂皮的休閒鞋非常適合這樣的穿著。

非正式場合 Casual Style 一冬天基因色型

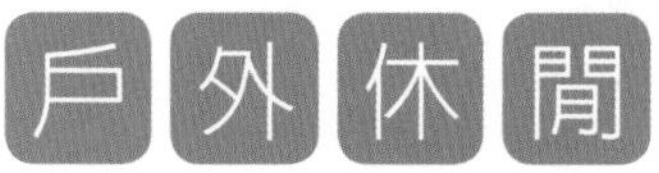

Bright & Deep Winter

以彩度高的鮮豔色系，創造俐落的整體形象

非常適合對比強烈、鮮豔色系的冬天型男士，休閒場合也能展現高品味、時尚的風格。以黑白灰等無彩色搭配鮮豔的重點，就能形成俐落、瀟灑的印象，也可在鞋子或手錶上玩一下色彩遊戲。

配色技巧：

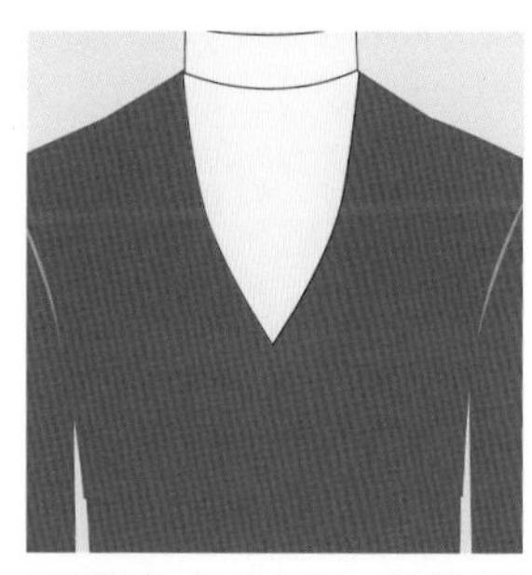

正藍色上衣可內搭檸檬黃色T恤，創造大膽配色組合。

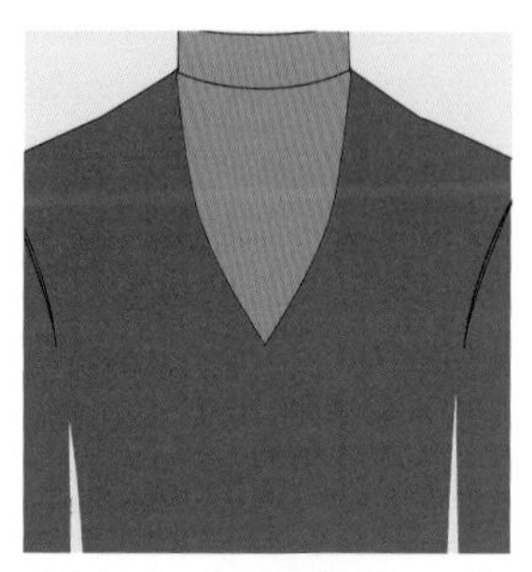

洋紅色上衣搭配正綠色T恤，有時尚感。

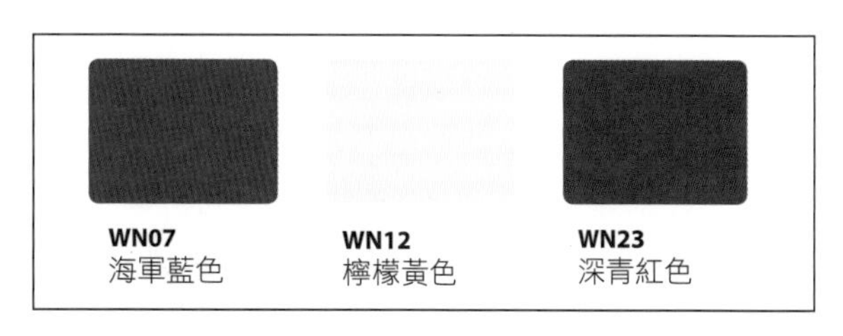

檸檬黃T恤和海軍藍休閒褲，搭配深青紅色的外套真是令人眼睛為之一亮。具都會風，是好感度高的穿著方式。

6-3 男士流行風格的自我診斷

曾經有人來諮詢：「我聽了專業形象顧問的意見，買了深灰色的西裝，穿起來很適合我，同事們都稱讚我穿起來很好看。之後我又買了另外一件同樣顏色的西裝，但是好像就是怪怪的，而且沒有人稱讚。為什麼同樣顏色的西裝，評價卻兩極化呢？」我看了對方買的那件新西裝，發現問題所在。顏色的確是同樣的深灰色，但是材質卻是嗶嘰(serge)，款式則是墊肩的雙排扣，整件西裝的材質與款式和他本人的氣質截然不相稱。

在《色彩・我與美》(Color Me Beautiful)一書中，認為「與你自己本身的調和」也非常重要。每個人由於膚色、體型、臉型、氣質的差異，形成個人的「流行風格」，與自己本身的調和不僅指自己適合的色彩，也指適合自己的流行風格。

男士邁向事業成功的最佳路徑

每個人都有最適合自己的顏色，與您天生的膚色、髮色及瞳孔顏色相呼應，並將您充滿自信的男性魅力表現出來的顏色，就是屬於您的基因色彩。所以想要事業成功，首先要先找出您的最佳基因色彩呢。您知不知道自己最適合什麼顏色？您是否可以毫不遲疑地決定在何時、何地穿什麼服裝呢？在溝通色彩學的專業個性化形象改造方面，通常會有以下疑問：

1.男性不是靠外在，而是以內在取勝，但我們也不能否認外在也非常重要。

2.在美國有這麼一個說法，沒有辦法決定自己要穿什麼衣服的人是無法擔任主管級職位的。

1959年甘迺迪與尼克森總統大選開始，人們開始注意到第一印象的重要性，與專家一起認真研究如何提升自己印象的甘迺迪，在電視演講會中以年輕活力的形象，散發出一種「值得信賴並且會為民服務」的訊息，最後反敗為勝當選美國總統。之後在政治場合中，個人形象顧問師及說話藝術指導顧問的協助，自然而然變得越來越重要。到了1980年代，在商業社會中，亦越發了解呈現自我專業化形象與他人溝通的重要性。

男士形象塑造的內容包括西裝領帶外，身上常用的公事包、皮帶、鞋子、襪子、零錢包、筆等配件，也代表個人品味的展現。

男士流行風格自我診斷表

檢視項目	A	B	C	D	E
你的體型比較接近哪一種？	瘦長型	結實高大型	中等身材型	矮壯肌肉型	身材比例很好
你的臉型比較接近哪一種？	本壘板型或鑽石型	四角型或三角型	長方型或橢圓型	倒三角型或蛋型	圓型或心型
哪一種領帶跟你最相襯？	對比強烈的條紋或幾何圖型	變形蟲或俱樂部花樣	素面、花樣或是條紋領帶	對比強烈的花紋或細紋領帶	水珠或是畫龍點睛之效的花樣
你給人的整體感覺比較接近哪一種？	精明幹練、正式、具威嚴感	健康陽光、魅力四射	具吸引力、優雅且保守	可愛、有活力、調皮搗蛋、追求獨特	體貼、具有貴族氣質與流行感
你的人格特質比較接近哪一種？	對流行敏感、有看法	行動派、積極有活力	冷靜、穩重、有定見	喜歡領導流行	浪漫、愛幻想
你喜歡的服飾風格比較接近哪一種？	自己動手設計、製作並修改、愛拼布	運動風	名品名牌服飾	流行精品設計	浪漫柔和的設計與色彩
合計診斷	A 選項較多的為前衛戲劇型 Dramatic Type	B 選項較多的為自然主義型 Natural Type	C 選項較多的為傳統典雅型 Classic Type	D 選項較多的為現代時尚型 High Fashion Type	E 選項較多的為羅曼蒂克型 Romantic Type

如果每檢視項目所選的類型分別在A、B、C、D、E各有一個時，請再另挑一天重新診斷一下，或者找一位好朋友協助你「看見自己」。

6-4 男士流行風格

在上一節找到自己的流行風格後，本節介紹各種流行風格的男士選擇正式或職場服裝時的搭配要點。男士服裝整體搭配的基本元素為色彩搭配、版型款式、布料材質等三大元素，服裝搭配主要為西裝、襯衫、領帶、外套等。此外，除了參考各種流行風格適合的服飾搭配外，也要注意各種風格分別有特別不適合的穿著，要避開「地雷」。

A. 前衛戲劇型 Dramatic

前衛戲劇型的人穿西裝很好看，色彩搭配可呈現對比強烈的感覺以注意配色比例的創意配色為主。版型曲線或直線皆可，但不要混合使用較好，材質以清楚或多種材質組合為宜。

- **西裝**

在工作性質許可，並不與辦公室氛圍牴觸的情況下，可採用最新流行的樣式。肩膀及衣領口都盡量選擇寬大的型式，雙排釦。素面或條紋的花色，堅實耐用的布料，顏色宜選暗色調。

- **襯衫**

款式可選感覺銳利的領型或雙排扣的襯衫，素面或條紋的花色，棉質格紋布料，顏色以白色或是其他淺色。

- **領帶**

適合對比強烈的條紋、幾何學花樣，或是絲質等帶光澤的布料，以橙紅色、暗玫瑰色、暗番茄紅色等色系為佳。

- **外套**

適合採用款式寬鬆、喀什米爾羊毛或厚棉等質料的外套，春、秋基因型選咖啡色，夏基因型選藍灰色，冬基因型則適合黑色。

- **休閒穿著**

即使是休閒服也要挑選對比強烈的色彩，例如粗條紋或是幾何圖形的編織毛衣、反摺褲、粉紅色的運動夾克。

- **飾品**

適合吊帶、大且厚重的重金屬設計手錶，含有大設計造型的戒指。

- **地雷**

請注意避免材質柔軟的布料、雜亂無章的花樣、模糊的顏色。

正式場合 Business Style —

Dramatic

襯衫和領帶的搭配方式：

帶光澤感的黑色西裝與紅粉相間的襯衫，配上金黃條紋的領帶。

橙紅色系的領帶，搭配正藍色條紋的西裝與同色系的襯衫，有醒目的效果。

花色活潑的領帶，和著中規中矩的藍白西裝，為整體造型的亮點之一。

SU20
玫瑰粉紅色

WN08
正藍色

SU11
中藍色

SU23
青紅色

SP28
淺水藍色

AU19
暗蕃茄紅色

WN23
藍紅色

AU17
橙紅色

SP10
亮金黃色

AU09
金黃色

WN05
黑色

WN01
純白色

WN05
黑色

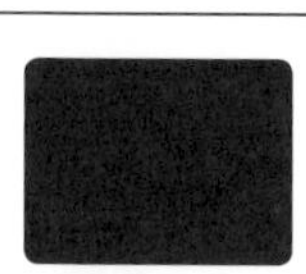
WN05
黑色

WN01
純白色

WN02
淺灰色

WN04
鐵灰色

B. 自然主義型 Natural

自然主義型的人不適合太過正式的穿著，色彩以簡單感的搭配為宜，大地色系的配色很適合。版型可選用由曲線與直線條構成的有設計感與休閒感的版型，材質以質感柔和、觸感柔和的材質為佳，例如毛料斜紋布(tweed)材質。

- **西裝**

適合選用穿脫方便的上衣、自然的肩膀設計或是寬鬆的樣式，兩件式比三件式西裝更適合。花色適合格紋，或者用毛料斜紋布等布料，顏色以自然的調和色為宜。

- **襯衫**

選用圓領的款式比尖領好，粗條紋或格子花色，牛津風格的雙排扣外套樣式最適合。色彩選擇白色或是適合自己的色彩組合均可。

- **領帶**

選用圓領的款式比尖領好，粗條紋或格子花色，牛津風格的雙排扣外套樣式最適合。色彩選擇白色或是適合自己的色彩組合均可。

- **外套**

適合採用垂直剪裁的樣式，厚的棉料或皮革等材質。春、秋基因型選棕色系列，夏、冬基因型則適合灰色。

- **休閒穿著**

休閒服飾適合穿有許多顏色的格子襯衫、牛仔褲、寬鬆的夾克或運動場休閒型大衣。

- **飾品**

適合搭配領巾、皮質表帶的大手錶、毛料圍巾。

- **地雷**

請注意避免有光澤的材質、太過明亮的顏色、水珠或是柔和花樣的領帶。

非正式場合 Casual Style —

自然主義 Natural

襯衫和領帶的搭配方式：

棕色系與藍色系，輔以米白色相襯，為溫和穩重的感覺。

亦可使用常見的大地色，綠色與淡褐色。

土耳其藍色領帶搭配灰黃色系西裝，讓顏色各自呈現的互補效果，又沒有衝突感。

SP06
中金褐色

AU25
橄欖綠色

SU02
花梨木灰黃色

WN05
黑色

WN01
純白色

WN26
冰黃色

SU01
柔和白

SP04
淺駱駝色

AU03
咖啡色

WN08
正藍色

AU27
森林綠色

AU28
土耳其藍色

SU12
紫藍色

SP11
粉黃綠色

AU01
乳灰白

SU11
中藍色

SU23
青紅色

SP5
金褐色(蜂蜜色)

WN15
翡翠綠色

SP17
清鮭魚紅色

C. 傳統典雅型 Classic

傳統典雅型的人具有最適合穿西裝的體型與氣質，色彩以基礎色加深色調、強調色或使用中間色為主。版型可選擇由直線條構成俐落大方、富設計感的款式，材質以適合厚重但對比不太強烈的質料為宜。

- **西裝**

適合選用自然肩型、稍微表現一些流行卻又不失古典氣質的樣式，不論兩件式或三件式西裝都適合。花色適合選用素面或是不太粗的條紋，質料以輕薄又耐用的布料，顏色以沉穩的顏色為宜。

- **襯衫**

一般款式都可以，適合素面或是細條紋花色，色彩選擇白色或淡藍色最合適。

- **領帶**

適合有氣質的條紋或小圖案的花色，光澤少的絲或薄麻等質料的領帶，以中間藍色、藍灰色、褐色、皇家藍色等最合適。

- **外套**

適合不會太過厚重的毛料或棉料，顏色則依個人春夏秋冬四季基因色系選用適合的灰色。

- **休閒穿著**

適合穿輕爽型的休閒服，例如一般的毛衣、直筒褲、色彩不過於強烈的襯衫。

- **飾品**

適合搭配絲質的圍巾、薄的錶面加上皮質錶帶、品味絕佳的口袋手帕。

- **地雷**

請注意避免太過休閒的打扮、圖案和色彩過於誇張的花色。

正式場合 Business Style —

傳統典雅 Classic

襯衫和領帶的搭配方式：

黑與藍的結合，是正式場合很好的選擇。

中間色調的灰藍色系，讓人無壓迫感亦不失穩重的感覺。

咖啡色西裝與白色襯衫，帶有朝氣。

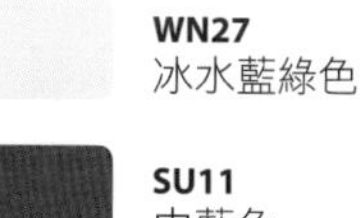

WN27 冰水藍綠色
WN04 鐵灰色
AU05 桃木色

SU11 中藍色
WN30 冰藍色
AU02 暖灰黃色

WN09 皇家藍色
SU05 淺灰藍色
AU03 咖啡色

SU07 灰海軍藍色
SU06 鐵灰藍色
AU06 駱駝色

WN05 黑色
WN01 純白色

WN05 黑色
SU01 柔和白
AU01 乳灰白

AU08 中暖銅色

D. 現代時尚型 High Fashion

現代時尚型的人很會穿衣服，常不自覺成為眾人目光焦點，很適合有個性的穿著，可以多選擇時尚流行感強烈的穿著。色彩方面宜活用明度的深淺搭配，配色變化可較為豐富。版型方面與傳統典雅型一樣，選擇由直線條構成俐落大方、富設計感的款式。質料適合質感柔和、主張新機能的材質為佳。

- **西裝**

適合選用有墊肩、帶設計感的西裝，較適合三件式西裝，單排或雙排都合適。花色適合選用素面或細格紋，質料以薄毛料最合適，可選用明亮的顏色。

- **襯衫**

款式上要注意衣領不要距離臉太遠，適合格子或素面花色，棉質布料，可選擇彩度略高的色彩。

- **領帶**

適合對比強烈的小花紋或細條紋等花色，絲或線等質料的領帶，色彩以明亮的黃綠色、天藍色、金黃色等最合適。

- **外套**

適合穿設計感出色的款式，毛料或是稍厚重的棉料。春秋基因型要選棕色系，夏冬基因型選藍色系。

- **休閒穿著**

適合穿含有新材質的夾克、有編織花樣的毛衣、皮質短夾克等，挑選最新流行的款式。

- **飾品**

適合搭配手鍊、多色的運動帽。

- **地雷**

請注意避免過大件的衣服、暗淡的顏色、厚重的材質。

非正式場合 Casual Style —

現代時尚 High Fashion

襯衫和領帶的搭配方式：

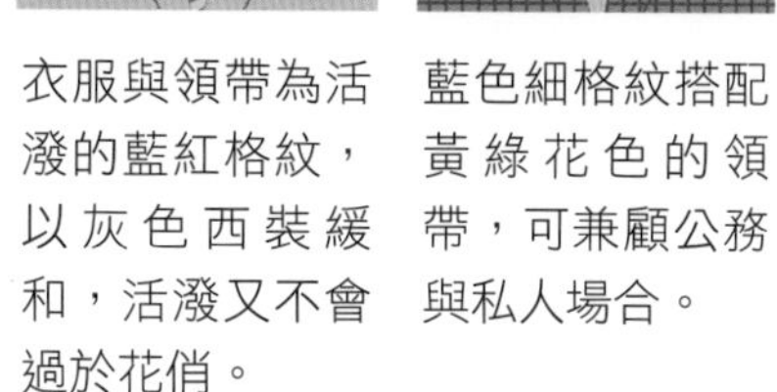

衣服與領帶為活潑的藍紅格紋，以灰色西裝緩和，活潑又不會過於花俏。

藍色細格紋搭配黃綠花色的領帶，可兼顧公務與私人場合。

米灰色西裝與黃綠色的搭配，穿出乾淨優雅的感覺。

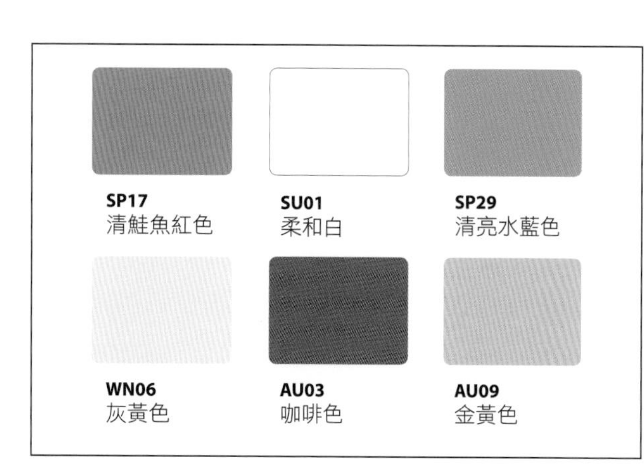

F. 羅曼蒂克型 Romantic

羅曼蒂克型的人本身具有溫柔體貼的特質，可以將上班族西裝穿出優雅的感覺，這一型的人穿上適合自己流行風格的款式或穿到不合適的服飾，差異特別明顯。色彩可選用以漸層配色或不太強烈的對比色為主，版型少用曲線，直線也不要太搶眼，以觸感柔和的質料為宜，不要使用太過新穎前衛的質料。

- **西裝**

適合選用雙排釦、三件式西裝。花色適合選用素面或條紋，質料以稍微柔軟的毛料最合適，適合深沉的濃郁色彩。

- **襯衫**

可選擇小領或是雙摺領，適合較薄的棉質或絲質布料，白色或其他淺色為主。

- **領帶**

要注意顏色與花色的搭配，適合水珠或其他有畫龍點睛效果的花色，絲質的領帶，色彩以杏黃色、金黃色、皇家紫色等最合適。

- **外套**

適合垂直款式，喀什米爾毛料或是棉質。春秋基因型挑選淡棕色；夏冬基因型則用灰色系。

- **休閒穿著**

適合穿合身的休閒服飾，例如一般的絲質襯衫、有經過設計的牛仔褲、薄毛料的素面毛衣。

- **飾品**

非常適合穿戴飾品，如優雅的袖扣、鑲有寶石的手錶，配件宜選較柔和的設計。

- **地雷**

請注意避免太過鮮豔的顏色、寬鬆透風的材質、看起來太過精明銳利的花樣或領帶。

非正式場合 Casual Style —

羅曼蒂克 Romantic

襯衫和領帶的搭配方式：

搭配不同深淺的紫色系西裝，適合宴會場合。

藍色系與杏桃色系的結合，呈現溫和活潑的感覺。

藍白西裝搭配花色活潑金黃色的領帶，為整體的視覺亮點之一，展現出個人特色。

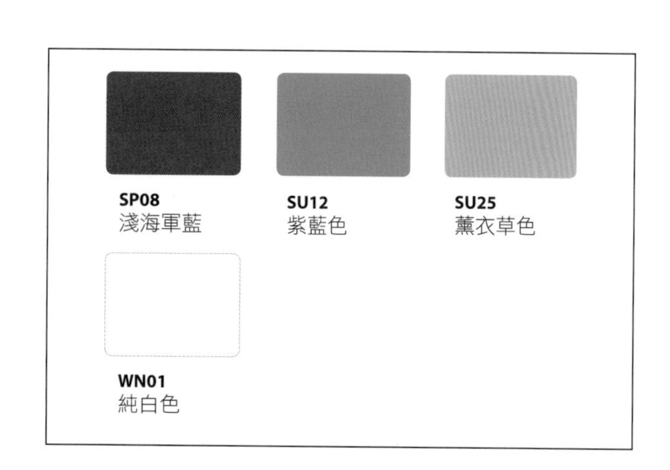

居家色彩

首先妳必須決定想要營造的居家風格再來選擇色彩，例如是粉色系、帶點羅曼蒂克感覺的房間呢，還是黑白無彩色的摩登客廳？當妳購置新屋或重新布置裝潢，改變居家風格其實無須再添購家具，色彩就能擔負重任了。

以顏色簡單改變風格

裝潢的風格要素在於色彩、造型、素材。如果妳想塑造古典風格可能要選購歐風雕刻家具，而木紋家具能營造自然的風格。有時只是將深色窗簾換成粉色系，便可讓空間為之一亮，整個房間變得柔和溫馨。

決定居家風格

一個家如果廚房是以木材等天然素材統一，而客廳卻是鋪上厚厚的古典風的地毯，再看看臥室又是充滿粉色系羅曼蒂克的氣氛…，感覺如何？當所有房間門開著時，妳不覺得居家空間沒有連貫性或統一感嗎？其實要讓整個家有統一感有兩個方法，一個是統一色系，另一個是統一風格。

- **統一色系**

整個家的主色系（色相或色調）統一即可，如此即使每個房間有各自風格，整體也會有統一感。

- **統一風格**

每個房間用的顏色不同，但是風格統一的話，整個家也很協調。坪數大的家較不易塑造統一感，但是一眼望過去的範圍算同一個空間，這個空間就必須注意其統一性。

照片來源：Natuzzi利滿地家具 提供

7-1 如何決定室內的色彩

決定室內整體顏色時，可由面積較大、顏色較難改變的部分開始著手，例如天花板、牆壁、地板和家具等。

主色系

天花板、牆壁、地板的面積占最大部分，是整體室內的基本色，也是無法輕易說改就改的部分。建議可選擇較清爽的顏色，以利日後配色或改變、添加其他顏色。

副色系

其次占較大面積者為床鋪、沙發及衣櫥等大型家具，因為體積大，所以顏色的存在感也會很強烈。但是這些家具有時也可為它們變裝或更新，例如用沙發套包覆，也可漆上油漆，更換顏色。

重點配色

主色系和副色系之間還可增加一些重點色彩來搭配，例如：沙發靠墊、畫作、裝飾物等，隨著這些色彩的變化可以讓整個室內更有朝氣，如果不使用重點配色，也可擺置一些盆栽或觀葉植物，就能輕鬆布置室內。

照片來源：TURRI 大雅齋 提供

7-2 室內裝飾的配色技巧

基本上可以使用補色來作為對比色的搭配，再以同色系來創造整體調和感。

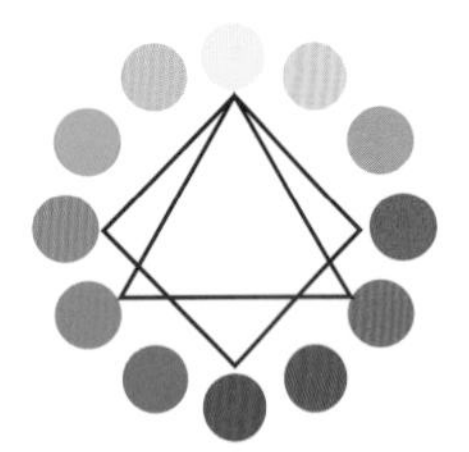

集中1~3個色系

室內使用太多顏色的話，會令人無法集中精神、專心工作。最多只能使用三種色系（色相），才能展現整體性和清潔感。集中同色系或類似色系搭配可使整體較有穩重感如用補色或無彩色搭配，整體看起來較活潑、有朝氣。總之，一旦決定三種以內的主要色系後，就不要再增加其他顏色。

照片來源：格蘭登廚具 提供

天花板使用淺色系

前述色彩擁有魔法，例如深色的箱子看起來較沉重，淺色有較輕盈的感覺。天花板使用較清淡的顏色具有協調感，反之，暗沉色系的天花板看起來較低，有壓迫感，整個房間會令人感到狹窄，心情沉重。

選擇柔和帶灰的色系

即使喜歡紅色的人，若在整個紅通通的房間裡也會感到不自在，反而會因為強烈的顏色，令人肌肉緊繃，沒有安全感。室內設計通常不使用太鮮豔的色彩，建議採用柔和的灰色系。特別在面積大的部分使用穩重又自然的灰黃色、白色、灰色等，不但容易和其他顏色搭配也不容易看膩。

以色彩選擇素材和造型

不同顏色的素材和造型，給人的感覺也大不相同，暖色或淡色的印象是溫暖、柔和。相反地，寒色或深色給人的印象是又硬又冷。使用圓圓柔柔的抱枕或靠墊時，可選擇淺、暖色系，就能強調柔和感。而直線條的玻璃或不鏽鋼家具可選購深色或寒色系強調俐落感，相反地，若搭配暖色系或柔和色系可降低銳利冰冷的感覺。

想採用很多色彩時

顏色數量一增加，塑造整體性的難度就越高，也許妳家中有許多喜歡的顏色，但是只要統一色調就能塑造整體一致性。特別是想要找到恰到好處的家具顏色非常困難，此時只要利用配色原則（圖），就可立即發掘調和的色系，非常方便。

例如三色配色時，在色相環內作一正三角形，三個角的顏色（如黃、藍綠、紫紅）調和感非常好。同樣地，使用正方形的四個顏色，或正五角形的五色、正六角形的六色配色法，既簡單且可搭配出美觀又調和的室內色彩。

照片來源：CROWSON 克勞遜家飾 提供

7-3 室內的色彩運用

本單元將說明室內設計的風格及色彩運用的概念，以下建議當您選擇任何一種室內設計風格時，可利用的色彩搭配技巧。

Bright & Light Spring

■ 簡單樸實風格 *Simple*

全部以淺色系統一，例如窗簾、沙發、椅子、圖畫、盆栽等，清爽、簡單，令人自在。因為沒有強烈對比色，所以非常耐看，家具可選簡單的樣式及自然的素材。

明亮清爽的藍色系

窗簾、靠墊統一採用清亮水藍色，沙發、桌子等使用木製或藤製品，比較有溫馨的感覺。

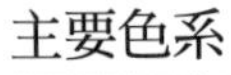

SP01　SP02　SP03

副色&重點色系

SP28　SP6　SP29

溫馨的杏桃紅色系

桌子和靠墊採用清鮭魚紅色，與牆壁的象牙白或淺黃色非常調和。畫框可選粉黃綠色來搭配，整體更加高尚素雅。

主要色系

SP01　SP02　SP03

副色&重點色系

SP14　SP11　SP17

客廳 Light & Muted Summer

■ 羅曼蒂克風格 *Romantic*

採用粉色系明亮且柔和，充滿了甜蜜溫柔的風格。在羅曼蒂克氣氛的房間內，整個人的心情、動作好像會自然而然變得更溫柔穩重。

以綠色增加清爽氣氛

牆壁、窗簾可使用粉藍綠色，讓整體有清爽的印象。地板使用淺灰藍色時，可選擇柔美玫瑰粉紅色的沙發，讓色彩相互輝映。

主要色系

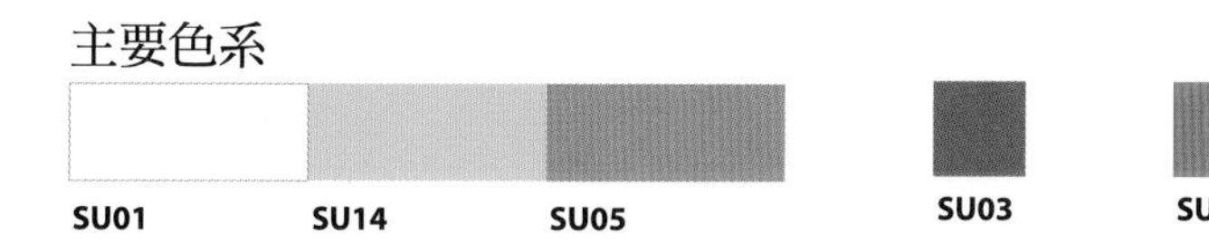

SU01 SU14 SU05

SU03 SU20 SP01

副色＆重點色系

以粉紅色作重點配色

乳藍色和柔和白色為主要色系，再以粉紅色作重點配色，既時尚又可愛。有時候材質不同，營造出來的氣氛也會有所不同。

主要色系

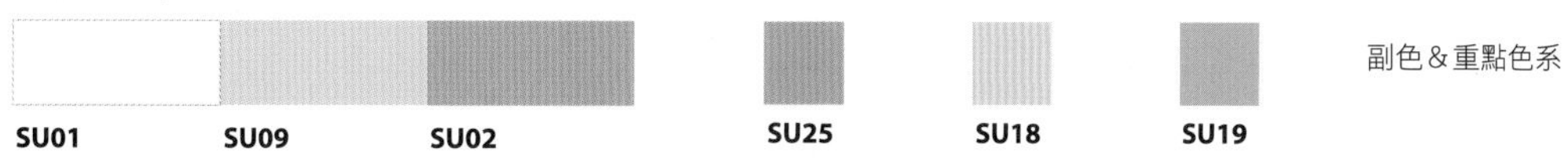

SU01 SU09 SU02

SU25 SU18 SU19

副色＆重點色系

客廳 Deep & Muted Autumn

■ 高貴典雅風格 Chic

運用中間色系打造沉穩氣氛、洗練成熟風格，有高級感。適合客廳或臥室，享受怡然自得光景的空間。

帶濁的綠色營造和諧感

中間色的灰白、暖灰等主色系以穩重的綠色作重點搭配，建議窗簾可選擇不顯眼的色系，整體明暗對比不可太強烈，就會令人舒適自在。

主要色系

AU01 AU02 AU08

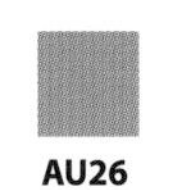

AU26

AU24

AU06

副色＆重點色系

整體濁色系的搭配，營造高雅氣氛

靠墊或邊桌的重點色彩，可選桃木色，地板和沙發的暖灰色或駱駝色讓整體沉穩、柔和又洗鍊。

主要色系

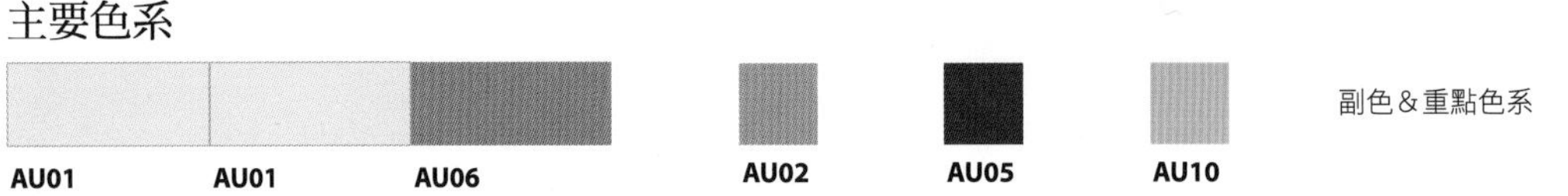

AU01 AU01 AU06 AU02 AU05 AU10

副色＆重點色系

客廳 Deep & Bright Winter

■ 現代摩登風格 *Modern*

俐落有速度感的風格。現代風格的房間，沒有多餘的裝飾，適合富機能性、款式簡單的家具。例如玻璃、金屬、不鏽鋼等冰冷或人工材質的家具，更能發揮個性風格。

沙發和靠墊的補色效果

踏入房間，第一個進入眼簾就是紅色的沙發和藍色的椅墊，非常搶眼。以綠色植物作為重點配色，這是強調個性化的配色法。

主要色系

WN01 WN02 WN03

WN 24

WN11

WN14

副色&重點色系

鮮豔黃色的普普風

讓心情輕鬆開朗的黃色沙發為主的客廳，搭配少許鮮豔綠色的重點配色，是普普風的室內設計。

主要色系

WN06 WN06 WN03

WN12 WN13 WN05

副色&重點色系

和 室 Deep & Muted Autumn

■ 古典傳統風格 

傳統穩重的室內設計風格，家具以深褐色系為主，式樣也是選擇古典傳統風。整體是以暗沉色系搭配，可感受高格調空間的氣氛。

以灰綠色塑造穩重氣息

牆面、地板統一為暖灰、綠色系，整體沉穩又有安定感，以淺灰藍色的拉門作重點搭配，營造素樸、寧靜的感覺。

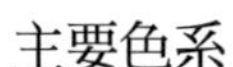

傳統風格的柔和氣息

整體環境以暖黃色、淡綠色為基調，白底的屏風讓空間顯得明亮。再點綴一盆白英橙紅色的花卉，增添柔和甜美的氣氛。

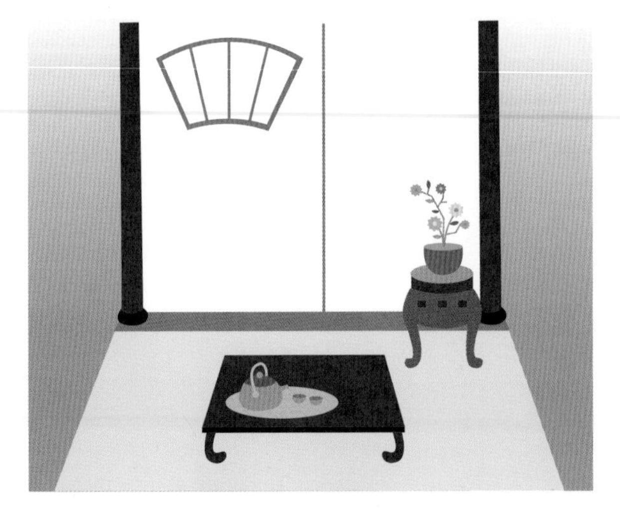

主要色系

臥室 Bright & Light Spring

以木製床具及明亮色系作為重點配色

充滿活力的春天型臥室，最適合自然愜意的風格。建議用木製地板及床組，配上多彩的床罩或窗簾，一覺醒來你會感覺非常舒暢。牆壁和地板均選擇乳白色或灰黃色，重點色彩可用亮珊瑚紅、亮黃綠色、淺橘色等。

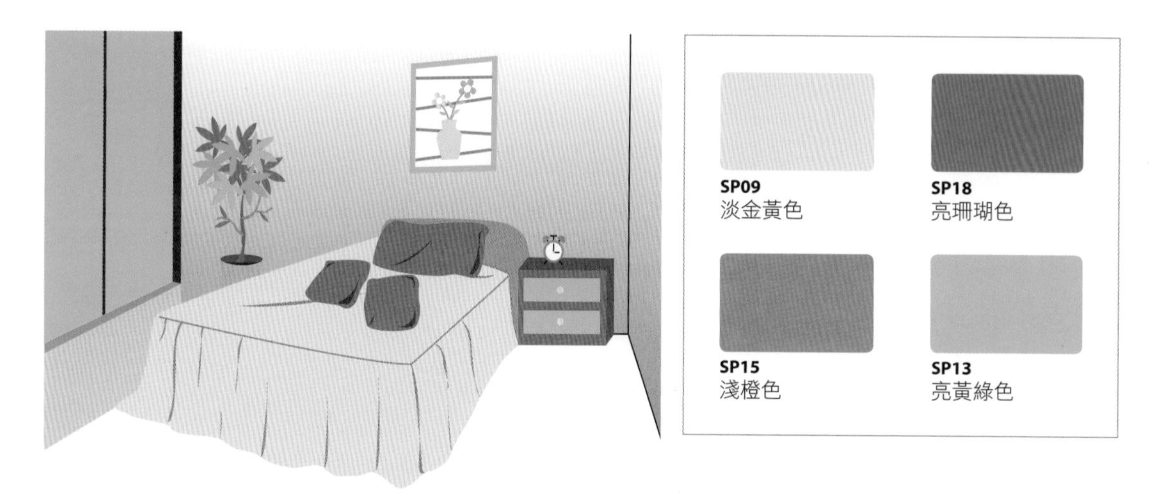

以亮黃綠色作為窗簾，配上淡黃金的床罩，有年輕活力的風格，雖是對比色卻帶有柔和氣息。

淺黃色和金褐色，自然輕鬆，整個室內氣氛帶些許的沉穩。可買較亮色系的時鐘或床罩作變化，床具盡量選擇淺一點的自然木製品。

Light & Muted Summer

深淺色系配色營造祥和空間

讓自己一天的疲勞得以消除的空間，最好不要用刺激又強烈的顏色。可運用深淺色系來塑造安靜和諧的氣氛，靠墊、燈罩均選用粉藍綠色有舒緩心情的效果。

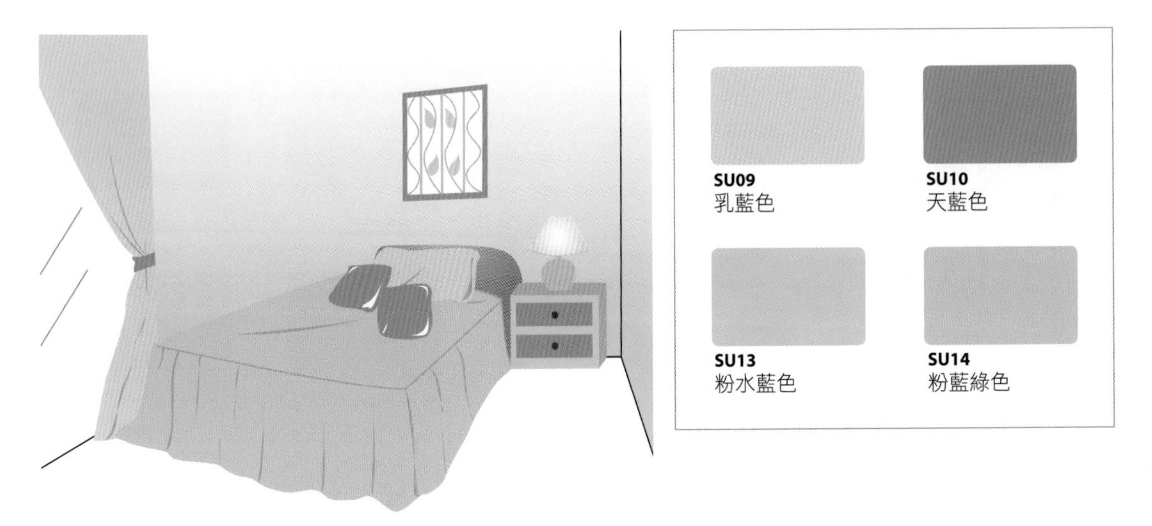

最大面積以深淺藍色系搭配，可帶來幸福、安祥的睡眠品質。

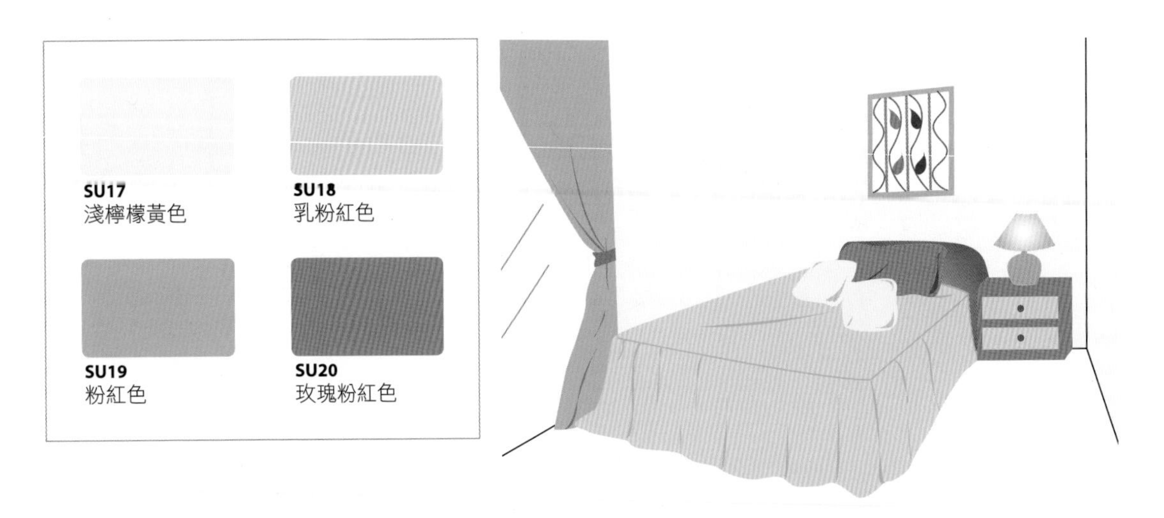

整體有素雅的印象，靠墊或邊桌可搭配些許黃色系營造活潑氣氛。

臥室 Deep & Muted Autumn

以駱駝、金黃色系等自然色系營造統一感

厚實穩重是秋天型的代表字眼，以「自然風格」森林綠色作搭配色系，或以類似色相搭配法來統一臥室的色彩，營造秋天型獨有的高雅沉穩氣息。照明設備可選用黃光高腳燈臺，享受就寢前舒適的時刻。

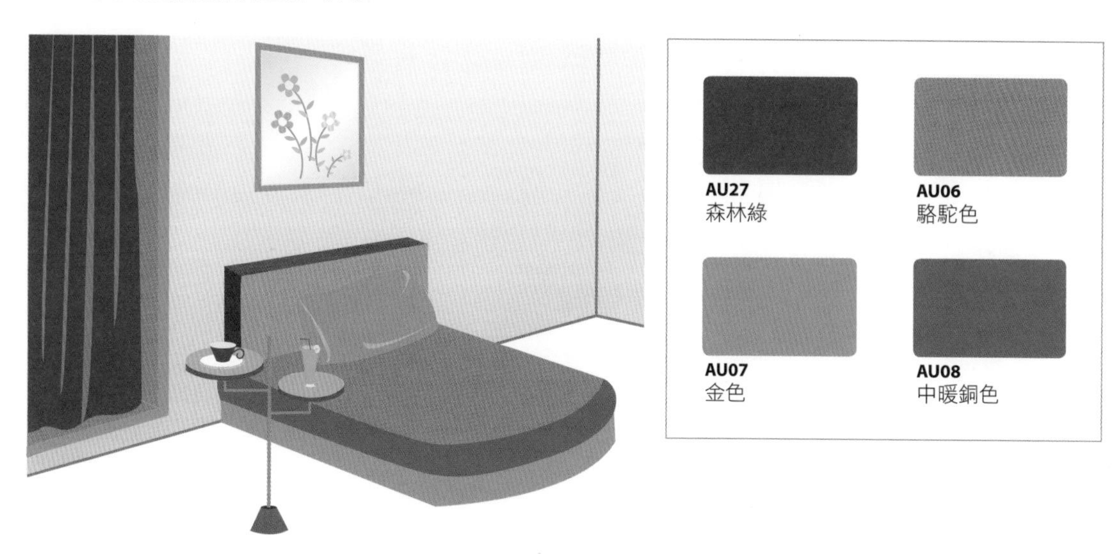

以乳白色的牆壁，其他以大地色搭配沉穩的褐色系，重點配色為森林綠色，非常時尚。

可選用橙色的窗簾，其他以類似色相搭配，讓整體看起來更柔和。

臥室 Deep & Bright Winter

如都會飯店般簡潔的色系

牆壁或地板等大面積的部分採用無彩色系，床罩和靠墊則採用強烈鮮豔的點綴色系，營造前衛戲劇感的氣氛。家具及照明均使用隱藏式，有都會時尚的氣息。

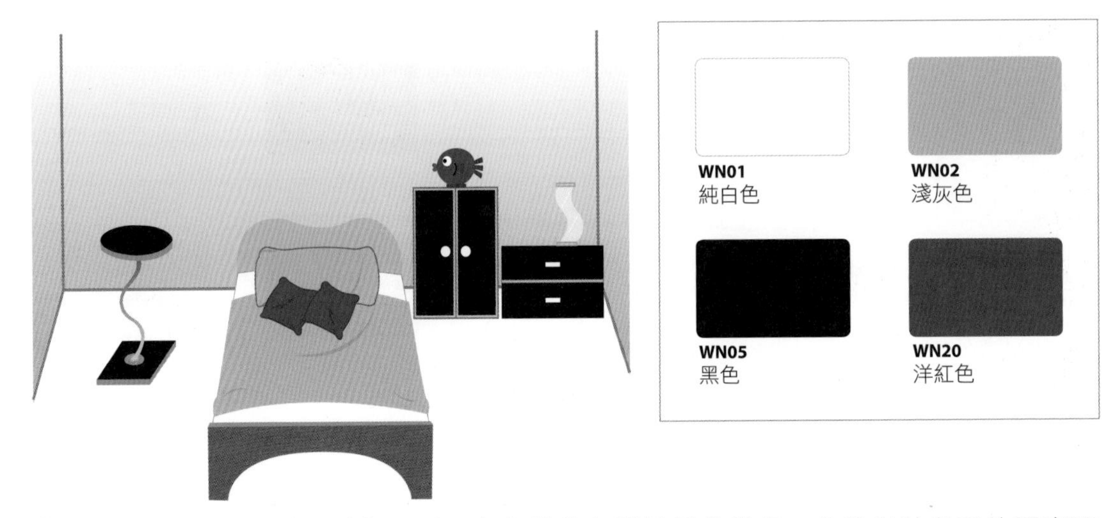

鮮豔的洋紅色是其重點色，利用在靠墊的色彩效果非常好，若飾以抽象派的圖畫即能表現出優良品味。

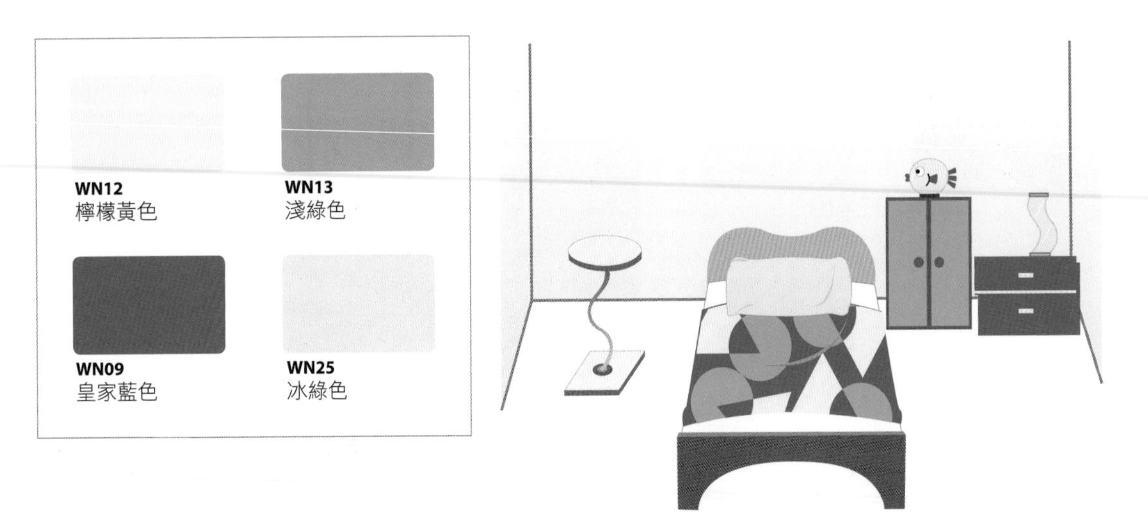

以淺綠和黃色的大膽配色方式，可營造前衛戲劇的氣氛。建議採用類似色系的大型幾何圖形的床罩，但是家具越少越好，如此就更簡潔更清爽。

兒童室 Kids Room

自然色系營造溫馨感

基本上小孩子喜歡暖色系，例如紅色系或黃色系等。應該有效利用這些色彩在兒童的成長空間，對於他們的人格發展過程會很有幫助，較小的嬰兒則建議採用淡色系。

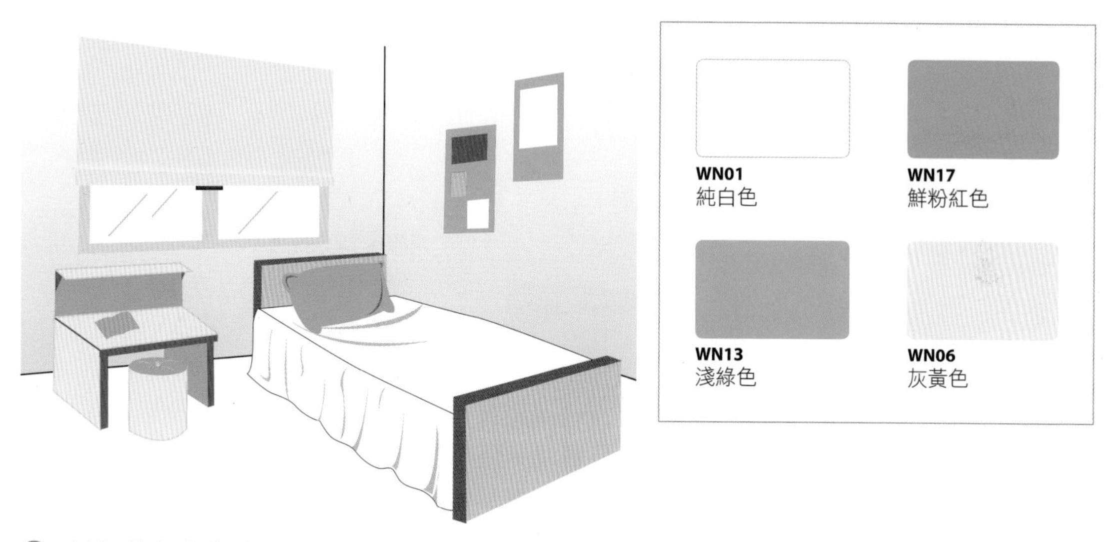

以灰黃色作為窗簾，配白色的床罩，很年輕活潑風格。

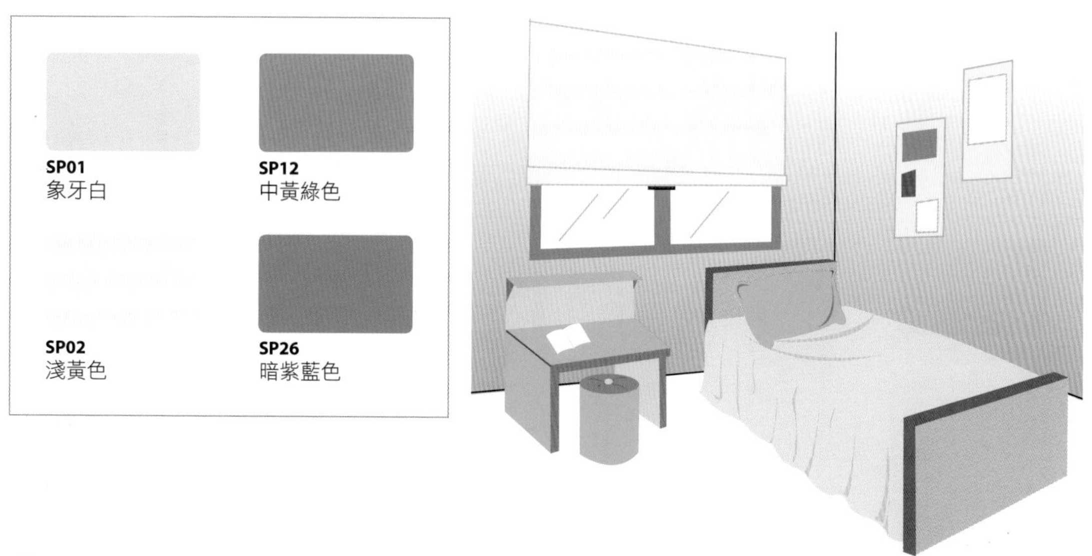

以局部明度高的色系如象牙白或淺黃色，營造快樂的氣氛，可搭配中綠色的書桌或椅子，床具選擇淺一點的自然素材，使空間調性統一又有變化。

書房 Study Room

冷色系可使人集中注意力，專注於學習

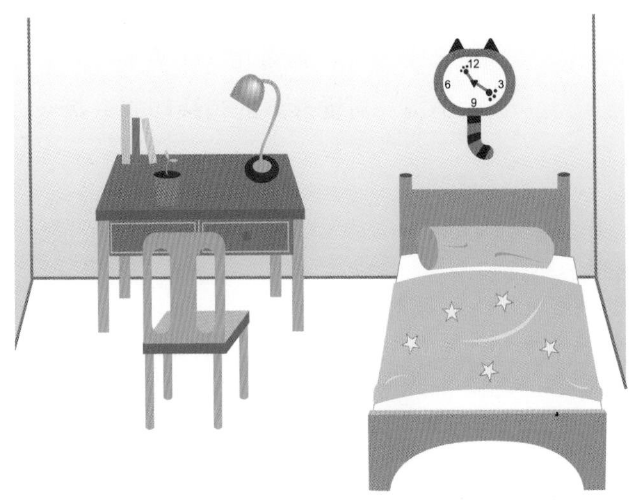

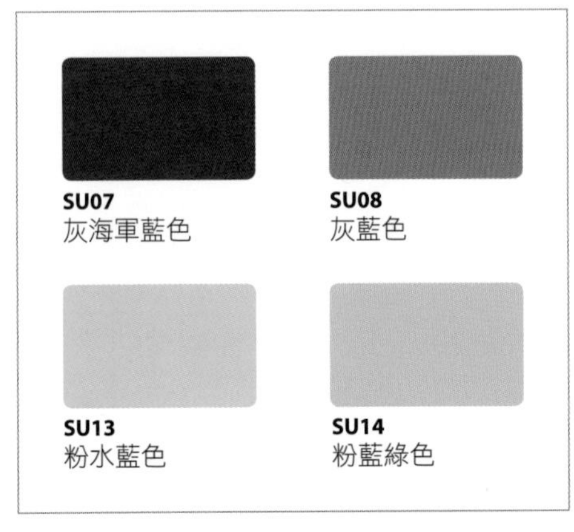

大部分的小孩到了小學5、6年級都會希望擁有自己的房間，為了提供一個能集中精神讀書和充滿自己獨有的世界，最好是以冷色系的藍色和可以放鬆的平穩安定的綠色來統一整體感。冷色系的房間有沉靜效果，可集中注意力。使用淡藍色系或淺灰黃色系做主要色系，局部建議採用較明亮的同色系，或小孩較喜歡的黃色系作為重點色，整體平衡感較好。

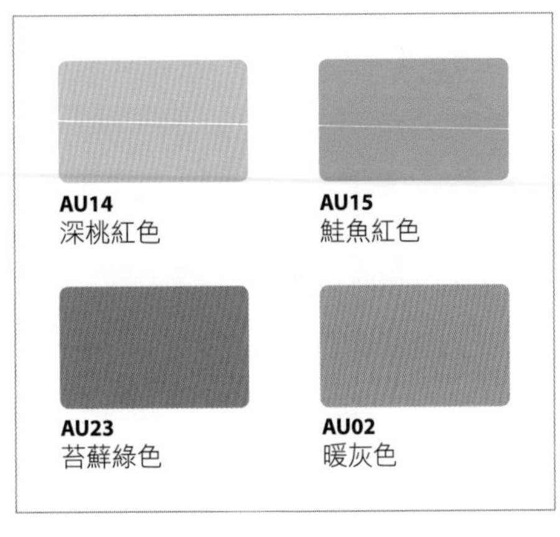

小學時期喜歡鮮豔色彩，到了中學時期可使用較深的綠色系或藍色系，可依孩子的成長更換床罩或地毯、窗簾的顏色。讓孩子共同參予選擇他們喜歡的顏色，並且給予建議，一起享受這種色彩的遊戲。

以四季基因色呈現—

花藝 Light & Bright Spring

花材：向日葵、太陽花、富士葉蘭、黃雞冠花、黃金柏

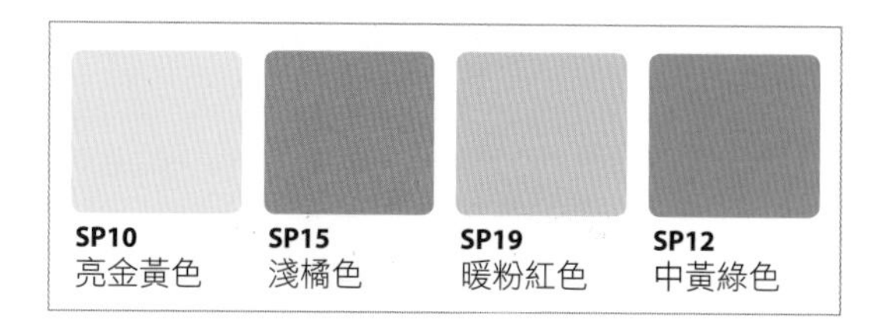

黃色系：黃豌豆花、黃紫羅蘭、油菜花、小向日葵

橘色系：鬱金香、姬百合、太陽花

淡綠色系：唐棉、雪球、金翠花

春神來訪，洋溢明朗清爽氣息

採用黃色、橘色、鮭魚粉紅等明亮色系統一，小型、可愛形象的花朵都非常適合春天型，創造可愛、休閒的印象。黃色搭配亮綠色，讓人聯想春天花田般清爽的感覺。

花材：初雪草、洋桔梗、千日紅（橘）

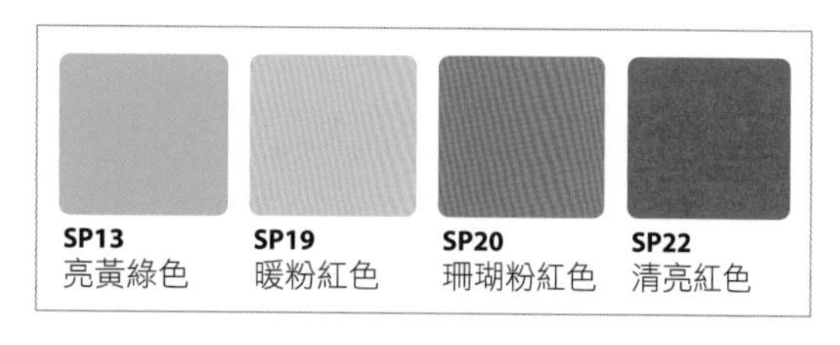

以四季基因色呈現－

花藝 Light & Muted Summer

花材：串心花、薑荷花、百合、大飛燕草

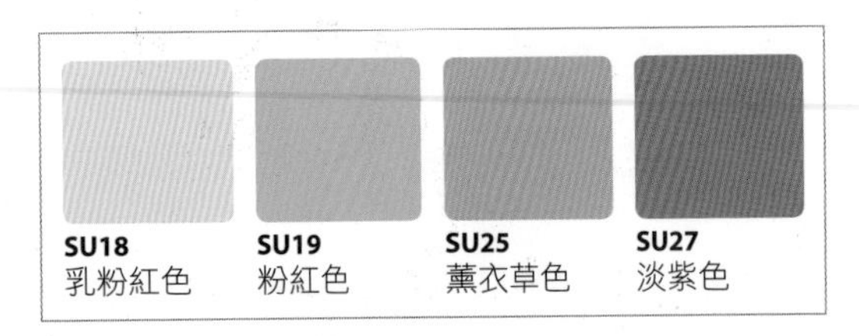

夏季可用花卉

粉紅色系：豌豆花、玫瑰、鬱金香、波斯菊、康乃馨、薔薇

藍色系：洋繡球花、魯冰花、勿忘我、鳶尾

紫色系：薰衣草、繡線菊、紫羅蘭、葉牡丹

使用楚楚可人的花朵，營造夏日清新的氣息

以柔和粉色系創造簡單、高雅、羅曼蒂克氣息，如淡藍或淡紫色、粉紅色等同色系做漸層式搭配，可選薔薇、勿忘草等花材。亦可使用蓬鬆包裝紙或蕾絲緞帶，營造女性化柔和氣息。

花材：鳶尾葉、洋繡球、黃金柏

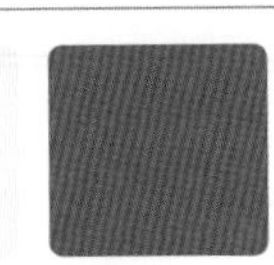

SU09 粉藍色　SU14 粉藍綠　SU17 淺檸檬黃色　SU26 蘭花紫

以四季基因色呈現—

花 藝 Deep & Muted Autumn

秋分既自然又華麗的氣勢

深秋型的花飾適合華麗感和自然的感覺，帶有時髦成熟的氣息。可以黃色或褐色、綠色為主色，再運用深沉色系，如施以枝葉較多的花材或選擇較大型花朵，完成高品味色調的搭配。

花材：赫蕉、非洲鬱金香、千日紅（橘）、菇婆芋、黃金柏

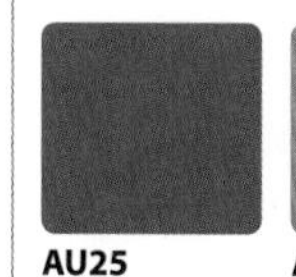

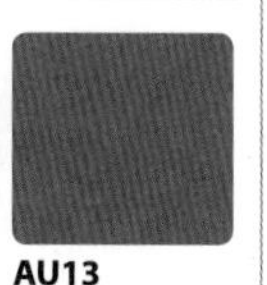
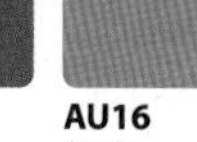

AU25	AU16	AU19	AU13
橄欖綠色	橘色	暗蕃茄紅色	紅褐色

花材：鐵砲百合、黃雞冠花、小月桃（葉）、枯木

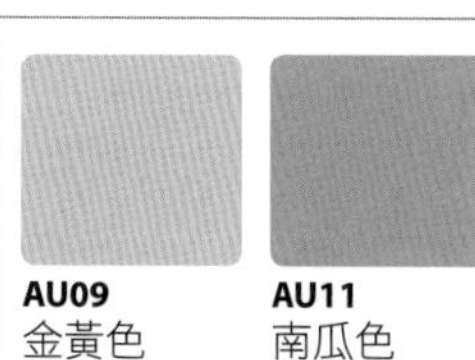

AU09	AU11	AU20	AU05
金黃色	南瓜色	萊姆綠色	桃木色

秋季可用花卉

紅、黃色系：薔薇、大理花、芒草、花楸
綠色系：山歸來、柃木、蔓綠絨
褐色系：巧克力向日葵、高粱、藤

以四季基因色呈現—

花 藝 Bright & Deep Winter

花材：紫薇、酸漿、雞冠花、小紅鳥蕉、寶石葉

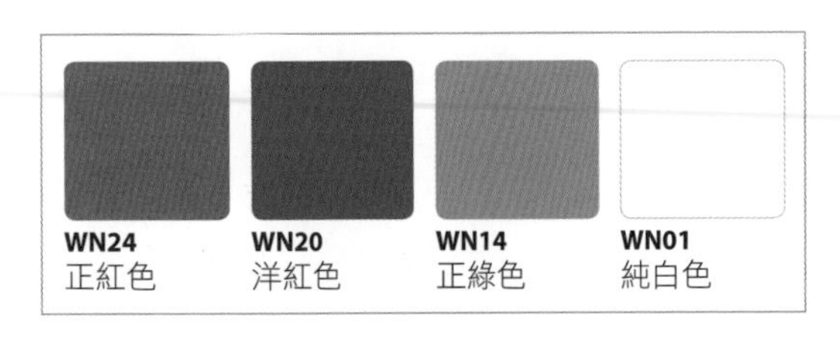

震撼人心的冬天基因色

以鮮明亮麗的花來塑造摩登、前衛戲劇、個性美的形象，與其使用各種花材，倒不如採用2~3種大膽色彩的花朵造型，使用莖部的線條部分表現時尚感。

花材：青蘋果、海芋、小蒼蘭、初雪草、八角金盤

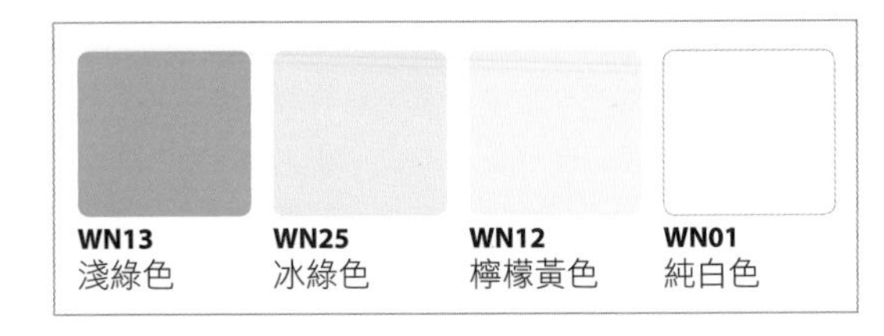

冬季可用花卉

白色系：海芋、百合、霞草

紅色系：火鶴、加德利亞蘭、白頭翁、紅太陽花

綠色系：闊葉武竹、電信蘭、熊草

Appendix 1

流行實驗室

Fashion Lab

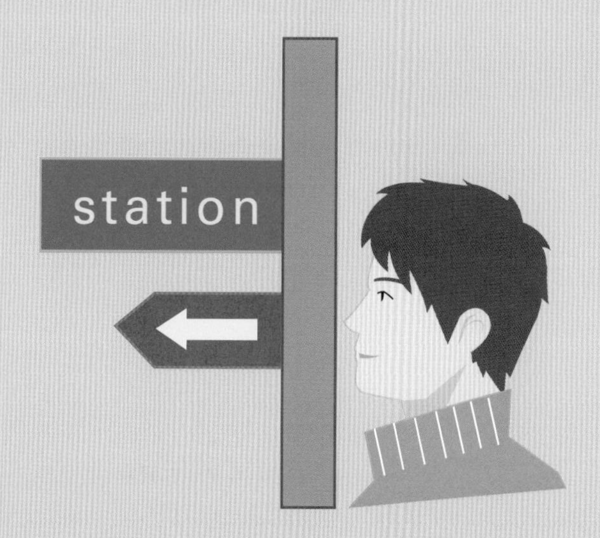

流行實驗室

室內設計原理—
舒適的室內裝潢設計

Fashion Lab 01

室內裝潢設計包括了家具、牆壁、地板、窗簾、電器用品等，當你在構想裝潢或擺設時，你會以它們的造型、品牌，還是功能性考來量呢？其實都很重要，但是要創造舒適的空間，色彩占非常重要的地位，如果任意使用顏色，再好的家具或窗簾也都顯得價值低廉，形成不舒適的空間。

請試試閉起你的眼睛，想像一下能讓你放鬆休息的地方或環境是什麼樣子？是不是都是大自然的景象？所以居家設計或裝飾，請務必選擇自然色系。可先找出5個淺色系的中間色作為牆壁、天花板、地板、窗簾、沙發的顏色，如喜歡藍底基因色的配色可營造俐落大方的空間。

據調查，有90%的人覺得黃底基因色配色的房間比較能放鬆，這就是色彩的神奇力量。因此，建議享受休憩放鬆的客廳應使用黃底基因色系，而需振作精神的工作室或書房則選擇藍底基因色。

另外，照明設備也非常重要。藍底基因色的房間採用日光燈，黃底基因色的房間最適合鎢絲燈，如果藍底基因色房間，使用鎢絲燈就會變成混合色，混合色的室內可以利用重點色搭配方法來修飾空間。

以色彩塑造風格

灰褐色（簡單樸素）

灰褐色或象牙白、黃綠色、白木等天然色系作為主色系（底色），再選擇明亮紅色或橘色、藍、黃、綠作為重點搭配色系。整體需要明亮感的話，可利用同色系作漸層配色。

灰藍色（高貴典雅）

以灰色系作主色系，如灰褐色、灰色、灰黃色、紫藍色，也是採用漸層式配色，可展現高品味、成熟風貌。

粉紅色（羅曼蒂克）

以明亮柔和的桃粉紅色、杏黃色、淺紫藍色、玫瑰粉紅、淺藍色、亮黃綠色等粉嫩色系作漸層配色。

暗灰色（古典傳統）

深咖啡色系、黑、藍、中灰色、森林綠、橄欖綠等作為主色系，再選擇酒紅色、皇家藍、深藍色、灰黃綠色等適合色系搭配，可擺設金色裝飾品增添一些豪華感。

淺灰藍色（現代摩登）

以白、黑、灰色系等無彩色系列為主，再利用鮮豔的紅、藍、綠等流行色系作搭配即可。

色彩心理學—
色彩與環境的關係

Fashion Lab 02

色彩運用在環境有以下八種功能：

1. 機能性效果

用紅、黃、綠色做為交通號誌區別危險狀況，如海邊漲退潮線、危險標誌等顏色，在表現符號、標語、引人注目等效果最省時省力。

2. 情緒性效果

有些顏色讓人看起來美麗動人，人們以穿著服飾搭配來表達形象，例如護士像白衣天使般給人視覺與心情上的影響。

3. 室內景觀、建築物外觀、自然景觀與建築物的調和

4. 容易識別的功能

5. 加強印象

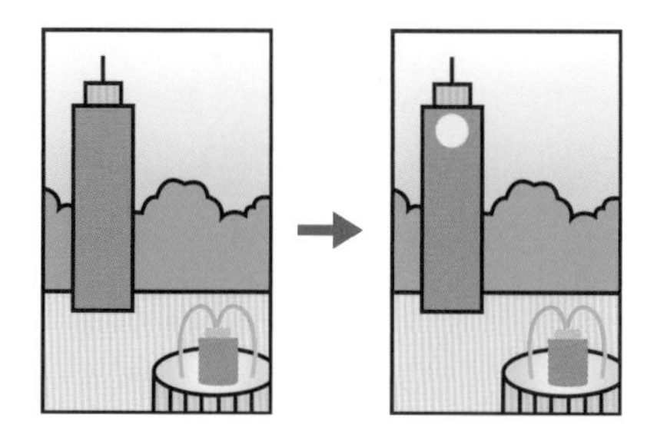

6. 具個性化

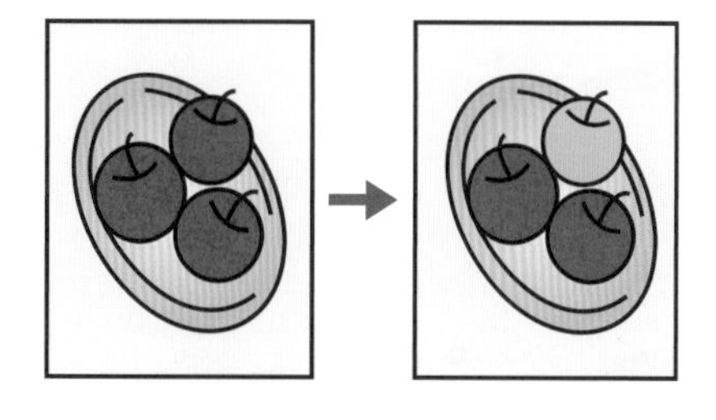

7. 統一感與秩序

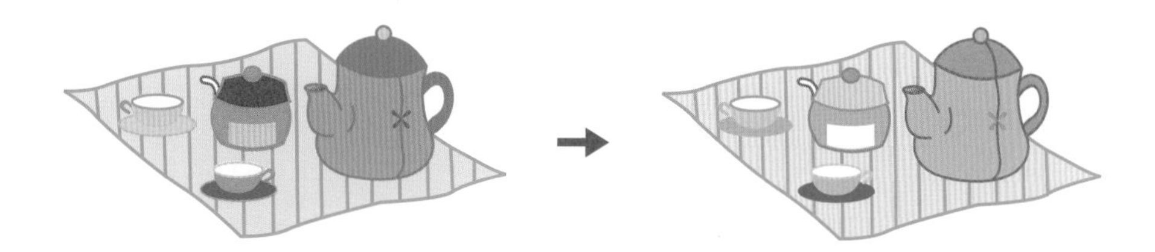

8. 空間感

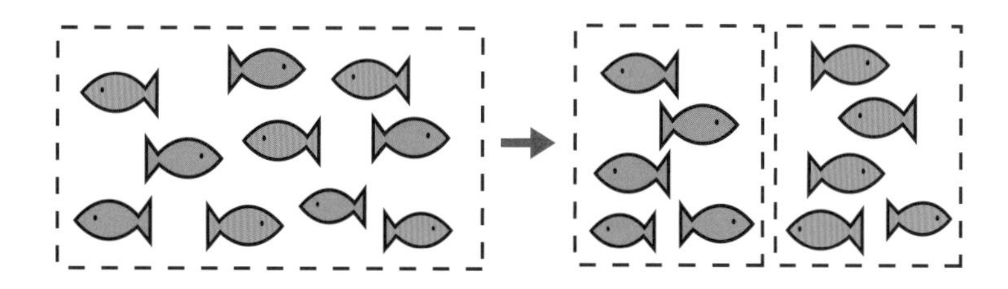

色彩心理學—
呈現心理現況的顏色

Fashion Lab 03

色彩深繫心情的狀況，當很有活力的時候或很疲累的時候，對於顏色的感覺心情應該是不一樣的。請從下列基因色中選出自己喜歡的顏色，可以了解自己當下的心理狀況。

藍基因色

色號	顏色	心理
SU12	紫藍色	纖細
WN21	皇家紫	高貴
SU09	粉藍色	溫柔
WN07	海軍藍	誠實
SU16	深藍綠色	慎重
WN16	松綠色	安定
SU17	淺檸檬黃	直爽
WN12	檸檬黃	快活
SU19	粉紅色	為人著想
WN19	紫紅色	好奇心
SU 21	深玫瑰紅	積極
WN23	藍紅色	領導

黃基因色

色號	顏色	心理
SP24	中紫藍色	直覺
AU30	深紫藍色	藝術
SP28	淺水藍色	創意
AU28	土耳其藍	溝通
SP11	粉黃綠色	寬容
AU27	森林綠色	調和
SP09	淡金黃色	樂觀
AU07	金黃色	自由發想
SP19	暖粉紅色	協調
AU18	白英橙紅色	健康
SP21	清暖粉紅色	活力
AU19	暗蕃茄紅色	積極

流行實驗室 色彩相關的工作領域 Fashion Lab 04

色彩不僅用在個人身上、流行服飾，更可運用色彩所擁有的不可思議的力量在各種場合。學習這些深奧的色彩學問，可在下列這些工作場合發揮這種色彩獨特的工作能力。

色彩的工作範圍雖然很廣，但是大致可分為兩種，第一種是以對色彩有興趣的個人為對象，針對服飾或居家作色彩搭配建議。第二種為小自企業或店面內外設計、商品等色彩規劃，大至整個環境的設計，如街道的招牌顏色與行道樹之間的協調性、公共交通機構的顏色使用等作建議或企劃。諸如都市空間的色彩規劃方面，則是向所屬政府機構進行提案建議。

事業發展流程圖

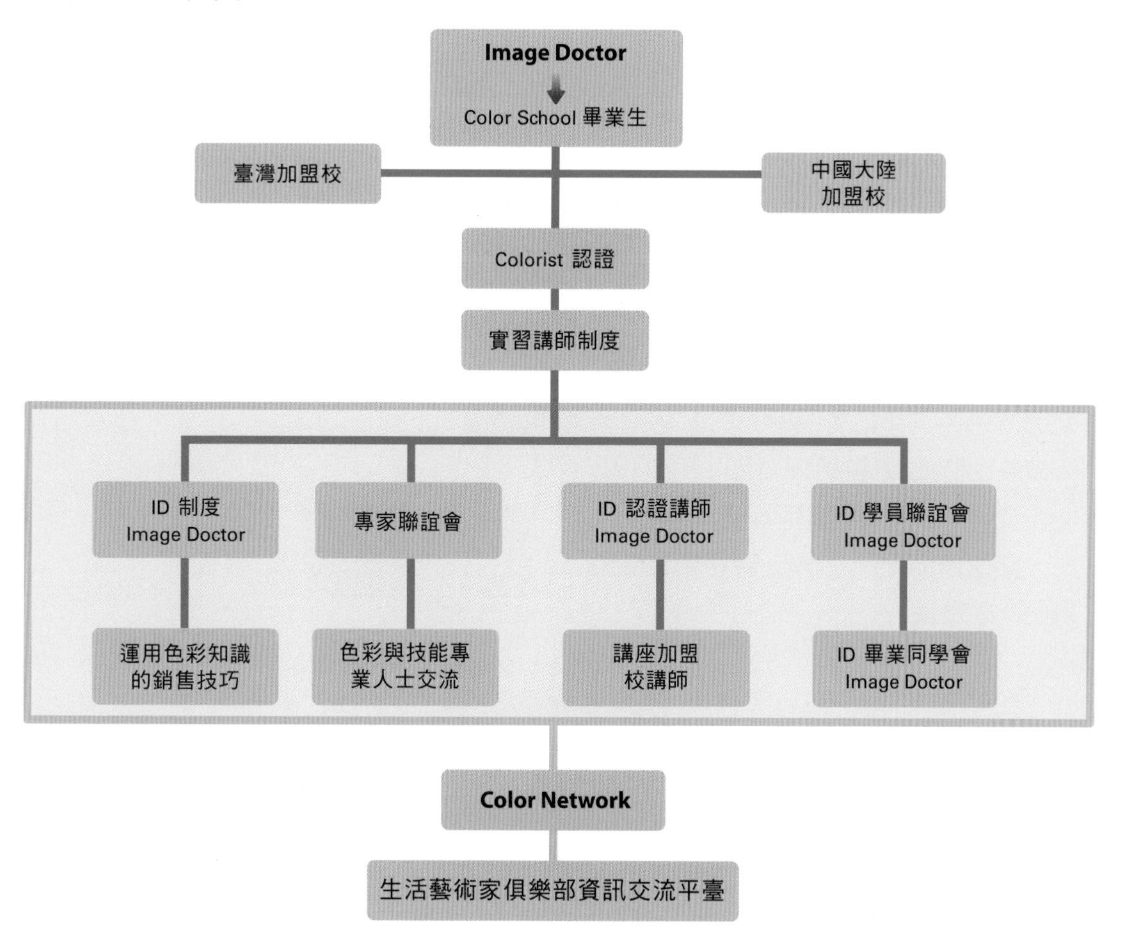

個人色彩形象顧問師

- **流行產業**
- **彩妝相關行業**
- **美容美髮相關行業**

個人色彩形象顧問師主要在流行行業及美容行業發揮專才。利用色彩基因診斷系統判斷出顧客本身的基因色，然後再建議顧客適合的流行服飾、飾品、彩妝、髮色等。因為是讓顧客更有魅力，所以當顧客因而獲得愉快時，你自然也能感受到喜悅與成就感。也就是說，色彩的知識在提升個人魅力時發揮作用了。

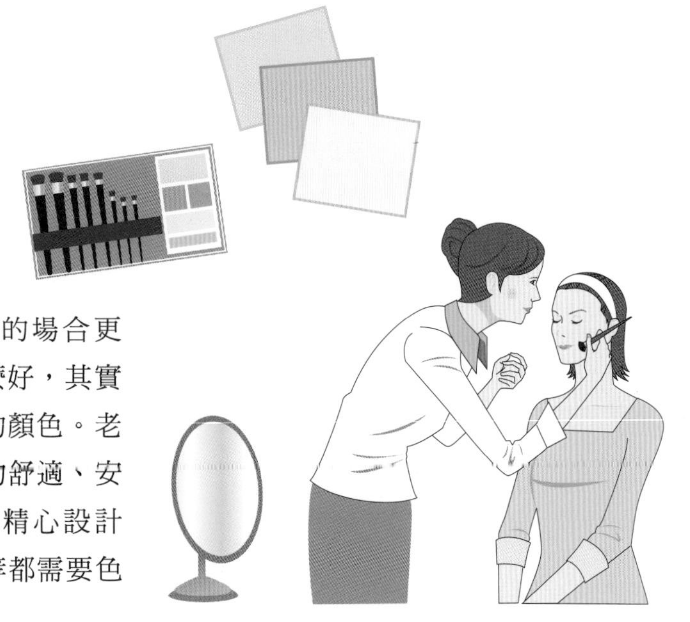

整體形象顧問師

- **各種商品開發**
- **包裝設計**
- **室內設計**

可發揮整體形象顧問師實力的場合更多，有些零食為什麼賣得那麼好，其實是因為包裝具非常有吸引力的顏色。老人安養中心的設施中所採用的舒適、安心、安全色系，全都是經過精心設計的。其他商品設計、建築業等都需要色彩的專業知識。

色彩心理分析師

- **心理諮商**

透過色彩了解前來諮詢者的深層心理，並給予心理輔導和建議，利用色彩所擁有的心理感情效果和聯想，喚醒過去的記憶。可了解她（他）無意識的心理狀況，在經過色彩相關的專業諮詢，讓人以較客觀的立場面對自己，找尋心靈出口。

平面印刷物設計師

- **型錄**
- **雜誌**
- **海報**
- **商品包裝**
- **CD 包裝**

設計型錄、雜誌、海報、商品包裝、CD外盒等印刷物，配合客戶的需求發揮自己的品味及獨創想像空間，將字型、字體大小、插畫、照片大小、配色以及版面設計，做一整體性的安排。近年來都是電腦作業，所以必須具備電腦繪圖技能。然而在有限版面中能發揮嶄新的創意，除了對美學、色彩學要有敏銳度，還要在設計稿完成時無絲毫誤差，必須具備相當細心的工作能耐。最近，還有很多平面印刷物設計師活躍於網頁設計和製作電視廣告片的領域中。

花藝設計師

- **花藝相關行業**
- **餐桌擺設**

花藝設計師不僅在花店發揮其專才，在經過色彩專業知識的訓練下，利用花藝創造室內或空間的整體美感。配合各種場合、空間或地點，選擇有品味的花材和色彩，讓餐桌設計甚至到櫥窗設計等，都可使花藝技巧的範疇更加廣闊。

婚紗整體造型師

- **婚禮設計**

為人生中最美好的一天發揮才能的工作，一方面思考新郎新娘的造型，一方面配合結婚日期、預算，進行整合婚禮儀式、音樂、餐餚、禮服、花藝等。到了結婚當天，婚禮進行狀況、人員配置等相關瑣碎工作，都需要非常廣泛的專業知識及多方位溝通能力。你可能在工作中遇到一些突發狀況，必須以冷靜、寬闊的胸懷去應對，甚至獲得感動或成就感。

色彩顧問師的教材

Fashion Lab 05

在實際為他人做色彩諮詢時，必須藉助下列教材做診斷。

診斷色布

藍基因色布

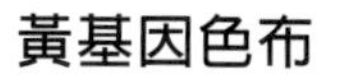

黃基因色布

四季基因色彩教學板

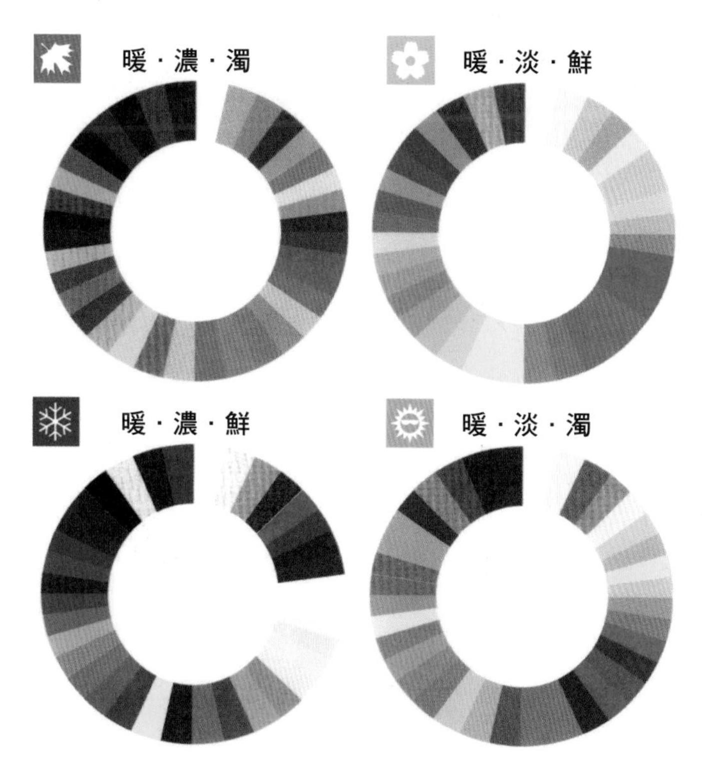

個人色卡

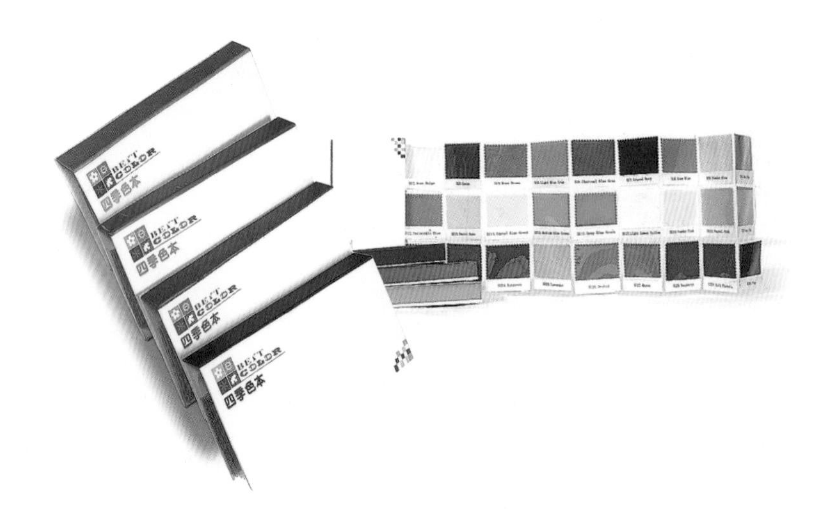

UPSID Cstyle 配色教材

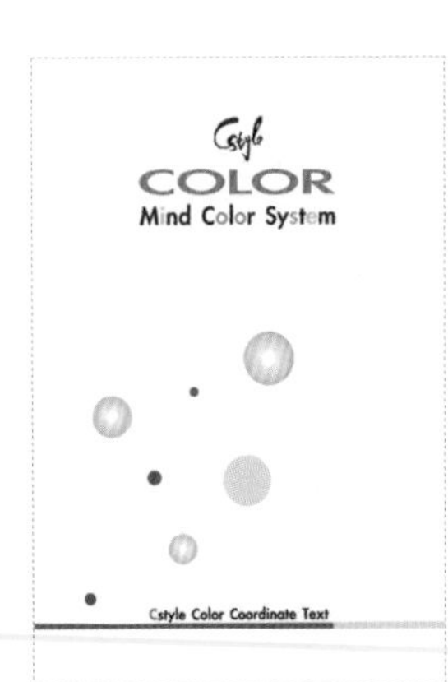

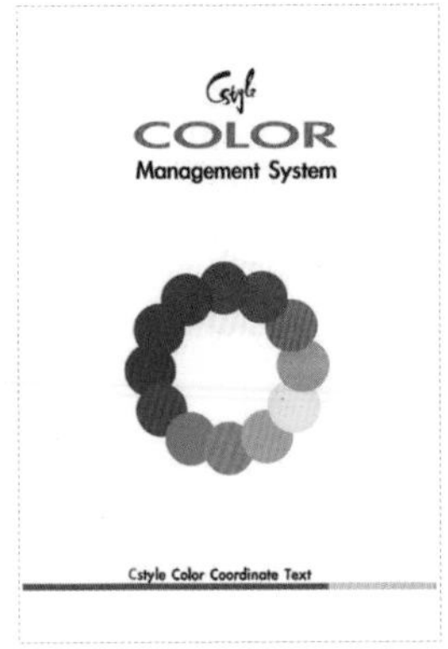

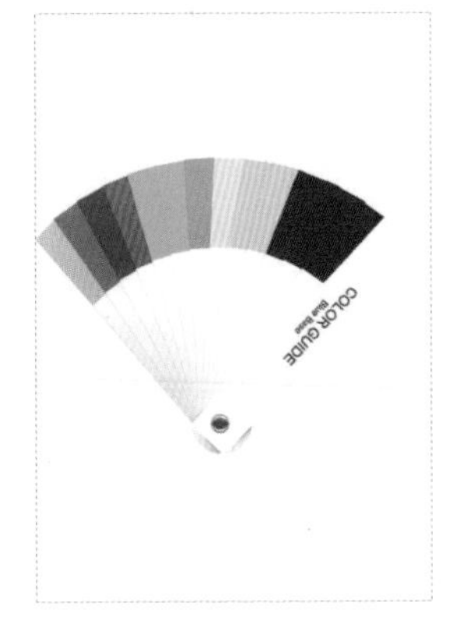

衣櫃管理祕笈—

服裝搭配練習

▲ 2套裝（可單穿） 1長褲 1洋裝 1毛衣外套 1襯衫 1高領

流行實驗室

衣櫃管理祕笈—

服裝搭配練習參考

— 7件（套）穿38天 —

Fashion Lab 07

01

02

03

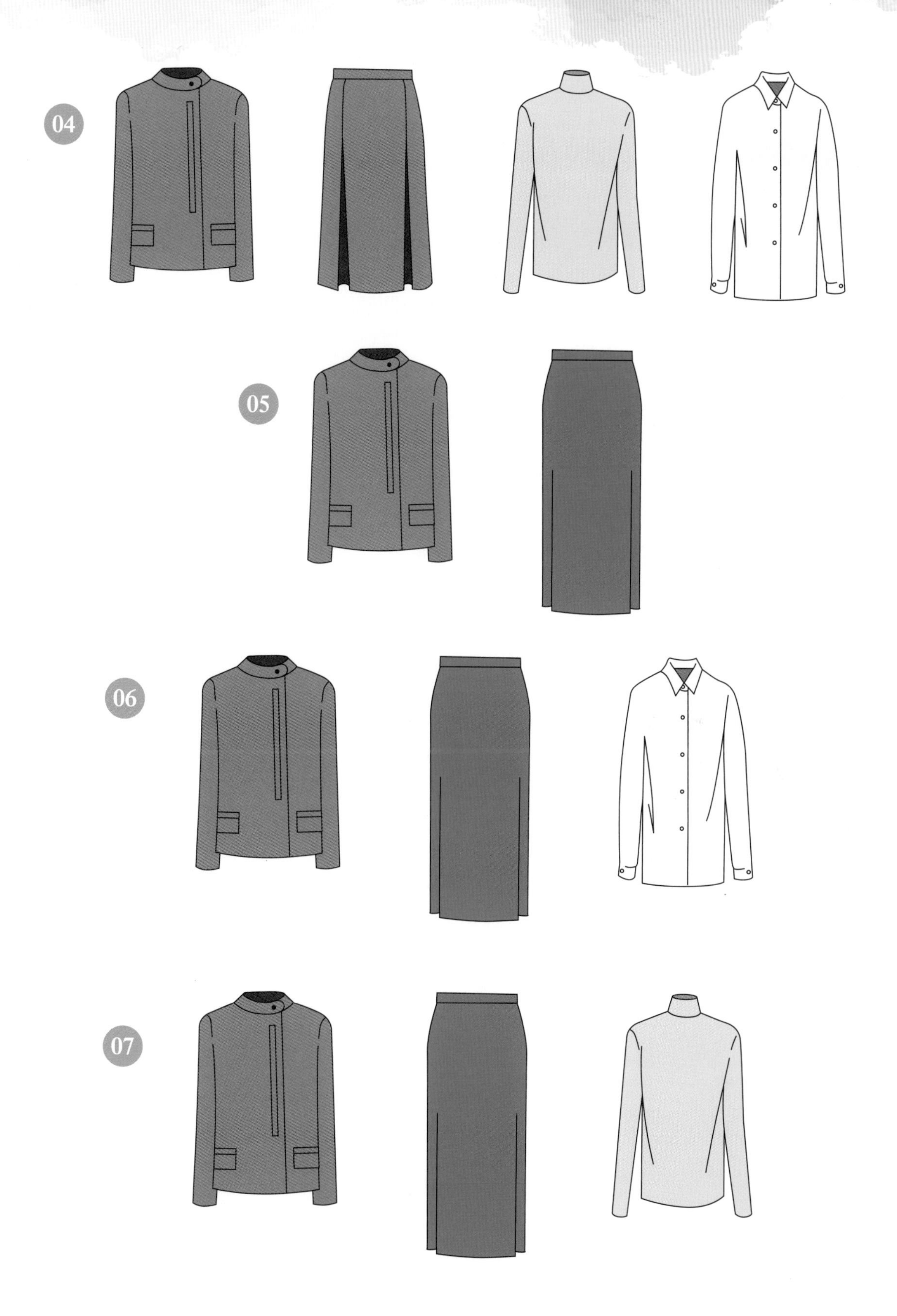
04
05
06
07

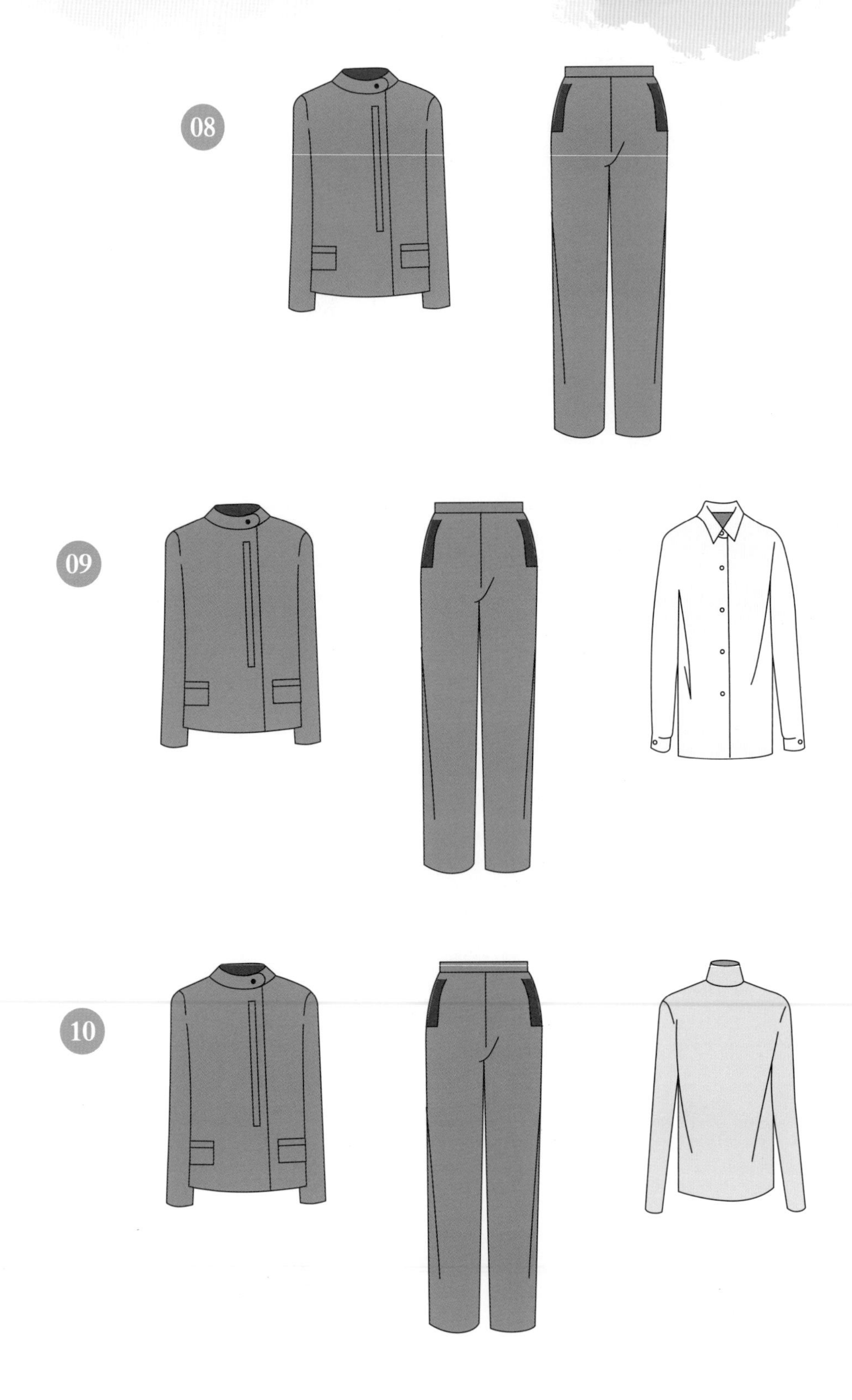
08
09
10

11
12
13
14

15
16
17
18

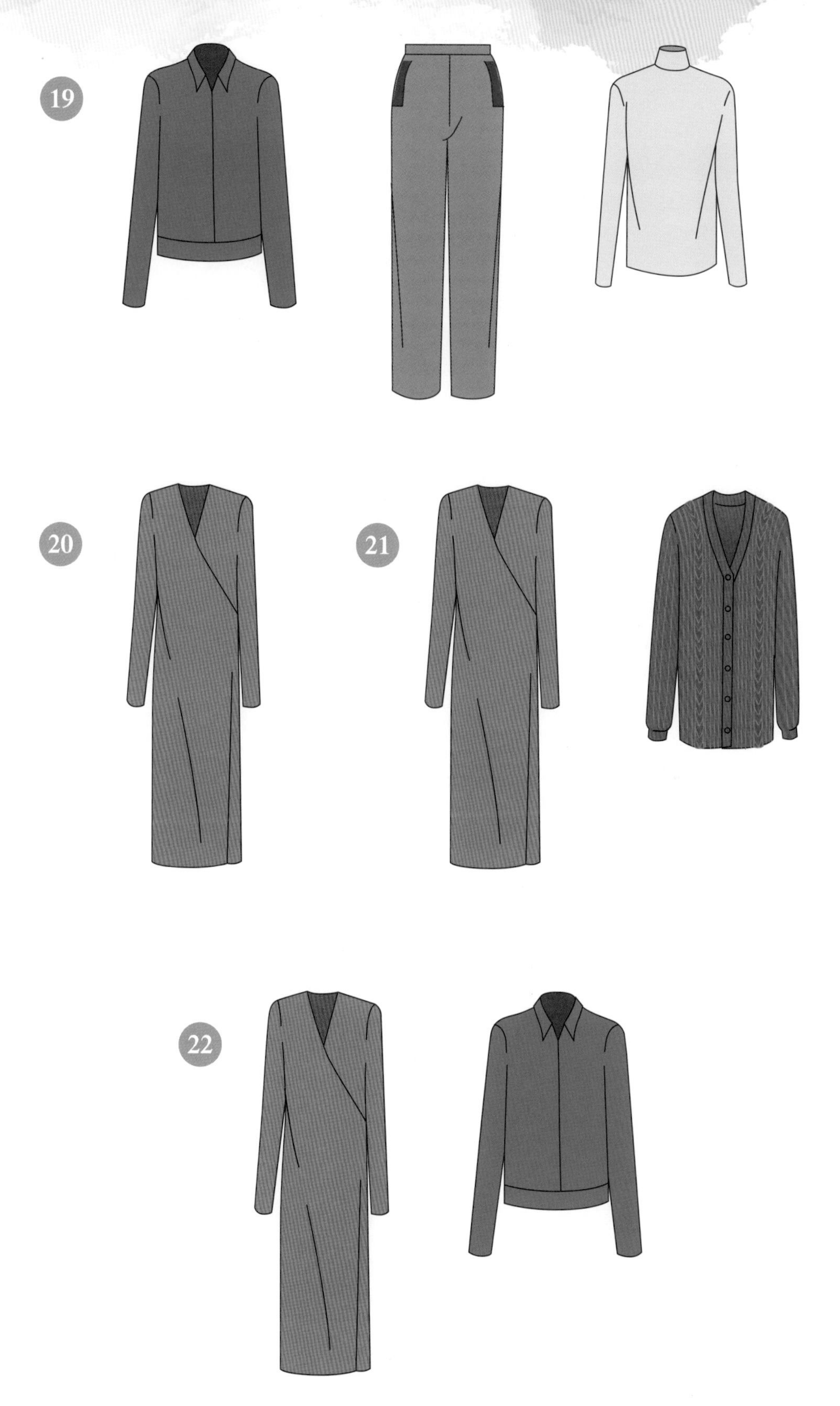
19
20
21
22

23
24
25
26

27
28
29

30
31
32

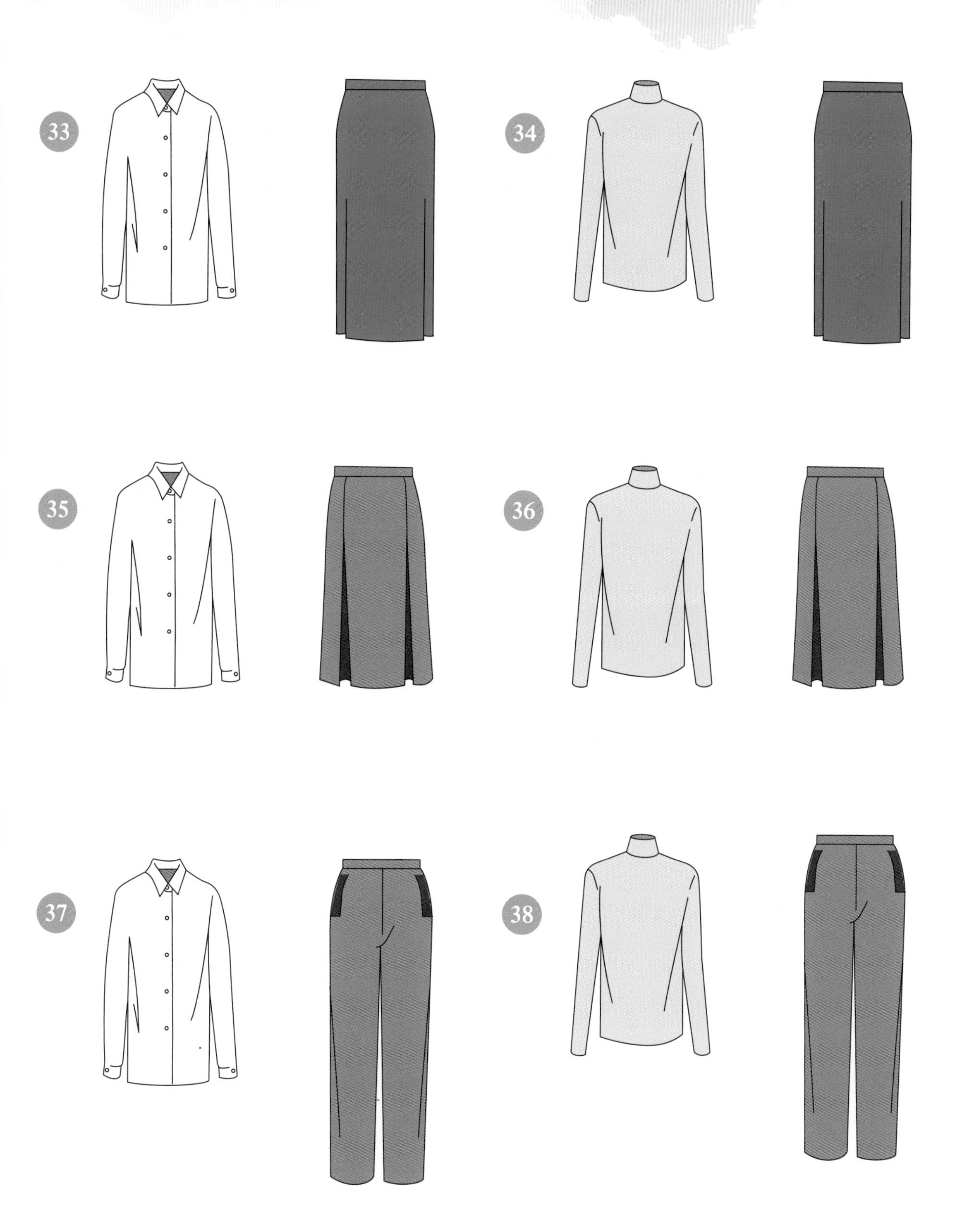
33
34
35
36
37
38

Appendix 2

四季色卡

Spring

Summer

Autumn

Winter

春天色系 I

SP 8

SP 1

SP 9

SP 2

SP 10

SP 3

SP 11

SP 4

SP 12

SP 5

SP 13

SP 6

SP 14

SP 7

SP 15

SP 1

SP 2

SP 3

SP 4

SP 5

SP 6

SP 7

SP 8

SP 9

SP 10

SP 11

SP 12

SP 13

SP 14

SP 15

春天色系 II

SP 16

SP 17

SP 18

SP 19

SP 20

SP 21

SP 22

SP 23

SP 24

SP 25

SP 26

SP 27

SP 28

SP 29

SP 30

SP 23

SP 24

SP 25

SP 26

SP 27

SP 28

SP 29

SP 30

SP 16

SP 17

SP 18

SP 19

SP 20

SP 21

SP 22

夏天色系 I

Su 1

Su 2

Su 3

Su 4

Su 5

Su 6

Su 7

Su 8

Su 9

Su 10

Su 11

Su 12

Su 13

Su 14

Su 15

Su 1

Su 2

Su 3

Su 4

Su 5

Su 6

Su 7

Su 8

Su 9

Su 10

Su 11

Su 12

Su 13

Su 14

Su 15

夏天色系 II

Su 16

Su 17

Su 18

Su 19

Su 20

Su 21

Su 22

Su 23

Su 24

Su 25

Su 26

Su 27

Su 28

Su 29

Su 30

Su 23

Su 24

Su 25

Su 26

Su 27

Su 28

Su 29

Su 30

Su 16

Su 17

Su 18

Su 19

Su 20

Su 21

Su 22

秋天色系 I

Au 1

Au 2

Au 3

Au 4

Au 5

Au 6

Au 7

Au 8

Au 9

Au 10

Au 11

Au 12

Au 13

Au 14

Au 15

Au 1

Au 2

Au 3

Au 4

Au 5

Au 6

Au 7

Au 8

Au 9

Au 10

Au 11

Au 12

Au 13

Au 14

Au 15

秋天色系 II

Au 16

Au 17

Au 18

Au 19

Au 20

Au 21

Au 22

Au 23

Au 24

Au 25

Au 26

Au 27

Au 28

Au 29

Au 30

Au 23

Au 24

Au 25

Au 26

Au 27

Au 28

Au 29

Au 30

Au 16

Au 17

Au 18

Au 19

Au 20

Au 21

Au 22

冬天色系 I

❄Wn 8

❄Wn 1

❄Wn 9

❄Wn 2

❄Wn 10

❄Wn 3

❄Wn 11

❄Wn 4

❄Wn 12

❄Wn 5

❄Wn 13

❄Wn 6

❄Wn 14

❄Wn 7

❄Wn 15

❄Wn 8

❄Wn 9

❄Wn 1

❄Wn 10

❄Wn 2

❄Wn 11

❄Wn 3

❄Wn 12

❄Wn 4

❄Wn 13

❄Wn 5

❄Wn 14

❄Wn 6

❄Wn 15

❄Wn 7

冬天色系 II

Wn 16

Wn 17

Wn 18

Wn 19

Wn 20

Wn 21

Wn 22

Wn 23

Wn 24

Wn 25

Wn 26

Wn 27

Wn 28

Wn 29

Wn 30

❋Wn 23

❋Wn 24

❋Wn 25

❋Wn 26

❋Wn 27

❋Wn 28

❋Wn 29

❋Wn 30

❋Wn 16

❋Wn 17

❋Wn 18

❋Wn 19

❋Wn 20

❋Wn 21

❋Wn 22

參考書目

1. Color Selection「配色上手」ベキレイになれ、カラー集団トークリア監修、ディツクカラー&デザイン編、講談社，2000年。
2. Visual Color Coordinateビジュアル　カラー　コーディネート、徳英聖一郎、講談社，2000年。
3. 新カラーイメージ字典、小林重順編、日本カラーデザイン研究所著、講談社，1993年。
4. Communicative Colorカラーコーディネイトレッスン、内野栄子著、主婦の友社，1994年。
5. 私を変えるカラーコーディネイト、菅原令子監修、永岡書店，1999年。
6. NHKおしゃれ工房 あなたを美しする色　似合う色、佐藤泰子、NHK出版，1997年。
7. フアッションコーディネイト色彩検定 色検3級、視学デザイン研究所編。
8. Color Harmony諧調配色、布萊德威爾蘭、美工圖書社，1994年。
9. 服裝的色彩學、李少華 陳美芳編著、藝風堂，1990年。
10. 色彩計畫、鄭國裕 林磐聳編著、藝風堂，2002年。
11. 色彩與配色、太田昭雄 河原英介原著 王建柱等校訂、新形象出版事業有限公司，1996年。
12. もっとステキに色を著る事典、高橋ユミなど、河出書房新社，1988年。
13. フアッション・カラー・コーディネイト、小川洋子 山本順子 進藤英、永崗書店，1989年。
14. 服裝設計應用課程專用教材、商鼎文化出版社。
15. COLOR SELECTION、ビシッときれいに！おしゃれ手帖、ディツクカラー&デザイン編、講談社，2002年。
16. 色彩美人 配色レシピ、ヨシタ　ミチコ、池田書店，2005年。
17. 心理學（簡明版）、葉重新著、心理出版社，2011年。
18. 我造我型－紐約時尚大師對話、商鼎文化出版社，2003年。

資料、取材協助

四藝有限公司	王國忠　負責人
	中華人文花道發展協會創會會長
日月光國際家飾館	1.利滿地：圖片來源：日月光 Natuzzi
	2.格蘭登：圖片來源：日月光 格蘭登
	3.大雅齋：圖片來源：日月光 大雅齋
	4.克勞遜：圖片來源：日月光 克勞遜

國家圖書館出版品預行編目資料

溝通色彩學：四季基因色彩系統診斷 / 詹惠晶編著.
-- 五版. -- 新北市：新文京開發出版股份有限公司,
2022.01
面； 公分

ISBN 978-986-430-807-1（平裝）

1.CST: 衣飾 2.CST: 美容 3.CST: 色彩學

423 110022480

溝通色彩學：四季基因色彩系統診斷
（第五版） （書號：**B106e5**）

編著者 詹惠晶
出版者 新文京開發出版股份有限公司
地址 新北市中和區中山路二段 362 號 9 樓
電話 (02) 2244-8188（代表號）
FAX (02) 2244-8189
郵撥 1958730-2
初版 西元 2001 年 06 月 10 日
二版 西元 2007 年 06 月 01 日
三版 西元 2014 年 07 月 15 日
四版 西元 2018 年 02 月 10 日
五版 西元 2022 年 02 月 01 日

建議售價：550 元
法律顧問：蕭雄淋律師
ISBN 978-986-430-807-1

新文京開發出版股份有限公司

新世紀．新視野．新文京一精選教科書．考試用書．專業參考書